郭键锋　王　东　米　彦◎主编

交流输变电
工程建设项目的环境保护

JIAOLIU SHU BIANDIAN

GONGCHENG JIANSHE XIANGMU DE HUANJING BAOHU

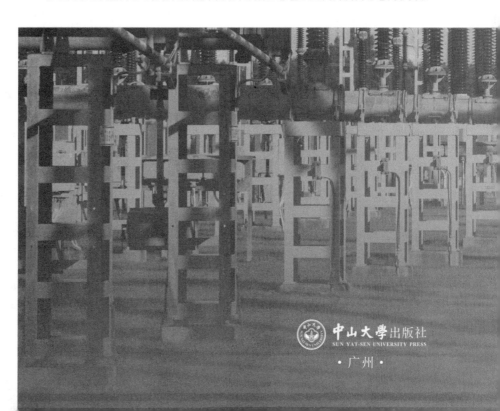

中山大學出版社
SUN YAT-SEN UNIVERSITY PRESS

·广州·

图书在版编目（CIP）数据

交流输变电工程建设项目的环境保护/郭键锋，王东，米彦主编. —广州：中山大学出版社，2017.6
ISBN 978 - 7 - 306 - 05920 - 8

Ⅰ. ①交… Ⅱ. ①郭… ②王… ③米… Ⅲ. ①交流输电—电力工程—环境保护—研究—中国 ②变电所—电力工程—环境保护—研究—中国 Ⅳ. ①X820.3

中国版本图书馆 CIP 数据核字（2016）第 299389 号

出 版 人：徐 劲
策划编辑：曾育林
责任编辑：曾育林
封面设计：曾 斌
责任校对：曹丽云
责任技编：何雅涛
出版发行：中山大学出版社
电　　话：编辑部 020 - 84111996，84113349，84111997，84110779
　　　　　发行部 020 - 84111998，84111981，84111160
地　　址：广州市新港西路 135 号
邮　　编：510275　　　　传　　真：020 - 84036565
网　　址：http://www.zsup.com.cn　　E-mail：zdcbs@mail.sysu.edu.cn
印　　刷：佛山市浩文彩色印刷有限公司
规　　格：787mm×1092mm　　1/16　　20.75 印张　　495 千字
版次印次：2017 年 6 月第 1 版　　2017 年 6 月第 1 次印刷
定　　价：68.00 元

编　委　会

主　编　郭键锋　王　东　米　彦

主　审　张志刚　孔令丰　曹永进

编　委　时劲松　黄　恒　李成祥　张金帆　杨颖琪

　　　　林择华　储贻道　田子山　唐雪峰　芮少琴

作 者 简 介

　　郭键锋　男，1966 年生，广东梅州人，高级工程师，长期从事辐射环境研究、监测和监督管理工作，具有优秀的科研项目统筹管理和科研能力。参加工作以来在《辐射防护》《中国辐射卫生》等核心期刊和国际学术会议上发表中英文学术论文 10 余篇，授权国家发明专利 1 项，作为第一发明人申请国家发明专利 3 项，授权国家实用新型专利 3 项。主持"输变电工程建设项目环境保护分级方法研究"，在全国属于首次，获广东省"环境保护科学技术奖"二等奖，对输变电工程建设项目环境保护进行分级管理，在输变电工程建设项目环境影响评价、监测、验收及日常监管中具有重要的指导意义；主持"差分光谱法（DOAS）仪器 O_3 项目溯源技术规范研究"，为国内使用 DOAS 仪器监测 O_3 项目提供准确性及可比性的溯源标准依据；主持"深圳市环境空气质量自动监测系统优化布点规划研究"，获广东省"环境保护科学技术奖"二等奖，提高了深圳市自动监测的科学性和实用性。

　　王　东　男，汉族，1983 年出生，四川西昌人，高级工程师，硕士，注册核安全工程师。主要从事辐射环境监测研究和管理、辐射测量技术及仪器、生物与医学电工技术研究，主研国家和省级科研课题 4 项、地市级科研课题 4 项，国际中文期刊《电气工程》《核科学与技术》审稿人，获广东省"环境保护科学技术奖"二等奖 1 项，在国内外学术期刊和国际学术会议上发表论文 20 余篇，获授权国家发明专利 2 项，作为第一发明人申请国家发明专利 3 项，授权国家实用新型专利 3 项。

　　米　彦　男，汉族，1978 年生，湖南岳阳人，博士，教授，博士生导师。2013—2014 年在英国 Loughborough University 做访问学者。2003 年留校任教，现任输配电装备及系统安全与新技术国家重点实验室固定研究人员、IEEE 高级会员、*IEEE Transactions on Plasma Science* 客座编辑，中国生物医学工程学会生物电磁专委会青年委员会委员。主要从事输配电装备状态监测与电磁环境、高电压新技术等研究，主持国家自然科学基金项目 2 项、省部级项目 4 项、横向课题 16 项，主研"973 计划""863 计划"及国家自然科学基金创新群体基金和重点项目等多项，获省部级科技进步二等奖 2 项，获权国家发明专利 10 项，在国内外刊物和国际学术会议上发表论文 60 余篇。

前　言

随着经济发展，城市用电量剧增，供电部门已将110 kV、220 kV 输电线路和变电站建设在城市中心区。输变电工程建设项目的电磁环境保护一直是公众、相关技术工作者和环保部门关注的焦点。随着公众环境意识的增强、媒体的关注，输变电工程建设项目环境保护问题越发突出，相关矛盾不断加剧，出现了一系列公众过度维权而引起的社会矛盾，也在一定程度上影响了输变电工程建设项目的正常实践。

根据编者多年从事交流输变电工程建设项目环境保护管理、科研工作的实践，我们深切地认识到广大从事交流输变电工程电磁环境评价、管理、监测、科研人员及关心工频电场电磁环境的公众需要一本具有科学性、系统性、实用性的参考资料。为此，编者从实际需要出发，结合国内外在交流输变电工程建设项目电磁环境领域的研究成果，详细阐述了交流输变电工程电磁环境的健康效应、基本理论、基本规律、理论研究、计算测量方法、抑制或缓解措施、电磁环境监测、电磁环境评价与管理等内容。特别是介绍了编者多年来工作中关于交流输变电工程建设项目环境保护分级方法、公众参与量化指标、高压线经过房屋畸变电场的科研和实践经验。

本书既可供从事交流输变电工程电磁环境评价、管理的专业技术人员、工程专家、管理干部等参考使用，也可供相关专业的大学生和科研人员参考。

本书的出版得到深圳环境科研基金的资助。全书共分为基础编和应用编，共10章，郭键锋负责全书的统筹编写及校勘，王东负责基础编（不含电磁环境仿真分析）、应用编的编写及全书校勘，米彦负责基础编中输变电工程建设项目电磁环境（仿真分析）的编写。

本书在编写过程中得到了环境保护部核与辐射安全中心、广东省环境保护厅、重庆市环境保护局、深圳市人居环境委员会有关领导的大力支持，清华大学张若兵教授、姚陈果教授对本书的出版给予了悉心指导。

限于编者水平和经验，加上编写时间有限，本书不可避免地存在着缺点和不足，殷切希望广大读者批评指正。

本书编写组
2017 年 4 月

目　录

基　础　编

第1章　绪论 …………………………………………………………………………… 3

第2章　基本概念 ……………………………………………………………………… 6

2.1　电磁辐射 ………………………………………………………………………… 6

2.2　电磁场传播规律 ………………………………………………………………… 6

2.3　工频电场和磁场的特性 ………………………………………………………… 7

2.3.1　工频电场的特性 …………………………………………………………… 9

2.3.2　工频磁场的特性 …………………………………………………………… 11

2.4　变电站运行时产生的噪声 ……………………………………………………… 12

2.5　电的应用与电磁环境 …………………………………………………………… 13

第3章　输变电工程建设项目电磁环境 …………………………………………… 15

3.1　典型设计的高压输变电工程电磁场分布 ……………………………………… 15

3.1.1　高压输变电设施周围电磁环境理论基础 ……………………………… 15

3.1.2　变电站 …………………………………………………………………… 18

3.1.3　高压输电线 ……………………………………………………………… 36

3.1.4　配电设施电磁场 ………………………………………………………… 63

3.2　高压线经过房屋畸变电场的仿真分析 ………………………………………… 66

3.2.1　建筑物对工频电场、工频磁场空间分布影响的研究进展 …………… 66

3.2.2　高压线经过房屋畸变电场的预估模型分析 …………………………… 72

3.3　气象条件对电场分布影响的仿真分析 ………………………………………… 100

3.3.1　不同气象条件对电场影响的关键因素 ………………………………… 100

3.3.2　不同气象条件对架空输电线路工频电场的影响 ……………………… 102

3.3.3　不同气象条件对变电站工频电场的影响 ……………………………… 106

3.4　人行道地下电缆磁场分布仿真研究 …………………………………………… 115

3.4.1　地下电缆工频磁场仿真模型的建立 …………………………………… 117

3.4.2　地表不同高度处的磁场分布 …………………………………………… 120

3.4.3　负荷对磁场分布的影响 ………………………………………………… 121

3.4.4　电缆的空间位置对磁场分布的影响 …………………………………… 122

3.4.5　电缆电压等级对磁场分布的影响 ……………………………………… 125

3.4.6　同一电缆沟敷设双回线对磁场分布的影响 ·············· 126
　　　3.4.7　铺设方式对电磁场分布的影响 ···················· 127
第4章　工频电场和磁场生物效应 ························ 134
　4.1　工频电场和磁场生物效应生物物理机制 ················ 134
　　　4.1.1　健康风险评价 ························· 134
　　　4.1.2　源、测量和暴露水平 ······················ 134
　　　4.1.3　生物体电磁场耦合 ······················· 136
　　　4.1.4　人体对电流的生理效应 ···················· 143
　　　4.1.5　生物物理机制 ························ 148
　4.2　人体电场和磁场分布模型仿真 ···················· 149
　　　4.2.1　工频电场和磁场仿真人体模型介绍 ··············· 150
　　　4.2.2　工频电场和磁场在人体的分布 ················· 154
　4.3　工频电场和磁场生物效应 ····················· 164
　　　4.3.1　工频电场和磁场对人体健康的影响 ·············· 164
　　　4.3.2　工频电场和磁场对动物的影响 ················ 177
　4.4　总结 ····························· 180
　　　4.4.1　急性效应 ·························· 180
　　　4.4.2　潜在长期效应 ························ 181

应 用 编

第5章　我国输变电工程建设项目环境管理现状 ·············· 195
第6章　相关法律、法规及标准 ···················· 197
　6.1　法律、法规 ·························· 197
　6.2　部委规章 ··························· 197
　6.3　技术导则和标准 ························ 198
　　　6.3.1　《环境影响评价技术导则　输变电工程》（HJ 24—2014）要点概述
　　　　　　　　　　　　　　　　　　　　　　　　　　　　　　 198
　　　6.3.2　《建设项目竣工环境保护验收技术规范　输变电工程》（HJ 705—
　　　　　　 2014）要点概述 ····················· 204
第7章　输变电工程建设项目分类管理 ················· 211
　7.1　输变电工程建设项目环境影响分析 ················ 211
　7.2　输变电工程建设项目分类管理研究 ················ 213
　　　7.2.1　分类管理评价指标权重的分析 ················ 213
　　　7.2.2　变电站和输电线路分类管理研究 ··············· 227
第8章　输变电工程建设项目环境保护公众参与 ············· 231
　8.1　我国输变电工程建设项目环境保护公众参与现状与问题 ······· 231
　　　8.1.1　参与对象选取不合理，公众参与广度不够 ··········· 232

8.1.2 参与形式单一，公众参与深度不够 ················ 233
8.1.3 调查内容设置不科学 ························ 233
8.1.4 调查结果、结论模式化 ······················ 233
8.2 国外和境外环境影响评价公众参与情况介绍 ·········· 234
8.2.1 美国 ·································· 234
8.2.2 日本 ·································· 234
8.2.3 澳大利亚 ······························· 235
8.2.4 中国香港地区 ···························· 235
8.3 环境影响评价公众参与有效性研究 ··············· 236
8.3.1 公众参与的方法和程序 ······················ 237
8.3.2 公众参与有效性的评价指标及影响因素 ············ 239
8.3.3 公众参与对象抽样调查 ······················ 240
8.3.4 公众参与调查问卷的设计 ···················· 244
8.3.5 提高环境影响评价中公众参与有效性的措施 ········· 248
8.4 环境影响评价公众参与量化指标研究 ············· 251
8.4.1 环境影响评价公众参与指标权重分析 ·············· 251
8.4.2 环境影响评价公众参与量化研究 ················ 254

第9章 工频电磁环境的测量 ························· 258
9.1 电磁环境评价量 ·························· 258
9.2 工频电磁环境的监测仪器和条件 ··············· 258
9.2.1 工频电磁环境的监测仪器 ···················· 258
9.2.2 工频电磁环境的监测条件 ···················· 259
9.3 工频电磁环境的测量方法 ··················· 259
9.3.1 现场布点原则 ···························· 259
9.3.2 房屋敏感点和地下电缆布点 ·················· 260
9.4 工频电磁环境的监测数据处理 ················· 261
9.4.1 监测数据记录与处理 ······················· 261
9.4.2 异常情况处理 ···························· 261
9.5 监测报告 ······························ 262
9.6 质量保证 ······························ 262

第10章 输变电工程建设项目的评价与管理 ············· 263
10.1 输变电工程建设项目电磁环境保护对策 ··········· 263
10.1.1 变电站工频电场、磁场水平的降低 ·············· 263
10.1.2 高压输电线工频电场、磁场水平的降低 ··········· 263
10.1.3 电磁屏蔽技术 ··························· 264
10.2 输变电工程建设项目环境影响评价 ············· 269
10.2.1 评价标准和法律法规 ······················ 269

10.2.2 评价的主要内容 ………………………………………… 270

10.2.3 评价应注意的问题 ……………………………………… 270

10.2.4 案例 ……………………………………………………… 277

10.3 输变电工程建设项目竣工环境保护验收 ……………………… 303

10.3.1 验收标准和法规 …………………………………………… 303

10.3.2 验收调查重点 ……………………………………………… 304

10.3.3 验收调查应注意的问题 …………………………………… 305

10.3.4 案例 ……………………………………………………… 311

基础编

第1章 绪 论

电能从生产到消费一般要经过发电、输电、配电和用电4个环节。见图1-1。输电是将发电厂生产的电能通过高压输电线路输送到消费电能的地区（也称"负荷中心"），或进行相邻电网之间的电力互送，形成互联电网或统一电网，以保持发电和用电或两个电网之间供需平衡。配电是在消费电能的地区接受输电网受端的电力，进行再分配，输送到城市、郊区、乡镇和农村，并进一步分配供给工业、农业、商业以及特殊用电部门等。与输电网类似，配电网主要由电压相对较低的配电线路、开关设备、互感器和配电变压器等构成。用电主要是通过安装在配电网上的变压器，将配电网上电压进一步降到380 V线电压的三相电或220 V相电压的单相电，最后通过用电设备将电能转换为其他形式的能量。

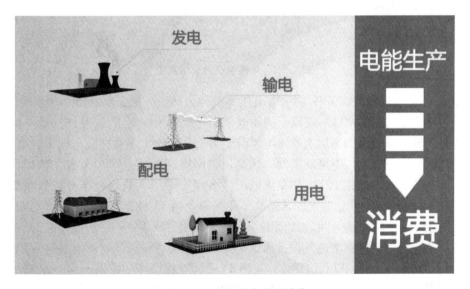

图1-1 电能从生产到消费

因输送容量、输送距离限制，为了实现电能的大规模和远距离输送，需要修建大量的变电站（换流站）、高压输电线路。随着电力行业的发展，变电站和高压输电线路广泛分布于城市和农村的公众活动场所以及居民区，为社会、经济发展提供电力支持。电力的输送容量、距离见表1-1、图1-2。

表1-1　不同输电电压的输送容量和输送距离

输电电压/kV	输送容量/MW	输送距离/km
10	1～5	0.1～1
110	10～50	50～150
220	100～500	100～300
330	200～800	200～600
500	1000～1500	150～850
750	2000～2500	≥500

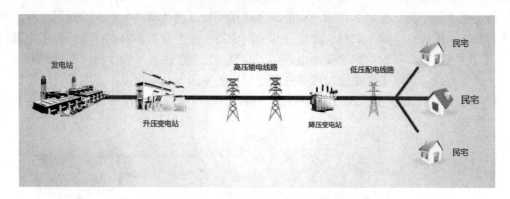

图1-2　电能输送过程示意图

　　国际上通常把35～220 kV的输电电压等级称为高压，把330～750 kV的输电电压等级称为超高压，把1000 kV及以上的输电电压等级称为特高压。一般把±500 kV电压等级的直流输电系统称为高压直流输电系统。目前我国绝大多数交流电网中，高压电网指110 kV和220 kV电压等级的电网，超高压电网指330 kV、500 kV和750 kV电压等级的电网，特高压电网指1000 kV交流电压等级和±800 kV直流电压等级的输电系统。《建设项目环境影响评价分类管理名录》（环保部令第33号2015）把"100 kV以上的送、变电系统"纳入电磁环境管理范围，实施建设项目环境影响评价制度。

　　高压输电线、变电站的电气设备周围都存在着极低频电磁场（extremely low frequency electromagnetic fields，ELF-EMFs），见图1-3。随着经济的发展，大型建筑群增多，城市用电量增大，供电部门已将110 kV和220 kV输电线路和变电站引入城市中心区。政府和公众对输变电工程建设项目环境保护期望不断提高，环境问题越来越受到关注，已成为近年输变电工程民事纠纷的主要原因。

　　为贯彻《中华人民共和国环境保护法》，开展输变电工程建设项目的环境保护，对更好地实现既促进电网建设快速发展，又保护环境，保障公众健康，具有重要的现实意义。输变电工程建设项目的环境保护工作，涉及物理学、生物医学、经济学、社会学等学科的综合平衡。如果将输变电工程建设项目环境影响降到不必要的低水平，会大幅增加电网建设费用，不利于节约型社会的建设；过度采用防护措施反而会增加公众的疑

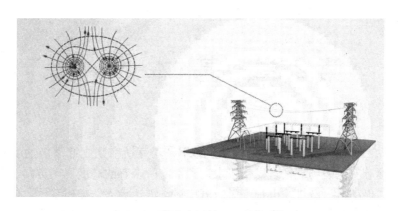

图 1-3　输变电设施周围的电磁场

虑，不利于电网建设与公众居住环境的和谐发展。而如果不考虑变电站、输电线等电力设施工频电场、工频磁场对周围环境和公众的影响，将对生态环境、公众健康造成伤害。为此，编者从实际需要出发，结合国内外在交流输变电工程建设项目电磁环境领域的研究成果，特别是编者多年来工作中关于交流输变电工程建设项目环境保护分级方法、公众参与量化指标、高压线经过房屋畸变电场的科研和实践经验，以期为我国的交流输变电工程建设项目环境保护工作的进一步发展提供一种参考。见图 1-4。

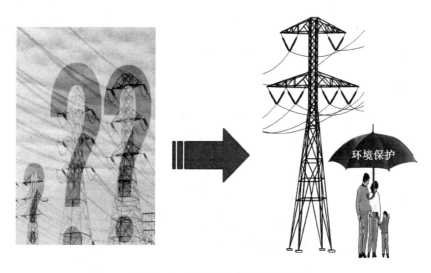

图 1-4　公众的环境保护"伞"

第 2 章　基 本 概 念

1831 年法拉第发现电磁感应定律；1865 年，麦克斯韦建立起著名的麦克斯韦电磁场方程组，标志着电磁场理论自诞生以来达到了前所未有的高度。人类相继发明了发电机、变压器、电动机、电灯、电报、无线电广播、雷达等人造电磁系统，使人类社会从蒸汽时代进入电气时代。20 世纪后期，基于大规模集成电路和微电子技术的进步，计算机技术、光纤通信技术和互联网技术取得飞速发展，人类社会又从电气时代跨入信息时代。

电磁科学技术的进步为人类社会创造了巨大的物质文明，同时也把人类带进了一个人造电磁环境之中。例如，家用电器（包括电视、电脑、冰箱、洗衣机、空调、电磁炉、电吹风、吸尘器、电热器、微波炉及电灯等）、办公设备（包括计算机、打印机、复印机、扫描仪等）、移动电话及基站天线、广播电视发射塔、雷达、卫星地面接收站、城市交通系统（地铁、电动汽车等）以及高压输电线路和变电站等均产生电磁场。见图 2-1。

2.1　电磁辐射

"电磁辐射"是无线通信工程和电磁兼容专业技术领域的一个专用工程术语，是指能量以电磁波的形式由源发射到空间的现象，或指能量以电磁波的形式在空间传播，且限于非电离辐射。

电磁辐射包括天然电磁辐射和人工电磁辐射。天然电磁辐射是某些自然现象引起的，包括雷电、火山喷发、地震、太阳黑子活动引起的磁暴、新星爆发、宇宙射线等。人工电磁辐射指人工制造的各种系统、电气和电子设备产生的电磁辐射，包括脉冲放电、工频交变电磁场、射频电磁辐射等。

2.2　电磁场传播规律

电场与磁场是矢量，有量值大小，从源向空间传播。电磁波具有干涉、绕射、镜面反射、漫反射（散射）、透射等特性。见图 2-2。

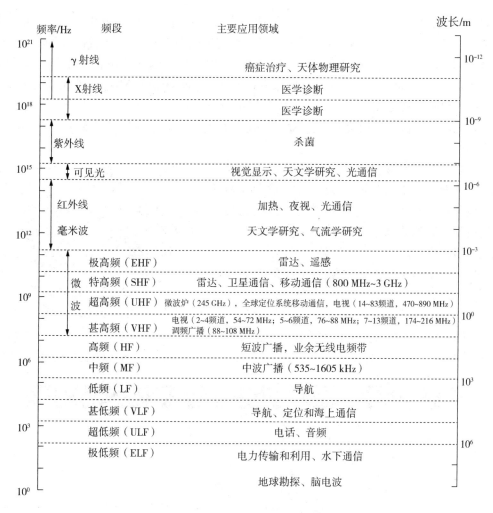

图 2-1　按频率和波长划分的电磁频段频谱分布及其应用领域示意图

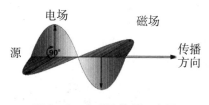

图 2-2　电磁波传播示意图

2.3　工频电场和磁场的特性

长期以来"工频电磁辐射"这一概念在国内被引用，在很大程度上增加了公众对

7

低频场的误解与担忧。类似的术语引用不当的情况在国际上也曾有发生。因此，世界卫生组织（World Health Organization，WHO）及诸如美国国家环境卫生科学研究所（National Institute of Environmental Health Sciences，NIEHS）、国际非电离辐射防护委员会（International Commission on Non-Ionizing Radiation Protection，ICNIRP）等权威的环境卫生组织与机构，在电磁环境与公众健康领域的官方文件中，均无例外地严格引用电场、磁场、电磁场或统一运用统称的"EMF"这一术语，并拒绝采用"电磁辐射"这一不适当的概念。

工频电场和磁场是一些围绕在电器设备周围人们肉眼所不能看见的"力"线。输电线和电器设备都会产生工频电场和磁场。在我们身边还有很多其他的电器会产生工频电场和磁场，如电视机、电吹风、电冰箱、计算机等。

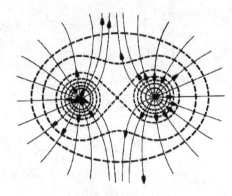

电场是由电压所产生并随着电压的增大而增强。电场强度的单位是伏/米（V/m）；磁场是由通过电线或电器的电流而产生的，并随着电流强度的增大而增大。磁场的单位是高斯（G）或特斯拉（T）。见图2-3、图2-4。

图2-3　电荷与电场和磁场的关系

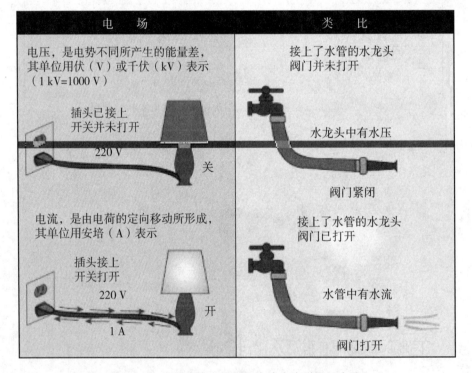

图2-4　电压产生电场以及电流产生磁场示意图

大部分电器一旦被接通，电流就会通过，磁场就会产生。

电场和磁场的特性是由它们的波长、频率和幅度（强度）所决定的。我国及世界上大部分国家，电力频率采用 50 Hz（部分国家和地区采用 60 Hz，如美国）。交流电磁场的波长和频率见图 2-5。

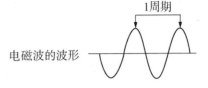

频率的单位是赫兹（Hz）
1 Hz=每秒钟波运行一个完整周期

电磁波的波形

实例：

产　生　源	频　率	波　长
电力线（北美）	60 Hz	3100 in（5000 km）
电力线（欧洲和我国）	50 Hz	3750 in（6000 km）

图 2-5　交流电磁场的波长和频率

工频电场可以被电导体材料屏蔽或者削弱，包括树木、建筑物和人的皮肤等。工频磁场则可以穿透大部分物质，因此很难被屏蔽掉。但无论工频电场和磁场都随着与源距离的增加而迅速衰减。电场和磁场的比较见图 2-6。

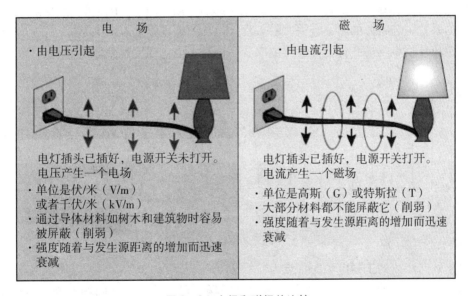

图 2-6　电场和磁场的比较

2.3.1　工频电场的特性

工频电场是一种随 50 Hz 频率交变的准静态场，它的一些效应可以用静电场的一般概念来分析。由电荷产生的场，就高压输变电装置来说，当导线带电时，电荷分布在架空导线的表面，即电压产生了电场。在两条相距为 d 的导线上施加电压 y，则导线之间存在电场 E。

在工频电场中，电场方向周期性地变化，引起导体内部正、负电荷的往复运动。这种往复运动就是在导体内部流动的交变电流。电流的大小仅与导体的形状及外加电场的强弱有关，与导体的性质无关。工频电场、磁场产生的原理见图 2-7。

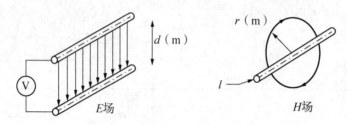

图 2-7　工频电场、磁场产生的原理

当任何一种导体处在某一电场中，电场就会引起该导体表面电荷的移动，这就是"静电感应"。同样导体上所带的电荷也产生一个场，这个电场叠加在原来的电场上，改变了导体附近的整个电场，这时导体周围的场称为"畸变场"。图 2-8（a）为均匀电场，电场强度为 E_0；图 2-8（b）为引入接地物体后电场的改变，电场强度随着引入物体的曲率半径而局部地变化，显然物体尖端部的电场增强了，电场强度 $E = kE_0$，k 为大于 1 的系数，与物体的曲率有关，引入物体内部的电场强度 $E_i = 0$；图 2-8（c）为引入一个金属球后电场的变化，计算得出畸变后的最大电场强度达到原均匀场的 3 倍。

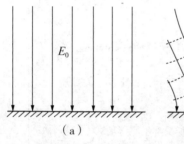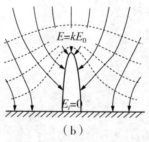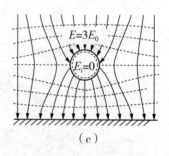

（a）　　　　　　　　（b）　　　　　　　　（c）

图 2-8　静电感应和畸变场

输电线路产生的工频电场的特点为：

（1）空间每一点的电场是一个旋转的椭圆场，但在地面，椭圆场变为垂直于地面的电场，在距地面约 2 m 内的区域，电场强度的垂直分量基本上是均匀的，水平分量可忽略不计。

（2）工频电场很容易被树木、房屋等屏蔽，受到屏蔽后，电场强度明显降低。

（3）工频电场强度相对稳定，因为产生电场的电压相对稳定。

图 2-9 为 500 kV 输电线路工频电场旋转轨迹。计算时线路相导线为 $4 \times LGJ-400$，相导线水平排列，相间距 13 m，导线高 18 m。线路电压 525 kV，电流 1000 A。

图 2-9 给出离地面 1 m 和 5 m，距线路中心 0 m、6 m、12 m、18 m、24 m 和 30 m 处的电场旋转轨迹。由图 2-9 可见离地较近时（1～2 m），旋转电场是垂直于地面很窄的椭圆，椭圆的长轴和场强的垂直分量基本一致，离地面 2 m 以内一般用电场的垂直分量来表示该点的工频电场。在离地面超过 2 m 以后，除垂直分量外还要考虑水平分量，从离地面 5 m 的电场旋转轨迹可以看到这一情况。

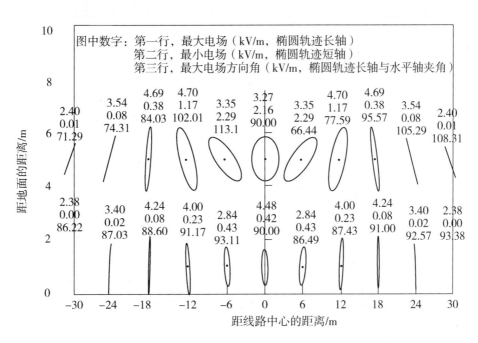

图 2-9　500 kV 输电线路距地面 1 m 和 5 m 处工频电场的旋转轨迹

2.3.2　工频磁场的特性

工频磁场也是一个准静态场，这种准静态性质允许把电场和磁场分别进行讨论，而不会互相影响。输电线路的工频磁场仅由电流产生，把安培定律应用于载流导线，并将计算结果叠加，就可得出线路周围的磁感应强度。

输电线路的工频磁场具有以下特点：

（1）通过的电流随用电负荷的变化而变化，从而工频磁感应强度也随着变化，如图 2-10 所示，导体中通过电流，则导体周围就存在磁场。

（2）随着与输电线路距离的增加，工频磁感应强度快速降低，并且与工频电场强度相比，工频磁感应强度随距离增加，下降得更快。

（3）由于只有磁性材料的物体引入，才能改变磁场的分布，所以输电线路周围的工频磁场不易发生畸变，树木、房屋对工频磁场几乎没有屏蔽作用。

（4）与工频电场一样，输电线路的工频磁场是一个椭圆场，所不同的是，在地面仍然保持椭圆场。

输电线下空间某点的磁场是由三相电流分别产生，所产生的 3 个矢量除大小和方向不同外，3 个矢量间相角还相差 120°，合成后是一旋转矢量，并且随时在改变，旋转矢量的轨迹为一椭圆。一般可用椭圆的长轴和短轴表示磁场的最大值和最小值，用椭圆的长轴和水平面夹角代表磁场的方向。图 2-10 给出了离地面 1 m，距线路中心 0 m、6 m、12 m、18 m、24 m 和 30 m 处的磁场旋转轨迹（电气参数与图 2-9 相同）。由图 2-10 可见，对于工频磁场，即使靠近地面，也不能仅计算工频磁场的垂直分量或水平分量，应该给出合成的最大磁场。

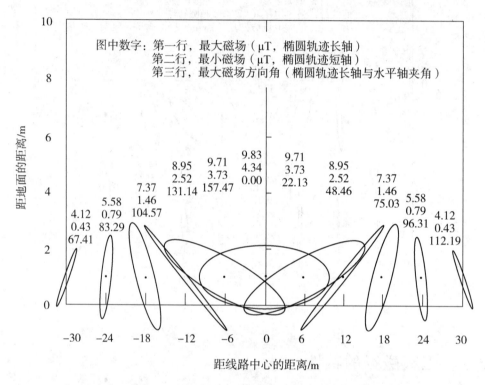

图 2-10 500 kV 输电线路距离地面 1 m 处工频磁场的旋转轨迹

注：相导线水平排列，相间距 13 m，相导线离地 18 m，电流 1 kA。

2.4 变电站运行时产生的噪声

  变电站运行时，主变压器、电抗器、配电装置会产生电磁噪声，冷却风机以及通风风机会产生空气动力噪声，这些噪声主要是中低频噪声。目前，国产的变压器噪声值能控制在 60～75 dB（分贝）之间，室内变电站由于对变压器的性能指标要求较高，因此采用的变压器噪声值通常控制在 65 dB 以下；断路器正常运行时很少产生噪声，当其动作时，瞬时噪声值最高可达 100 dB，但只发生在设备调试安装的时候；电抗器声级值一般为 60～65 dB。

室内变电站由于需要将所有电气设备安装于一栋建筑物内，因此对各种电气设备所发出的噪声有隔离效果，正常情况下能减 20 dB，厂界处的噪声不超过 50 dB。现行国标《工业企业厂界环境噪声排放标准》（GB 12348—2008）对工业企业项目（高压变电站也属于其中）的噪声排放有明确的要求，在居住商业混合区执行Ⅱ类标准，即昼间小于或等于 60 dB，夜间小于或等于 50 dB。

综上所述，变电站产生的噪声是必须而且也可以满足国家相关法律法规要求的。

2.5 电的应用与电磁环境

人造电磁系统产生的电场、磁场，构成人为电磁环境。家用电器需要频率 50 Hz、电压 220 V、电流几到几十安培的电源，室内电线和家用电器不可避免地在室内产生工频电场和工频磁场。部分家用电器还产生频率不同的电磁辐射，如微波炉会产生 2450 MHz 的微波，节能灯会产生 100 kHz 以上的电磁辐射。家居电磁环境是整个空间电磁环境的一部分，如果家居周围空间电磁环境复杂，电磁场水平较高，自然会影响家居电磁环境。但现代建筑基本是钢筋混凝土结构，建筑物对电磁波的屏蔽、衰减，以及自由空间的传播衰减等作用，使得居室外电力设备产生的电场和磁场对家居电磁环境影响不大。

家居电磁环境的主要来源是各种运行的家用电器、室内电线产生的工频电场和工频磁场，家用电器产生的不同频率的电磁场（图 2-11）。家用电器运行电流越大，磁感

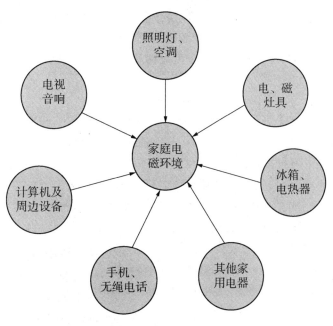

图 2-11 家庭电磁环境

应强度越大。电线和家用电器布置不合理，也会影响室内工频电场和工频磁场的分布。

编者曾对深圳多个居民小区的居室进行了工频电场强度和磁感应强度的测量。室内配备常规家用电器如电灯、冰箱、热水器、计算机、微波炉、空调等。在总电源关闭时，室内电场强度、磁感应强度均很低，电场强度小于 10 V/m，磁感应强度小于 0.1 μT。当室内所有电器均运行时，电力负荷增大，室内各测点的电场强度和磁感应强度明显增加，电场强度最大可达 36 V/m，室内磁感应强度最大值达 0.736 μT，增加值的多少与家用电器类型、室内空间大小、测点与家用电器的距离等因素有关。

美国国家环境卫生科学研究院（National Institute of Enviromental Health Science，NIEHS）受美国政府委托，在美国 26700 万人口中随机选择了具代表性的 1000 个人（样本），参与者携带小型 24 h 自动记录仪，获得了美国人口平均磁场暴露的估计水平，约 99% 的人口 24 h 平均磁场在 1.0 μT 以下，约 97% 的人口 24 h 平均磁场在 0.5 μT 以下，约 57% 的人口 24 h 平均磁场在 0.1 μT 以下。NIEHS 报告指出，大多数人的磁场暴露量是在家中，家用电器或建筑物配电线会贡献相对较高的磁场暴露。相对较高的磁场暴露还可能存在于电动车辆中、行走在架空线路下方或地下电缆上方或靠近家用电器或办公室电器附近处。

瑞典居民住宅内的磁感应强度，在较大的城镇约为 0.1 μT，农业区和乡村约为 0.05 μT。在大城市大约有 10% 的家庭（至少有一个房间）的磁感应强度超过 0.2 μT。

英国国家辐射保护局（National Radiological Proteltion Board，NRPB）的调查显示，在使用 240 V 电压的居住环境中，平均磁场高于 0.3 μT 的比例不足 1%。

世界卫生组织 2007 年实况报道第 322 号指出：大部分电力工频为 50 Hz 或 60 Hz。靠近某些电器的地方，磁场值的量级可达几百微斯特拉。在电力线下面，磁场约为 20 μT，而电场可达每米几千伏特。然而，住房中的平均住宅工频磁场要低得多——欧洲约为 0.07 μT，北美为 0.11 μT。住房中的电场平均值最高为每米几十伏特。

由以上可知，国内外家居环境电场强度和磁感应强度测量数值基本在同一数量级。

参考文献：

[1] NATIONAL INSTITUTE OF ENVIRONMENTAL HEALTH SCIENCES, NATIONAL INSTITUTES OF HEALTH. Electric and magnetic fields associated with the use of electric power [OL]. 2002 – 10 –01. http://www. niehs. nih. gov.

[2] 环境保护部环境影响评价工程师职业资格登记管理办公室. 输变电及广电通信类环境影响评价 [M]. 北京：中国环境科学出版社，2009.

[3] 刘振亚. 特高压交流输电工程电磁环境 [M]. 北京：中国电力出版社，2008.

[4] 《输变电设施的电场、磁场及其环境影响》编写组. 输变电设施的电场、磁场及其环境影响 [M]. 北京：中国电力出版社，2007.

[5] 张文亮，何万龄，崔鼎新，等. 人居电力电磁环境 [M]. 北京：中国电力出版社，2009.

第3章　输变电工程建设项目电磁环境

交流输变电工程建设项目会产生电磁环境、无线电干扰和电晕噪声等环境问题。交流输变电设备工作时，周围空间产生的电场在人体和物体上会感应出电压，当场强达到一定程度时可能会引起火花放电。长期受高强度的工频电场和工频磁场暴露可能会引起人体健康危害。工频电磁健康影响问题已成公众关注的焦点之一，也影响了输变电工程建设项目的正常实践。

本章介绍交流输变电工程建设项目电磁环境，目的在于阐明高压、超高压交流输变电工程建设项目电磁场等环境影响因素的空间分布特征，以及气象条件对工频电场、磁场的影响，特别是针对城市电网的实际情况开展高压输电线路邻近房屋时畸变场的研究、人行道地下电缆电磁场分布仿真研究。

3.1　典型设计的高压输变电工程电磁场分布

3.1.1　高压输变电设施周围电磁环境理论基础

3.1.1.1　输变电系统的构成

输电方式主要有交流输电和直流输电两种。输变电系统是由一系列电气设备组成，主要有变压器、导线、绝缘子、互感器、避雷器、隔离开关和断路器等电气设备，还有电容器、套管、阻波器、电缆、电抗器和继电保护装置等。

对于交流输电而言，输电网是由升压变电站的升压变压器、高压输电线路、降压变电站的降压变压器组成。在输电网中输电线、杆塔、绝缘子串、架空线路等称为输电设备；变压器、电抗器、电容器、断路器、隔离开关、接地开关、避雷器、电压互感器、电流互感器、母线等变电一次设备，以及继电保护、监视、控制和电力通信等变电二次设备，主要集中在变电站，统称为变电设备，见图3-1。

3.1.1.2　输变电设施工频电场、工频磁场源分析

（1）变电站工频电场源。

1）变电站高压进线产生的电场。变电站的高压进线对变电站进线侧及其附近空间的电场分布有很大的影响。变电站的高压进线方式有两种，即架空进线和电缆进线。

高压电缆有接地的金属屏蔽和铠装层，工频电场均匀地分布在电缆芯线和金属屏蔽

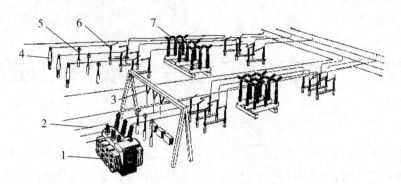

1——变压器；2——导线；3——绝缘子；4——互感器；5——避雷器；6——隔离开关；7——断路器

图3-1 变电站主要设备示意图

铠装层之间，不在外部空间产生工频电场。因此，在电缆进线方式下，不考虑高压进线产生的工频电场。

2）变电站内高压母线和设备连接线产生的电场。户外布置式和户内布置式变电站内高压母线、设备连线通常采用架空金属圆管或架空导线，三相通常采用平布方式。变电站内一路高压进线经互感器等高压设备，至主变压器称为一个变电间隔，变电站内通常有不止一个变电间隔。

对一个变电间隔内的一组三相的高压母线或导线而言，母线或导线的对地高度、相间距离、线的直径和布置方式等对其周围空间的电场分布的影响类似架空高压进线的情况。在一个变电间隔里，相间场强低于相外场强，最大场强出现于边相外 $1\sim3$ m 处。当相邻间隔为同相序排列时（如 ABC、ABC），异名相导线（C、A）对间隔之间的电场有削弱作用，使两间隔间的场强降低。反之，同名相的母线、引线的存在，将增强其下方的电场（如 ABC、CBA 布置时）。

GIS 变电站，由于其高压母线均封闭于接地的金属外壳内，不在设备周围产生工频电场。

3）高压设备产生的工频电场。对于没有接地金属外壳的高压电气设备，其周围的工频电场主要取决于裸露高压带电部分离地的高度及其尺寸。离地越低或设备裸露高压带电部分的尺寸越大，则地面场强越高。断路器等高压电器的头部尺寸较大，其附近靠近地面处的场强相应的也较大。电流互感器的一次绕组伸到瓷套的底部，离地很近，其附近的场强也较大，有时还可能是变电站中出现最大场强的地方。

（2）变电站工频磁场源。以典型设计的 220 kV 输变电工程建设项目为例，220 kV 变电站的工频磁场源主要是流过大电流的导体和设备。其中，无屏蔽的重载流母线和进出线对周围磁场的影响最大。220 kV 变电站中的无屏蔽载流导体包括：220 kV 高压架空进线，户外布置式、户内布置式变电站中 220 kV 配电装置区的高压母线和到设备的连接线，变压器低压侧至开关柜的低压母线等。有屏蔽的载流导体包括：220 kV 高压电缆进线，带金属桥架的 100 kV 母线和开关柜中的母线，100 kV 电缆出线等。变电站中的 35 kV 所用电线路也产生一定的磁场，但对变电站总的磁场水平影响很小。

110 kV 架空进线，户内和户外 110 kV 母线，10 kV 主变出线母线排，重载流的 10 kV 母线排（即使有金属槽屏蔽或置于开关柜中），110 kV 进线电缆和 10 kV 空心电抗器是对整个变电站的工频磁场分布有决定性影响的磁场源。

（3）输电线路的主要设备：

1）导线。导线的功能主要是输送电能。导线应具有良好的导电性能、足够的机械强度、耐振动疲劳和抵抗空气中化学杂质腐蚀的能力。线路导线目前常采用钢芯铝绞线，用 LGJ 表示，例如 LGJ – 240/30 表示铝和钢截面分别为 240 mm^2 和 30 mm^2 的钢芯铝绞线。分裂导线指一相导线由多根（常见的有 2 根、3 根、4 根和 6 根）子导线组成的形式。它相当于加粗了导线的"等效直径"，改善导线附近的电场强度，减少电晕损失，降低了对无线电的干扰，提高了送电线路的输送能力。

2）地线。地线的主要作用是防雷。由于架空地线对导线的屏蔽及导线、架空地线间的耦合作用，从而可以减小雷电直接击中导线的概率。当雷击杆塔时，雷电电流可以通过架空地线分流一部分，从而降低塔顶电位，提高抗雷水平。架空地线常采用镀锌钢绞线。目前常采用钢芯铝绞线、铝包钢绞线等良导体，可以降低不对称短路时的工频过电压，减少潜供电流。兼有通信功能的采用光缆复合架空地线。

3）杆塔。杆塔支承架空线路导线和架空地线，并使导线与导线之间，导线和架空地线之间，导线与杆塔之间，以及导线对大地和交叉跨越物之间有足够的安全距离。

按杆塔用途分类，可分为直线杆塔（Z）、终端杆塔（D）、转角杆塔（J）、耐张杆塔（N）和换位杆塔（H）等。按杆塔外形或导线布置形式分类，可分为"上"字形（S）、猫头形（M）、"V"字形（V）、"干"字形（G）、"门"形（Me）、鼓形（Gu）、酒杯形（B）等杆塔。具体塔型见图 3－2。

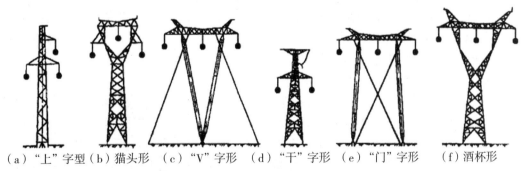

（a）"上"字型（b）猫头形　（c）"V"字形　（d）"干"字形　（e）"门"字形　（f）酒杯形

a——"上"字形，b——猫头形，c——"V"字形，d——"干"字形，e——"门"字形，f——酒杯形

图 3－2　高压输电线路各塔型

4）绝缘子。绝缘子是将导线绝缘的固定和悬吊在杆塔上的物件。常用绝缘子有盘形瓷质绝缘子、盘形玻璃绝缘子和棒形悬式复合绝缘子等。

3.1.2 变电站

由于变电站内部高低压设备比较多，布置较复杂。对于变电站内设备电磁场分布规律的研究比输电线路复杂，目前还停留在监测分析阶段；而对变电站内电磁场计算主要基于线路计算，对其他各种一次设备的研究还在探索阶段。

目前，变电站电磁场分布研究主要包括以下三个方面：

（1）大部分工作集中在对进出输电线路周围的工频电场进行仿真研究，通过对计算方法的不断优化，实现对杆塔周围、地面不平、输电线路下方有建筑物等不同情景的工频电场进行二维或者三维仿真计算。

（2）在工频磁场的计算方面研究较少，主要是基于安培环路定理开展相关研究。

（3）变电站电磁环境的研究工作主要围绕着测量展开，少数是直接采用已有的商业软件来进行仿真计算。

变电站是一个高压电气设备高度集中的场所，众多设备影响着电磁场的分布，但是已有的商业软件如 CDEGS 只能考虑母线等带电导线对电磁场的影响，不能实现对变电站的整体建模。测量设备虽然能够对已有的变电站各个区域的工频电场、工频磁场水平进行详细的测量，却不能实现对建设中或者规划中的变电站进行预测分析。

国家电网公司电力科学研究院张泽平等根据麦克斯方程，利用相似理论，采用15∶1 的缩小尺寸模型进行 1000 kV 级变电站围墙外的电场相关试验研究，结果表明：1000 kV AIS 变电站，其围墙外的电场水平小于 4 kV/m，基本与 500 kV 变电站围墙外的电场水平相当；1000 kV AIS 变电站地面电场最高的母线和间隔布置情况下，变电站围墙与居民间的防护距离应保持 5 m 以上才能满足国家标准工频电场的限值要求。崔翔教授在对变电站内电气设备电磁兼容研究的基础上，应用矩量法，提出了一种适合于变电站内开关操作时母线、设备间连线、架空线路产生的电磁场的计算方法，可以应用于变电站内较高频率分量的电磁场计算。

武汉大学与国网电科院对变电站内工频电场、工频磁场进行三维数值仿真研究，将三维建模软件 Solidworks 同电磁场分析软件 Ansoft 相结合，实现了大模型、复杂电磁问题的三维数值分析。根据某 110 kV 变电站设计图，建立电气设备三维仿真模型，对变电站户外区域离地 1.5 m 高度处工频电场、工频磁场进行了仿真和分析。见图 3-3。仿真结果表明，该 110 kV 变电站内外工频电场、工频磁场数值均满足国家标准限值要求。在工作走廊上，计算值同实测结果变化趋

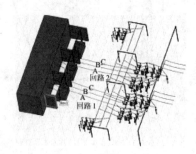

图 3-3　变电站全模型

势一致；在电气设备不太密集的区域，工频电场计算值与实测值之间误差低于 10%，为变电站电磁环境评估提供了一个良好的解决方案。

图 3-4 分别是 110 kV 变电站的工频电场、磁场分布。

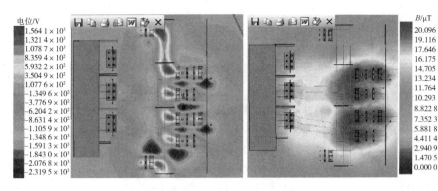

图3-4 110 kV 变电站工频电场、磁场仿真分布云图

上海交通大学研究人员对 17 种实际 110 kV 变电站中的工频磁场源进行仿真分析，计算其周围的工频磁场，见表 3-1。根据磁场源对周围磁场水平的影响程度，可以把 110 kV 变电站中的磁场源分成两类。一类磁场源只对附近 2 m 内的局部空间磁场有一定影响，2 m 外磁场已小于 1 μT。在考虑变电站总体的磁场水平时，这类磁场源的影响可以忽略。另一类磁场源在 10 m 外仍能产生 1 μT 数量级的磁场，这类磁场源是决定整个变电站工频磁场水平的关键因素，也是降低变电站磁场水平的设计措施中应当重点考虑的防护对象。10 kV 电缆虽然载流量大，但由于多芯电缆的紧凑结构，它在周围产生的磁场很低；相反，110 kV 电缆虽然载流量比 10 kV 电缆小得多，但间隔平布时在周围产生的磁场不能忽略。空心电抗器是变电站中重要的工频磁场源，需要重点考虑。电抗器周围近处的磁场很高，但衰减很快。见表 3-1。

表 3-1 110 kV 变电站的工频磁场源比较

磁场源描述	距磁场源的距离/m	B 计算值/μT	影响性质分类
（1）110 kV 架空进线，单回路，导线三角布置。距地面 1 m 处，线路载流 210 A	10	0.713	变电所整体
（2）户外 110 kV 母线，母线间距为 2 m，距地面高度 10 m。载流 210 A	10	0.804	变电所整体
（3）户内 110 kV 母线，母线间距 1.25 m，载流 210 A	10	0.502	变电所整体
（4）GIS 中 110 kV 母线，母线间距 0.2 m，金属管内径 1 m，厚度 4 mm，铁材料 μ=200。载流 210 A	2	0.184	局部空间
（5）10 kV 主变出线母线排，母线间距 0.5 m，载流量 2200 A	10	7.621	变电所整体
（6）正方形金属槽中母线排，母线排间距 0.2 m，金属槽截面 0.6 m×0.6 m，厚度 1 mm，镀锌铁皮材料。母线截流量 2200 A	10	1.863	变电所整体

续上表

磁场源描述	距磁场源的距离/m	B 计算值/μT	影响性质分类
(7) 矩形金属槽中母线排,母线排间距 0.2 m,金属槽截面 0.6 m×0.4 m,厚度 1 mm,铝材料。母线平行于矩形长边方向布置,载流量 2200 A	10	1.052	变电所整体
(8) 10 kV 开关柜中母线排,开关柜尺寸 0.8 m×0.8 m×2 m,1 mm 铁板外壳,多个开关柜成排布置,母线排垂直方向布置,穿过各开关柜。母线排间距为 0.2 m,载流量 2200 A	10	<1.22	变电所整体
(9) 接触平布 110 kV 电缆,电缆直径 8 cm,载流量 210 A	2 10	1.45 0.0587	局部空间
(10) 间隔平布 110 kV 电缆,间隔一个电缆位,电缆直径 8 cm,载流量 210 A	2 10	2.896 0.117	变电所整体
(11) 三角接触布 110 kV 电缆,电缆直径 8 cm,载流量 210 A	2 10	0.725 0.0295	局部空间
(12) 接触平布 10 kV 电缆出线,电缆直径 40 mm,按 40 MVA 主变满负荷带 12 路 10 kV 出线电缆考虑,每路载流量 185 A	2	0.638	局部空间
(13) 三相三芯 10 kV 电缆,有屏蔽 1 mm,电缆外径 8 cm,载流量 185 A	2	0.21	局部空间
(14) 电绞线多芯电缆,120 mm² 无屏蔽电缆载 185 A 电流	0.8 2	0.462 <0.05	局部空间
(15) 低压单相线路,间距 2 cm 载 20 A 电流	2	0.02	局部空间
(16) 110 kV 主变,40 MVA,最大漏磁场 0.16 T,箱体厚度不小于 10 mm	2	<0.1	局部空间
(17) 10 kV 空心电抗器,CKSCKL-120-10-6 型	2 10	119 1.23	变电所整体

对于整个变电站,在测量时段内的平均负荷水平下,计算得到变电站距地面 1 m 高处的磁场分布,见图 3-5。

当变电站的 3 台主变都满负荷 40 MVA 运行时,计算得到变电站磁场分布。变电站

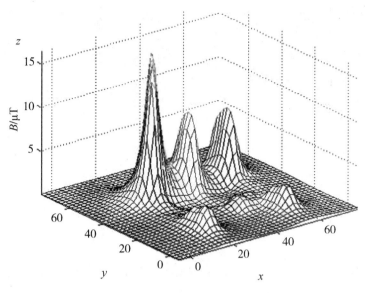

图 3-5 变电站测量时实际负荷下的磁场分布

最大磁场分布见图 3-6。磁场最高处在主变低压侧 10 kV 出线母线的下方。

除了主变压器，110 kV 变电站中对周围磁场分布影响较大的设备为空心电抗器，变电站计算机显示器经常受到空心电抗器影响。空心电抗器在 110 kV 变电站中用作 10 kV 侧补偿电容器的限流电抗器，在周围产生较强的磁场。空心电抗器产生的工频磁场计算模型内外径分别为 400 mm、500 mm，高度为 200 mm，匝数为 50 匝的单相电抗器，当电抗器中流过 100 A 电流时其周围的磁场分布见图 3-7。

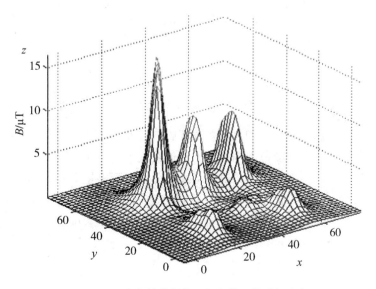

图 3-6 变电站满负荷运行条件下的磁场分布

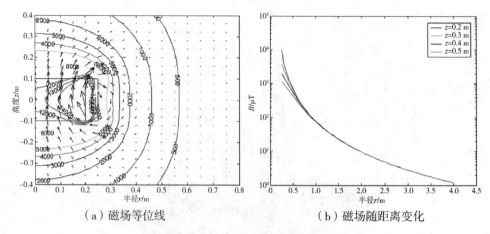

（a）磁场等位线　　　　　　　　　（b）磁场随距离变化

图3-7　单相空心电抗器周围的工频磁场

空心电抗器周围的磁场较大，线圈的两端磁场较强，中间部分相对较弱，但随着距轴线距离的增大磁场迅速衰减。

变电站实际使用的电抗器都是三相且普遍采用三相叠置方式布置。见图3-8。

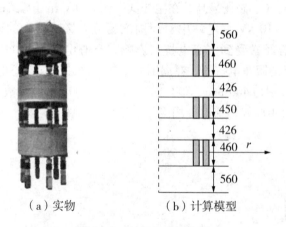

（a）实物　　　　　　　　（b）计算模型

图3-8　三相空心电抗器

根据实际参数计算得到的三相电抗器周围磁场分布的等位线图见图3-9。从图中可见：三相电抗器在其本身高度范围内磁场的等位线几乎垂直于地面，即磁场几乎不随高度变化。中间相的中心高度位置上的磁场呈径向分布。距电抗器中心不同距离处的磁场分布见图3-10。可见中间相反绕时三相电抗器周围的磁场衰减比单相电抗器慢。三相叠置式电抗器周围的磁场高于单相电抗器，在距电抗器中心 5 m 以外三相电抗器产生的磁场约为单相电抗器的 2 倍，在约 11 m 外磁场才小于 1 μT。

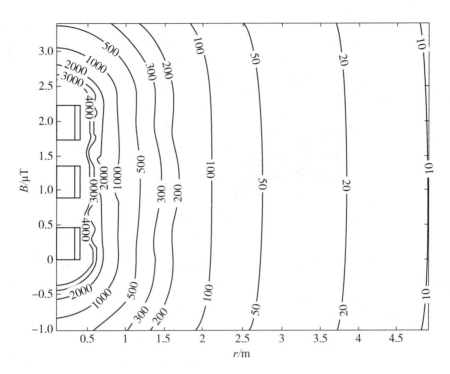

图 3-9　三相电抗器周围磁场分布的等位线图

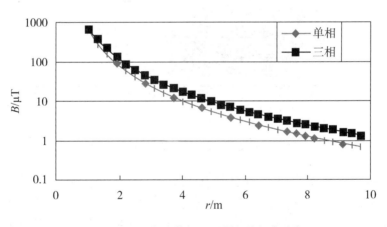

图 3-10　三相电抗器周围磁场的径向分布

以下为使用 SES 公司生产的 CDEGS 软件对晋东南 500 kV 特高压变电站进行的仿真计算。见图 3-11、图 3-12。该区域的电场强度最大值为 10.11 kV/m，磁感应强度最大值为 67.67 μT，这个值远远低于 ICNIRP 1998 导则规定的 500 μT 的职业暴露限值，完全在安全限度内。通过对变电站工频电场、工频磁场影响因素的分析，可以总结出：通过提高线路高度，可以显著减小变电站内的电磁场水平；相间距离、导线半径的改变对站内的电磁场水平影响不大。

23

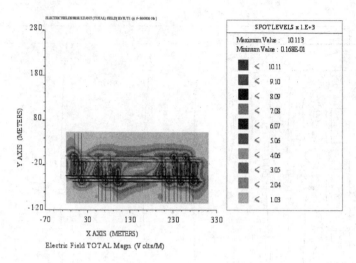

图 3－11　500 kV 变电站合成电场仿真图

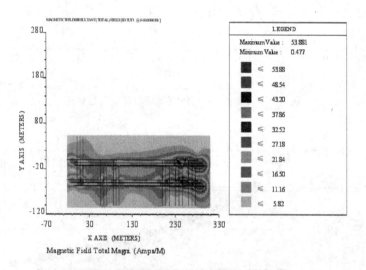

图 3－12　500 kV 变电站合成磁场仿真图

3.1.2.1　典型设计变电站工频电场模型仿真

变电站主要分为户外布置式、户内布置式和半户内 GIS 变电站，在布置方式、选用设备等方面差别很大，电磁场分布也有较大差异。下面主要分析国家电网输变电工程典型设计 220 kV 变电站内的地面处场强分布，典型设计具体布置图参见国家电网公司输变电工程践型设计 220 kV 变电站分册。

（1）户外布置变电站。以典型设计 A1 为例，属于户外布置式变电站，下面分别仿真计算出各典型设计内的电场强度分布，并加以分析。根据典型设计方案 A1 总平面布置有两个方案，其中方案一为 220 kV、110 kV 配电装置平行布置方案（即母线互相平行），方案二为 220 kV、110 kV 配电装置垂直布置方案（即母线互相垂直）。计算说明见表 3－2。

表 3 - 2　A1 变电站计算说明

方案 A1	平行布置方案	垂直布置方案
坐标原点	变电站围墙的西北角	
参考坐标系	南方为 x 的正方向，东方为 y 的正方向	
变压器	2 台 120 MVA	
出线回路数	220 kV 4 回，架空出线；110 kV 8 回，架空出线	
出线方向	220 kV 从 $-x$ 方向进线；110 kV 朝 x 方向出	220 kV 从 $-x$ 方向进线；110 kV 朝 $-y$ 方向出线
选用导线	220 kV	母线 2×LGJ - 400/35 主变压器 2×LGJ - 300/25 线路 1×LGJ - 240/30 母联 2×LGJ - 300
	110 kV	母线 2×LGJ - 500/35 主变压器 1×LGJ - 500/35 线路 2×LGJ - 400/35 母联 2×LGJ - 400/35
电场计算点	x：$-6 - 126$ m；y：$-6 - 136$ m；计算 $133×143$ 的网格，离地面 1.5 m 处的电场，1 m 间隔	x：$-6 - 119$ m；y：$-6 - 163$ m；计算 $126×170$ 的网格，离地面 1.5 m 处的电场，1 m 间隔

平行布置变电站，站内走线见图 3 - 13。

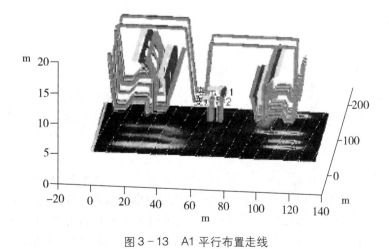

图 3 - 13　A1 平行布置走线

计算地面 1.5 m 处的电场分布和等势见图 3-14、图 3-15。

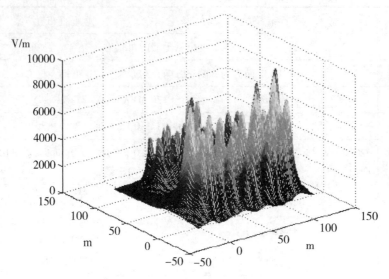

图 3-14 A1 平行布置站内电场分布

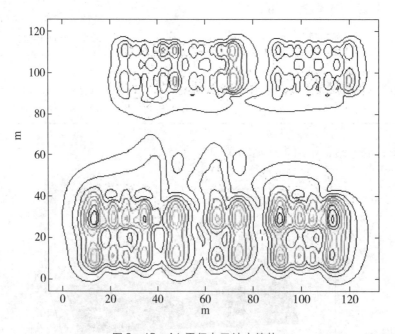

图 3-15 A1 平行布置站内等势

计算变电站电磁环境时要考虑变电站外的电磁场水平，需要计算地面场强最大处即变电站围墙附近的地面工频电场大小，图 3-16、图 3-17 分别表明了四面围墙处的电场强度。

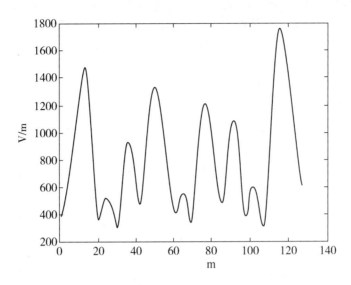

图 3-16　A1 站（平行布置）220 kV 进线围墙处的电场强度分布

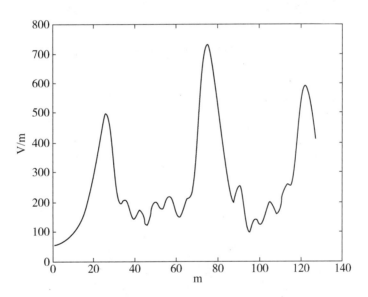

图 3-17　A1 站（平行布置）110 kV 出线围墙处的电场强度分布

图 3-18、图 3-19 可知，围墙处均未超过国家标准规定的 4 kV/m，其中 220 kV 进线围墙处电场强度最大，导线距离地面比较近，所以只需考虑此处的电场强度即可判断整个变电站工频电场水平。

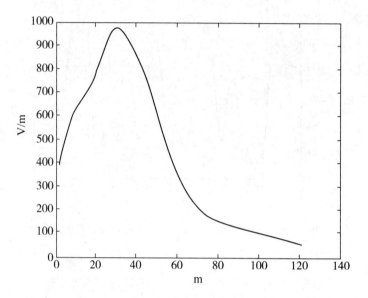

图 3-18　A1 站（平行布置）左侧围墙处的电场强度分布

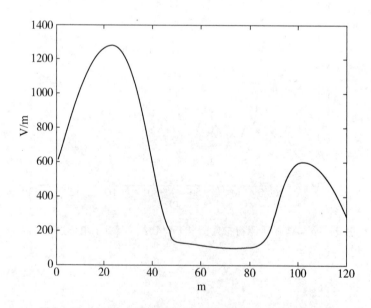

图 3-19　A1 站（平行布置）右侧围墙处的电场强度分布

对于垂直布置，变电站内走线见图 3-20。

计算地面 1.5 m 处的电场分布和等势见图 3-21、图 3-22。

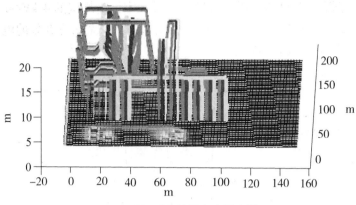

图 3－20　A1 站垂直布置走线

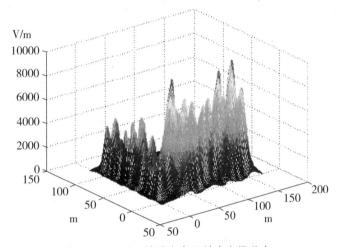

图 3－21　A1 站垂直布置站内电场分布

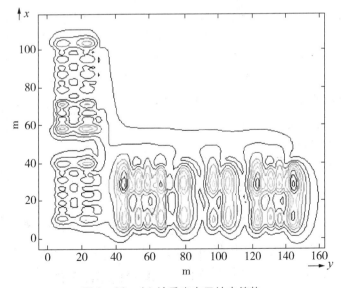

图 3－22　A1 站垂直布置站内等势

图 3 - 23 为 220 kV 进线围墙处的电场强度分布。

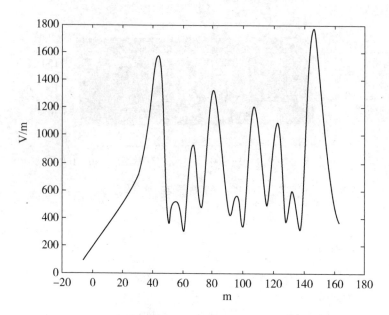

图 3 - 23   A1 站（垂直布置）220 进线围墙处的电场强度分布

典型设计 A2、A3、A4、A5、A8 的具体计算不能详述，A2 的 220 kV、110 kV 采用支持管型母线；A3、A4 采用敞开式设备户外布置；A5 的 220 kV、110 kV 断路器均采用瓷柱式断路器；A8 的 220 kV 和 66 kV 均采用软母线，属于普通中型变电站。这些变电站都属于户外型变电站，计算方法类似，磁场分布也类似。

（2）GIS 变电站。典型设计 A6、A7、B1、B2、B3、B4、B5 均采用 GIS 设备，大部分采用电缆进出线。由于 GIS 变电站配电装置均采用带有金属接地外壳的全封闭组合电器，工频电场仅分布在高压带电导体和接地外壳之间，GIS 设备不在外部产生电场。对于进出线路，当为电缆进出线时，工频电场分布于电缆芯线和接地的金属铠装层之间，电缆外部工频电场可忽略；当为架空进出线时，对外部工频电场分布有影响的高压带电导体只有架空的一段进出线。分析和实测的结果均表明，GIS 变电站周围的工频电场远小于现有标准的职业暴露和公众暴露限值。

3.1.2.2   典型设计变电站工频磁场模型仿真

本部分对《国家电网公司输变电工程典型设计 - 220 kV 变电站分册》中方案 A1、A2、A3、A4、A5 5 种户外布置式变电站进行了分析；A6、A7 为户外 GIS 方案，而 B1 至 B5 方案全部为户内 GIS 变电站，不适合用本部分提出的方法进行分析计算。

仿真时考虑变电站空间磁场水平最严重的情况，其情况设定为：主变压器 220 kV 侧电流为变压器额定电流，并将主变压器电流汇总于某一条出线，使其达到最大电流值且不超过出线的载流量，如有超出值，将超出值分流于第二条出线，以此类推；主变压器 110 kV 侧的电流设计如同 220 kV 侧。

（1）220 kV 典型设计方案建模和计算。以国家电网典型设计方案 A1 为例，计算条件见表 3-3。

表 3-3　国家电网典型设计 A1 方案磁场计算条件

方案 A1	平行布置方案	垂直布置方案
坐标原点	变电站围墙的西北角	
坐标方向确定	正南方为 +x 方向，正东方为 +y 方向	
变压器	2 台 120 MVA，220/110/35 kV	
出现回路数	220 kV 4 回，架空出线；110 kV 8 回，架空出线	
出现方向	220 kV 朝 -x 方向；110 kV 朝 x 方向出线	220 kV 朝 -x 方向出线；110 kV 朝 -y 方向出线
220 kV 侧最大工作电流	两台变压器侧工作电流均为 331 A；出线 1 工作电流为 662 A；出线 2～4 工作电流为 0 A	
110 kV 侧最大工作电流	两台变压器侧工作电流均为 662 A；出线 7、8 工作电流为 662 A；出线 1～6 工作电流为 0 A	
磁场计算范围	x：-6～130 m；y：-6～130 m 2 m 间隔	x：-6～130 m；y：-6～130 m 2 m 间隔

在此只考虑 220 kV 和 110 kV 侧的磁场分布情况，对 35 kV 侧，由于其对站内整体磁场分布影响较小，不纳入考虑范围。

根据国家电网典型设计资料，按变电站主要进出线及母线布置建立计算模型，见图 3-24、图 3-25。

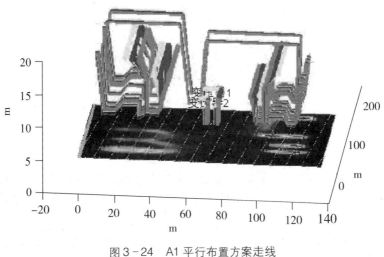

图 3-24　A1 平行布置方案走线

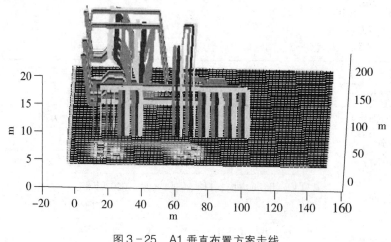

图 3-25　A1 垂直布置方案走线

根据上述磁场分析模型，计算站内磁场分布，取距离地面 1.5 m 处的平面为计算区域，计算各点磁场的最大值（单位：10^{-5} T），见图 3-26。

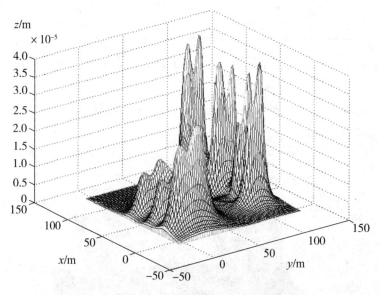

图 3-26　A1 平行布置方案最大磁场分布

从图 3-26、图 3-27 可以看出，无论是平行布置或是垂直布置，站内磁场最大值为 35～40 μT，220 kV 出线围墙处的磁场最大值不超过 4 μT，随着距离的增加，磁场衰减很快。

表 3-4 给出了对方案 A1、A2、A3、A4 和 A5 5 个户外布置式变电站磁场的评估结果。由于各方案中主变的台数和容量的差别，以及出线回路数的不同，造成母线和出线上电流大小的差异，因而不同方案下，变电站内空间磁场水平有所差别。

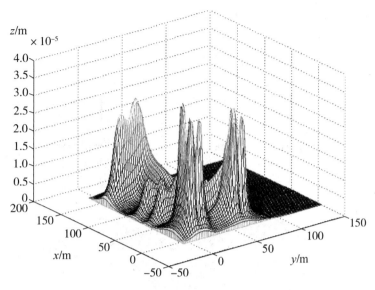

图 3 - 27　A1 垂直布置方案最大磁场分布

表 3 - 4　220 kV 变电站国网典型设计方案站内空间磁场

方　　案	A1	A2	A3	A4	A5
站内空间磁场最大值/μT（距地面 1.5 m 平面处）	<40	<50	<80	<80	<60
220 kV 出线侧沿围墙磁场最大值/μT（距地面 1.5 m 平面处）	<4	<8	<10	<13	<6

根据 1998 年国际非电离辐射防护委员会发布的《限制时变电场、磁场和电磁场暴露（300 GHz 以下）导则》，工频磁场的公众暴露限值是 100 μT，均远大于计算得到的几种典型设计方案下变电站内的空间磁场最大值（80 μT）和 220 kV 出线侧沿围墙的磁场最大值（<13 μT）。国家标准《电磁环境控制限值》（GB 8702—2014）规定的工频磁感应强度的限值也是 100 μT。可见按照典型设计方案建设的 220 kV 变电站的工频磁场水平是安全的，可以达到环保化设计要求。

（2）220 kV 非典型设计方案工频磁场评估比较。以下为针对实际 220 kV 变电站进行的建模计算和实地测量。某具体变电站计算条件：该变电站占地面积约为 150 m × 180 m，1 台主变，容量为 180 MVA，电压为 220/110/10 kV，三相三线圈有载调压变压器。2 回 220 kV 进线，6 回 110 kV 出线，220 kV 侧为双母线运行方式，2 条进线均接副母线，正母线备用；110 kV 侧为双母线三分段接线。在此只考虑 220 kV 和 110 kV 侧的磁场分布情况。对 10 kV 侧，由于其对站内整体的磁场分布影响较小，不考虑。

根据变电站设计图纸选定参考坐标绘出站内主要进出线及母线的走线见图 3 - 28，图 3 - 28 和图 3 - 29 中均是以变电站西北角为坐标原点，以正南方向为 +x 轴，单位为 m；以正东方向为 +y 轴，单位为 m。图 3 - 28 中 +z 轴表示各出线和母线高度，单位为

m；图 3－29 中 $+z$ 轴表示磁感应强度，单位为 10^{-5} T。

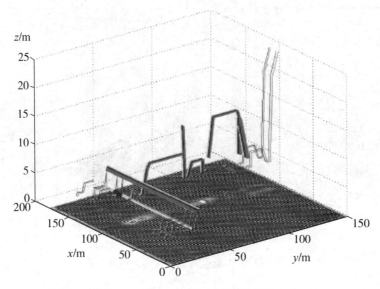

图 3－28　某 220 kV 变电站载流导体走线

　　根据图中绘出的载流导体布置方式，通过程序计算站内磁场分布情况，取距离地面 1.5 m 处的平面为计算区域，计算出变电站内距地面 1.5 m 高度平面上的磁场最大值分布见图 3－29。

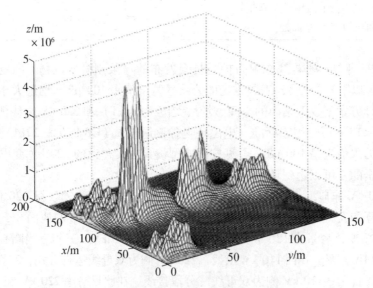

图 3－29　变电站距地面 1.5 m 高度平面上的最大磁场分布

　　站内磁场最大值为 40 ～ 50 μT，110 kV 出线侧沿围墙处的磁场最大值为 1.2 μT，220 kV 出线侧沿围墙处的磁场最大值为 1.8 μT，可见随着距离的增加，磁场的衰减较快。

表 3-5 220 kV 变电站磁场计算值　　　　　　　　　　　单位：μT

变　电　站	#1	#2	#3	#4	#5	#6
站内磁场最大强度	17.92	52.48	57.97	44.60	31.50	49.60
出线侧磁场最大值	3.6	3.1	3.2	2.3	1.8	1.8

典型设计（见表 3-4）和非典型设计（见表 3-5）情况下，变电站内外的磁场水平没有根本变化，出线围墙侧最小值都在几微特，母线侧最大值都在几十微特，与实地测量的结果也是相符的。

3.1.2.3　变电站周围工频电场、工频磁场实测分析

深圳 220 kV 马某变电站主变规模 4×240 MVA，采用常规户外 GIS 布置，220 kV 进出线回数 8 回、110 kV 进出线回数 11 回、电容器组 4×6×10 MVar。其主变压器容量大，220 kV、110 kV 进出线回数多，变电站布置方式在广东省 220 kV 变电站内具有代表性，所以以深圳 220 kV 马某变电站内及周围环境工频电场、工频磁场水平来说明 220 kV 变电站内和周围环境工频电场、工频磁场水平是可行的。

在 220 kV 马某站围墙外 5 m 及站内主要电气设备前布设测量点，共设 15 个测量点位，见表 3-6、图 3-30，图中编号的点为电磁场测量点。

表 3-6　220 kV 马某站电磁场类比测量结果

测 量 点 位	电场强度/(V·m⁻¹)	磁感应强度/μT	备　　　注
1#	2.5×10^2	2.50	#1 主变前
2#	3.1×10^2	2.00	#2 主变前
3#	2.8×10^2	1.80	#3 主变前
4#	2.7×10^2	1.70	#4 主变前
5#	1.4×10^3	3.90	导线架构下
6#	1.7×10^3	3.40	导线架构下
7#	1.6×10^3	8.30	导线架构下
8#	8.4	0.64	办公楼内
9#	2.4×10^2	1.70	变电站门口
10#	5.0×10^2	2.40	进线下
11#	6.4×10^2	2.10	进线下
12#	14	0.85	/
13#	4.6×10^2	0.72	进线下
14#	31	0.68	/
15#	54	0.62	/
16#	2.5×10^2	1.00	进线下
17#	4.6×10^2	2.50	进线下

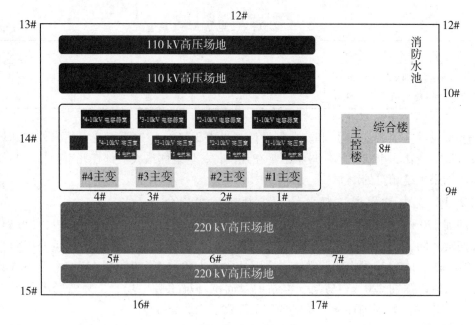

图3-30 监测布点

测量结果表明:

（1）距变电站围墙5 m处的工频电场强度为$6.4 \times 10^2 \sim 1.4 \times 10^3$ V/m，工频磁感应强度为$0.68 \sim 2.5$ μT；变电站内主变压器和户外配电装置旁工频电场强度（$8.4 \sim 1.7$）$\times 10^3$ V/m，工频磁感应强度为$0.64 \sim 8.3$ μT。

（2）导线架构下测量点位处的工频电场强度为$14 \sim 1.7$ kV/m，工频磁感应强度为$3.4 \sim 8.3$ μT；4台主变压器前测量点位处的工频电场强度为（$2.5 \sim 3.1$）$\times 10^2$ V/m，工频磁感应强度为$1.7 \sim 2.5$ μT；进出线下测量点位处的工频电场强度为（$2.5 \sim 6.4$）$\times 10^2$ V/m，工频磁感应强度为$1.0 \sim 2.4$ μT；办公楼内测量点位处的工频电场强度为8.4 V/m，工频磁感应强度为0.64 μT；其他测量点位处的工频电场强度为$14 \sim 31$ V/m，工频磁感应强度为$0.62 \sim 0.85$ μT。测量数据表明变电站内导线架构下的工频电场、工频磁感应强度最强，其次为进出线下和主变压器旁。

（3）主控楼、综合楼等办公楼室内的工频电场强度比导线架构和主变压器旁工频电场强度低$2 \sim 3$个数量级，比导线架构和主变压器旁工频磁感应强度低1个数量级；表明主控楼、综合楼等钢筋混凝土建筑物对工频电场、工频磁场屏蔽效果良好。

220 kV常规户外布置站站内主变压器、户外配电装置、进出线架构等处工频感应电磁感应强度均满足国家标准《电磁环境控制限值》（GB 8702—2014）限值要求，围墙四周工频感应电磁场场强比标准限值低1个数量级及以上。

3.1.3 高压输电线

邹澎等人在1994年根据"国际大电网会议第36.01工作组"推荐的方法——等效

电荷法计算高压输电线路（单相和三相高压输电线）附近的工频电场，包括计算场强的分布和电位的分布，同时介绍了利用等效电荷法编制的"高压输电线附近工频电场的计算机辅助分析软件（HLEME-CAD）"。1999 年，他们又利用矩量法对高压输电线路转弯处线路附近的电场分布进行详细的分析，并以此为依据编制了高压输电线路附近电磁环境计算的通用程序。上海交通大学的张家利等人建立了基于等效电荷法原理的悬链线形式高压输电线下工频电场的数学模型，用矢量法分析了电场分布，提高了计算精度。陈仕姜等利用 Matlab 语言自行编写的程序，计算并分析了超高压输电线下工频电场场强的分布规律及其影响因素。张启春等人在 2000 年建立了高压架空线下工频电场的数学模型，此方法将电压时间变量放在时域中处理，具有更为广泛的应用范围。梁振光等人在计算三相传输线电场的基础上分析了三相传输线电场的旋转规律，发现电场的旋转特性会对无向电场测量结果产生一定影响。卢铁兵等人在 2001 年采用模拟电荷法预测计算了 500 kV 输电线路铁塔附近的三维电场，通过与现场实测数据的比较，证实了该算法的有效性。崔翔等人在 2003 年提出了一种基于矩量法的在频域下计算超高压输电铁塔附近三维电场分布的数值方法。孙朋等结合高压线路特点选择了模拟电荷法，建立了高压输电线路附近有建筑物时的工频电场的数学模型，用 Matlab 语言完成了所建高压线路数学模型的仿真，给出了相应的仿真结果。重庆大学的封漎彦等基于模拟电荷法，建立了超高压架空输电线路（带避雷线）的工频电场数学模型。

相对于工频电场，工频磁场的分布规律研究较少。李蓉、蒋忠涌利用模拟电荷法按静态场计算工频磁场，其大小与地磁场（平均强度约为 60 μT）在同一数量级，并与实测结果基本相符；同时，他们对 500 kV 架空送电线路附近磁场进行了深入的研究，得出磁感应强度以水平分量为主，所测试的线路磁感应强度都未超过 100 μT，周围架空送电线对被测线路的磁场产生干涉效应。张启春建立了高压架空线下工频磁场的数学模型，介绍了工频磁场的计算机辅助分析软件，通过仿真分析得出架空线周围磁感应强度的影响因素（线路负荷电流、线路的布置形式和几何位置等）和分布规律，并提出了解决工频电磁污染的若干措施（采用由原屏蔽、高低压同杆并架等）。强生泽以 220 kV 同塔双回线路为例，利用等效电荷法计算其线下空间电场强度的分布模型，得出其空间分布呈椭球状的特点，给出了 220 kV 等级送电线路的电磁防护安全区为距边相导线垂直距离大于 6 m 的空间区域，重点计算了双回线路同序和逆序布置时的空间电场强度，结果显示逆序布置方式时，输电线下空间电场强度较正序布置有轻微的削弱作用。随着特高压输电线路的出现，阮江军在 Ginzo Katsuta，T. Heizmann 和 N. H. Abmed 等人研究的基础上利用自行编制的计算机辅助分析软件，计算分析了 1100 kV 特高压架空线周围工频电场的分布规律和影响因素。

舒印彪等人介绍了特高压输电技术在国内外的研究现状，基于国情，分析了中国 1000 kV 特高压交流输电工程和 ±800 kV 特高压直流输电工程中，过电压与绝缘配合、外绝缘特性、电磁环境以及特高压设备制造与检验、检测等方面面临或亟待解决的问题。中国电力科学研究院邵方殷介绍了苏联、日本和美国的特高压输电线路的研发情况、国外解决工频电磁环境问题的不同做法以及我国解决 500 kV 线路工频电磁环境的措施；在相导线对地距离和输送电流相同的条件下，对国外已研发的 3 种特高压输电线路和紧凑型特高压输电线路的工频电场和磁场分布进行了计算和比较，研究成果可为我国特高压输电线路的相导线布置选型提供参考依据。

在已有理论计算中，大多忽略输电线弧垂、挡距等因素，以弧垂最低处的离地高度或线路平均高度作为计算时的导线高度，将高压输电线视为平行于地面的无限长直导线，建立二维计算模型。一般而言，高压导线自重较大，截面大且架设高，因而风荷和冰荷也比较大，受气候影响显著，这些特点决定了特高压输电线的弧垂比较大，采用二维简化模型会产生较大误差。高压线路远距离输电必然要跨越大量地理环境复杂的区域，这些地区的气象条件差异很大，在影响架空输电线荷载、应力和弧垂的同时，也将对地面电场造成影响，但是二维计算模型由于模型本身的缺陷，不可能对此进行分析。在已有输电线二维电场建模的文献中，并未对弧垂大小进行定量计算，其仿真时均假定导线高度，当计算高度不同时，预测结果存在很大差异，甚至影响电磁环境评估的结论。

因此，重庆大学研究人员提出三维模型计算某段相导线三角形布置特高压线路下方的工频电场、磁场并分别与采用传统二维模型进行结果分析。如图 3-31（a）、（b）所示为两种计算模型所对应的线路示意图。为简化绘图起见，图 3-31（b）中杆塔以矩形框表示。

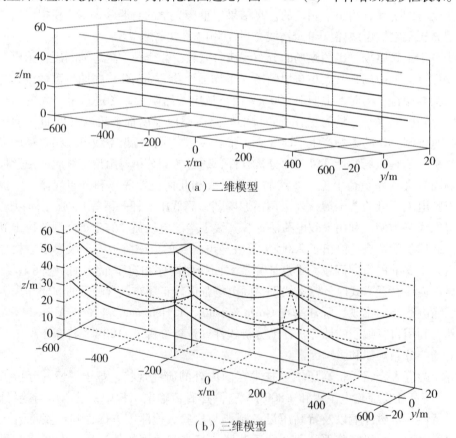

（a）二维模型

（b）三维模型

图 3-31　特高压线路下方的工频电场、磁场

线路额定电压 1000 kV，电磁环境计算电压高出额定电压 5%。各相导线采用 8 ×
LGJ-500/45，子导线直径 30 mm，子导线间距 0.4 m；架空地线为 LHBGJ-120/70。

　　采用三维计算模型时，线路挡距取 400 m，气象条件：年平均气温（15 ℃）、无风、
无冰，由此可得导线的最大弧垂为 10.33 m。采用二维计算模型时，以弧垂最低点对地
高度作为计算高度，将输电线视为无限长直导线。

　　图 3-32（a）、（b）分别表示二维计算模型和三维计算模型所得的地面之上 1.5 m
平面的电场分布。

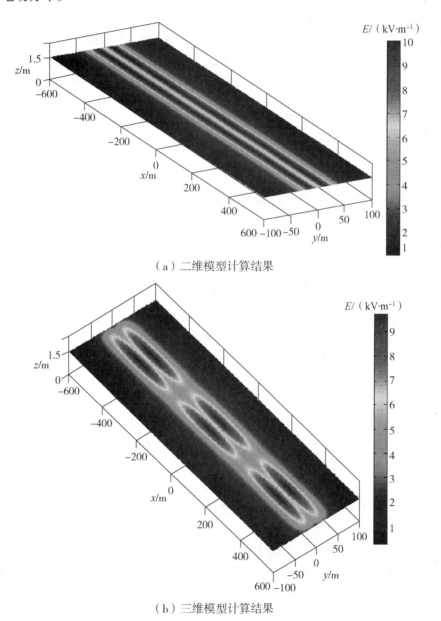

（a）二维模型计算结果

（b）三维模型计算结果

图 3-32　特高压输电线二维、三维计算模型电场分布

为便于比较，分别取 $x=0$ m、100 m 和 200 m 时电场的横向分布，见图 3-33。图中标注数字为对应电场最大值。

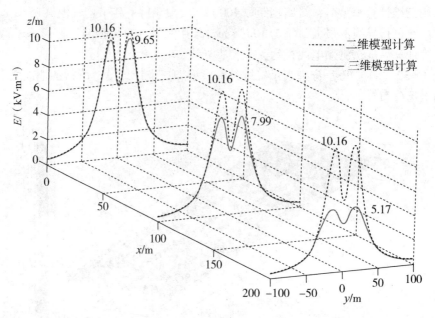

图 3-33　工频电场横向比较

三维模型能够同时反映线下电场的横向与纵向变化特征，计算所得电场分布呈轴对称形：沿纵向（x 方向），电场最大值出现在挡距中央即弧垂最大处，朝两侧衰减，杆塔处场强最小（忽略杆塔所造成的场强畸变），并以挡距长度呈周期性变化；沿横向（y 方向），电场分布呈马鞍形，电场最大值出现在两边相外侧约 3 m 处。在 $x=0$ 截面，三维模型所得电场最大值 9.65 kV/m，与二维模型计算结果比较接近。观测点越偏离挡距中心，两种模型计算所得的电场值差异越大。在 $x=200$ m 截面，三维模型电场最大值 5.17 kV/m，相比二维模型小 4.99 kV/m。三维模型能够更为细致地反映线下电场的分布规律。

离地 1.5 m 空间工频磁场分布见图 3-34。

图 3-35 为分别取 $x=0$ m，$x=100$ m 和 $x=200$ m 时磁场的横向分布图。

三维模型能够同时反映线下磁场的横向与纵向变化特征，所得磁场分布呈轴对称形：沿纵向（x 方向），最大磁感应强度出现在挡距中央即弧垂最大处，朝两侧衰减，杆塔处磁场最小，并以挡距长度呈周期性变化；沿横向（y 方向），最大磁感应强度出现在轴线上，然后朝两侧衰减。

在 $x=0$ 截面，三维模型计算所得最大磁感应强度 50.50 μT，与二维模型计算结果相接近。观测点越偏离挡距中心，两种模型计算所得的磁场值差异越大。在 $x=200$ m 截面，三维模型磁场最大值 27.26 μT，相比二维模型小 25.57 μT。

相比之下，采用三维模型更能够准确地计算线下磁感应强度和反映磁场的分布规律。

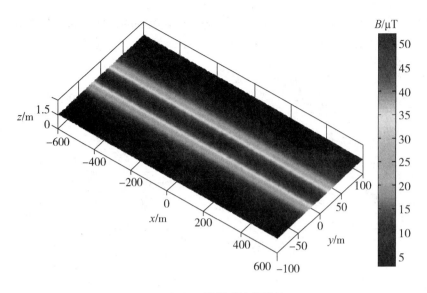

（a）二维模型计算结果

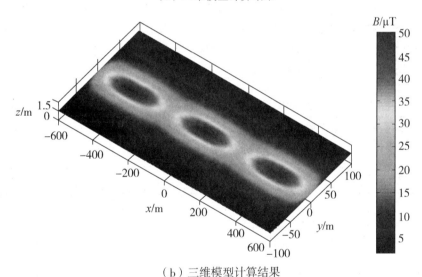

（b）三维模型计算结果

图 3-34　特高压输电线二维、三维计算模型磁场分布

3.1.3.1　典型设计输电线路工频电场、工频磁场模型仿真

随着社会经济的快速发展、用电负荷的持续增加，220 kV 输电线路已从城郊进入城区，通常情况下 220 kV 输电线路对周围环境的工频电场、工频磁场水平大于 110 kV 线路，以 220 kV 输电线路为例来说明输电线路对周围工频电场、工频磁场的影响具有现实意义。高压架空输电线周围空间某点电场强度值与每根导线上电荷的数量，以及该点与导线之间的距离有关；导线上的电荷多少除与所加电压有关外，还与导线的几何位置及其尺寸有关。因此，导线的布置形式、对地距离和相间距离、分裂根数以及双回路时两回路间电压的相序等，都直接影响线下电场强度的分布和大小。

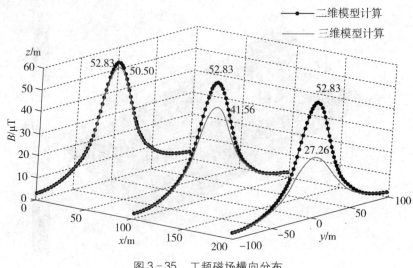

图 3 - 35　工频磁场横向分布

（1）220 kV 单回线路。以典型设计 220 kV 输电线路 2A 模块为例，该模块为海拔 1000 m 以内，设计风速 25 m/s，导线为 2 × LGJ - 400/35 的单回路铁塔，按平地和山区分别规划设计，其中平地直线塔设计了一套猫头塔和一套酒杯塔，本节分别针对猫头塔和酒杯塔进行了计算。计算条件列于表 3 - 7、表 3 - 8。

表 3 - 7　2A - ZM1 猫头塔计算条件

导 线 型 号	载流量/MW	弧垂/m	挡距/m	呼高/m
LGJ - 400/35	240	15	400	27
计算区域	以挡距中点为原点，挡距中垂线为 x 轴，以输电线走向为 y 轴，计算高度：1.5 m，x：-50 ～ 50 m，y：-200 ～ 200 m 的矩形区域，步长 5 m			

该矩形区域的磁感应强度最大值为 9.55 μT，位于导线弧垂最大处。因导线弧垂最大处距离地面最近，造成在空间感应的磁场也最大。从图 3 - 36、图 3 - 37 还可以直观

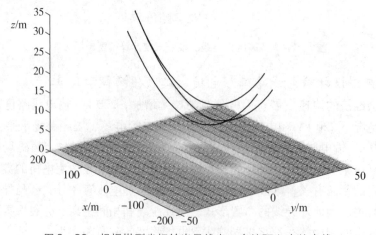

图 3 - 36　根据塔型坐标绘出导线在一个挡距之内的走线

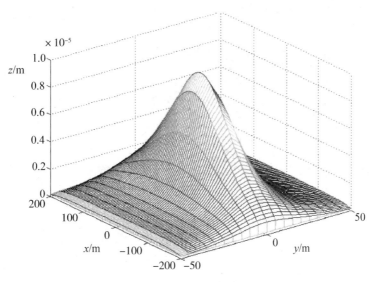

图 3-37　计算区域的磁场分布（单位：10^{-5} T）

地看出，磁场随距离的增加衰减很快，在距离中心导线水平距离 50 m 的区域，磁感应强度只有 0.17 μT。

表 3-8　2A-ZB1 酒杯塔计算条件

导 线 型 号	载流量/MW	弧垂/m	挡距/m	呼高/m
LGJ-400/35	240	15	400	27
计算区域	以挡距中点为原点，挡距中垂线为 x 轴，以输电线走向为 y 轴，计算高度：1.5 m，x：-50～50 m；y：-200～200 m 的矩形区域，步长 5 m			

从图 3-38、图 3-39 可以看出，该矩形区域的磁感应强度最大值为 10 μT，同样位于导线弧垂最大处。在距离中心导线水平距离 50 m 的区域，磁感应强度衰减到 0.26 μT。

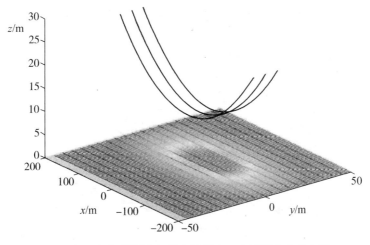

图 3-38　根据塔型坐标绘出导线在一个挡距之内的走线

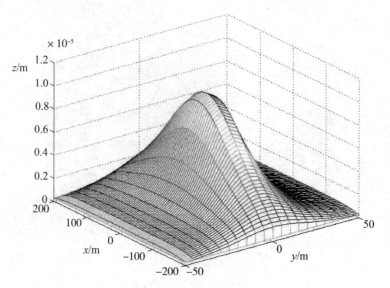

图 3 – 39　计算区域的磁场分布（单位：10^{-5} T）

（2）220 kV 双回线路。以 2E 模块为例，该模块为海拔 1000 m 以内，设计风速为 25 m/s，导线为 $2 \times$ LGJ – 630/45 的双回路鼓形塔。分别计算顺相序和逆相序挂线在地面的工频磁场，计算条件见表 3 – 9。

表 3 – 9　2E – SZ1 鼓形塔计算条件

导 线 型 号	载流量/MW	弧垂/m	挡距/m	呼高/m
LGJ – 630/45	240	15	400	27
计算区域	距地面 1.5 m，x：$-50 \sim 50$ m，y：$-200 \sim 200$ m 的矩形区域			

从图 3 – 40 至图 3 – 42 可以看出，顺相序挂线时，磁感应强度的最大值为 9.47 μT；逆相序挂线时，磁感应强度的最大值为 7.20 μT。逆相序挂线对降低工频磁场水平的作用是很明显的。在工程中，为改善电磁环境，应尽可能采用逆相序挂线方式。

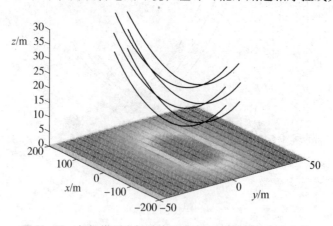

图 3 – 40　根据塔型坐标绘出导线在一个挡距之内的走线

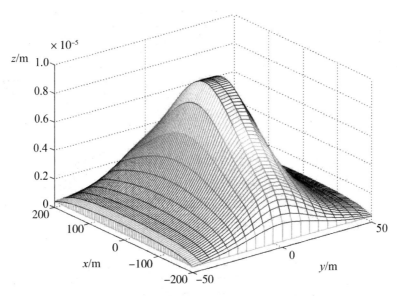

图 3-41　顺相序挂线时地面的计算区域的磁场分布（单位：10^{-5} T）

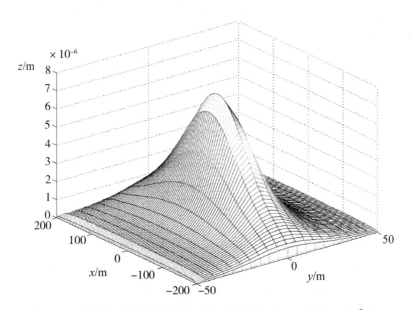

图 3-42　逆相序挂线时地面的计算区域的磁场分布（单位：10^{-6} T）

（3）220 kV 同塔四回输电线路。以 220 kV 铁塔通用设计 SSZV51 为例，计算四回 220 kV 直线塔的工频磁场水平，考虑磁场水平最大的情况，此处的挂线方式全部为顺相序。计算条件见表 3-10。

表3-10　SSZV51型杆塔计算条件

导 线 型 号	载流量/MW	弧垂/m	挡距/m	呼高/m
LGJ-630/45	240	15	400	42
计算区域	距地面1.5 m，x：-50~50 m，y：-200~200 m 的矩形区域			

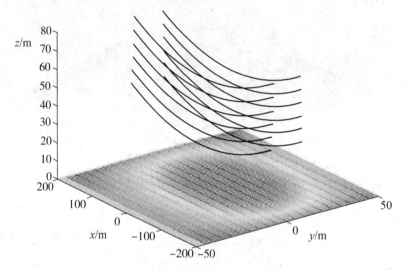

图3-43　根据塔型坐标绘出导线在一个挡距之内的走线

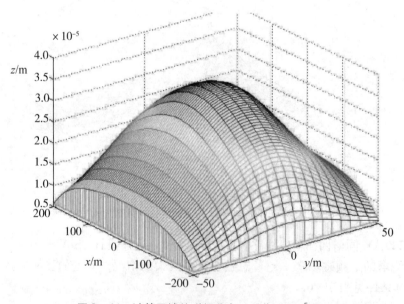

图3-44　计算区域的磁场分布（单位：10^{-5} T）

从图 3-43、图 3-44 可以看出，SSZV51 同塔四回 220 kV 输电线路下方距地面 1.5 m 高度的区域内磁感应强度的最大值为 3.54 μT，当距离增加到 50 m 时，即在给定区域的边缘，磁感应强度衰减到 0.57 μT。

（4）220 kV 同塔六回输电线路。220～500 kV 同塔六回输电线路杆塔总图见图 3-45，其挂线方式为 500 kV×2 + 220 kV×4，即两回 500 kV 和四回 220 kV 同时悬挂同一杆塔。计算条件见表 3-11。

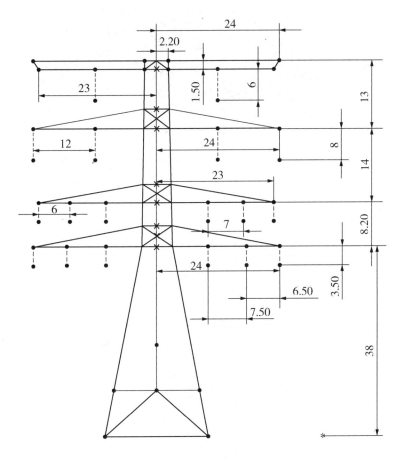

图 3-45 六回输电线杆塔示意图（单位：m）

表 3-11 六回输电线杆塔磁场计算条件

导 线 型 号	载流量/MW		弧垂/m	挡距/m	呼高/m
LGJ-630/45	500 kV	220 kV	15	400	36
	4090	630			
计算区域	距地面 1.5 m，x：-50～50 m，y：-200～200 m 的矩形区域				

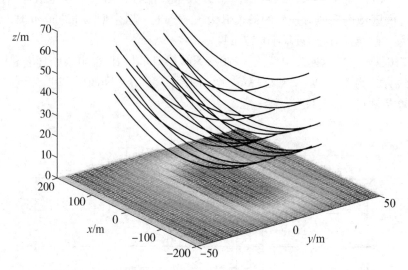

图 3-46   根据塔型坐标绘出导线在一个挡距之内的走线

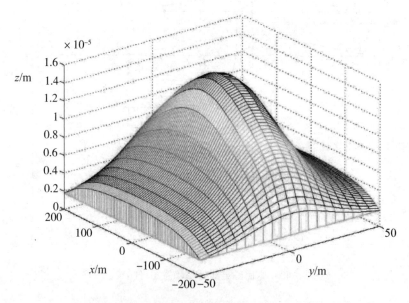

图 3-47   计算区域的磁场分布（单位：10^{-5} T）

从图 3-46、图 3-47 可以得出，计算区域的磁感应强度最大值为 15.8 μT，最小值为 1.76 μT，与同塔多回的 220 kV 线路相比，220～500 kV 混合同塔输电线路磁感应强度有了较大增加，主要是由于 500 kV 输电线路的载流量较大造成的。

（5）具体双回线路工频电场、工频磁场仿真。下面以 220 kV 潮某线为例，简要分析线路周围的电磁场空间分布特性，见表 3-12。电场、磁场分布见图 3-48 至图 3-51。

表3－12　220 kV 潮某线线路参数

次导线数	2	分列间距/mm	400
设计功率	648 MVA/回	直径/mm	14.8
架设方式	同塔双回	垂直间距/m	6.5
相位布置	逆相序	水平间距/m	10
导线型号	$2 \times$ LGJX－630/55	相电流/A	2×850
最小离地高度/m	12	杆塔形式	鼓形

由图3－48、图3－49可见：

1）电场强度垂直分量和综合场强呈驼峰状，水平分量和垂直分量占综合场强的比重较大，在与线路中央距离大于某一距离时（本例中约为16 m），电场强度的水平分量和综合场强曲线基本吻合；随着与线路中央距离的进一步增加，水平分量、垂直分量和综合场强3条曲线逐步吻合。由以上分析可见，在与线路中央距离较近时，电场强度的水平分量和垂直分量需分别测量，在与线路中央距离较远时，可用水平分量近似代替综合场强。

2）在与线路中央距离相等，离地1.5 m处的电场强度水平分量、垂直分量和综合场强均要大于离地0.5 m处对应的场强值；离地1.5 m和0.5 m处的电场强度均满足《电磁环境控制限值》（GB 8702—2014）中电场强度4 kV/m的限值要求。

由图3－50、图3－51可见：

1）在与线路中央距离相等，离地1.5 m处的工频磁感应强度水平分量、垂直分量和综合场强均略大于离地0.5 m处对应的工频磁感应强度，随着与线路中央距离的增加，差异越来越小；离地1.5 m和0.5 m处的工频磁感应强度均远小于《电磁环境控制限值》（GB 8702—2014）中工频磁感应强度100 μT的限值要求。

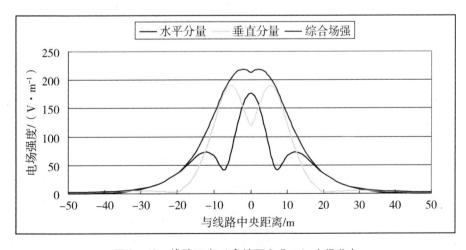

图3－48　线路下方（离地面0.5 m）电场分布

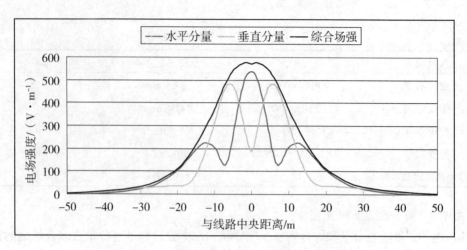

图 3-49　线路下方（离地面 1.5 m）电场分布

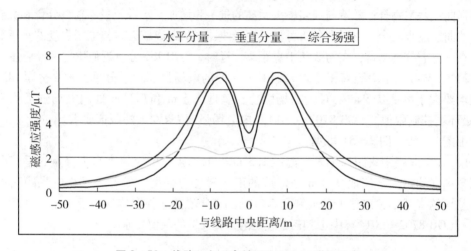

图 3-50　线路下方（离地面 0.5 m）磁场分布

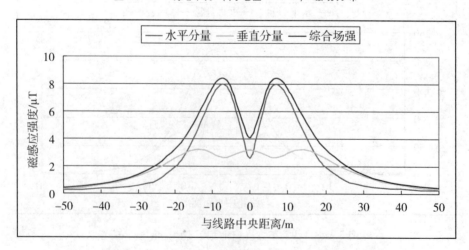

图 3-51　线路下方（离地面 1.5 m）磁场分布

2）离地 1.5 m 和 0.5 m 处的工频磁感应强度垂直分量在与线路中央距离较近时呈波浪起伏状，随着与线路中央距离的进一步增大而快速衰减；水平分量和综合场强曲线呈驼峰状分布，水平分量略小于综合场强，在实际环境影响评价中，可以用水平分量近似代替综合场强。

由 220 kV 输电线路电场计算结果可知（图 3－52、图 3－53），在自地面到距地面 7 m高的范围内，电磁场场强预测值均不会超过电场强度 4 kV/m、工频磁感应强度 100 μT 的

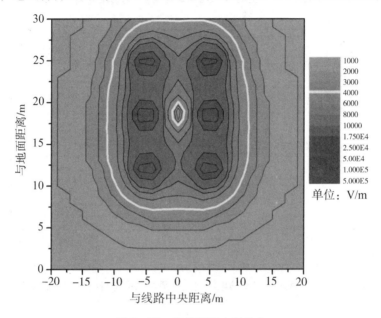

图 3－52　导线周围电场分布

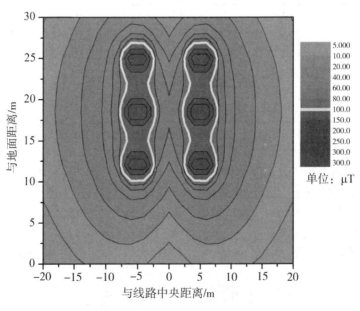

图 3－53　导线周围磁场分布

限值要求；在自地面 7 m 高以上的空间，且在距离线路中央 11 m，即距离边相 6 m 的范围内，电磁场水平将超过电场强度 4 kV/m、工频磁感应强度 100 μT 的限值要求。

3.1.3.2 输电线路工频电场、工频磁场影响因素分析

（1）电压等级。线路运行的电压等级大小是线下工频电场变化的主要原因之一，图 3－54 为 110 kV、220 kV、330 kV 和 500 kV 4 种电压等级的输电线路在距地面 1.5 m 高处产生的最大工频电场值与导线对地高度的关系，各线路参数见表 3－13。

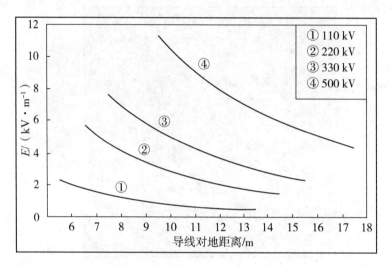

图 3－54 不同电压等级输电线路地面最大场强与导线对地距离关系

表 3－13 各电压等级输电线路参数

参 数	110 kV	220 kV	330 kV	500 kV
导线型号	LGJ－240/30	2×LGJ－300/25	2×LGJ－400/25	4×LGJ－300/40
子导线半径/mm	10.8	11.88	13.32	11.97
子导线间距/mm	单导线	400	400	450
导线排列方式	水平	水平	水平	水平
相间距/m	4	6	8	12

当 110 kV、220 kV、330 kV 和 500 kV 4 种输电线路对地高度均为 10 m 时，线路下方地面处最大工频电场值分别为 0.9 kV/m、3.1 kV/m、5.3 kV/m 和 11.3 kV/m。在导线对地高度一定的情况下，线路电压等级越高在地面产生的场强越大。

当 220 kV 线路和 330 kV 线路均采用 2×LGJ－300/25 导线，水平布置，且相间距、分裂间距、最低线高和预测电流强度均一致时，分别为 8 m、400 mm、12 m 和 600 A，两者的预测曲线基本重合。当两线路其他运行条件相同时，电压等级的差异不会影响线路下方的磁感应强度。

当 220 kV、330 kV 线路均采用 2×LGJ－300/25 导线，水平布置，且相间距、分裂间距、最低线高和预测电流强度均一致，分别为 8 m、400 mm、12 m 和 600 A，无线电

干扰见图 3－55，其中 x 为与中相导线距离（后文相同）。

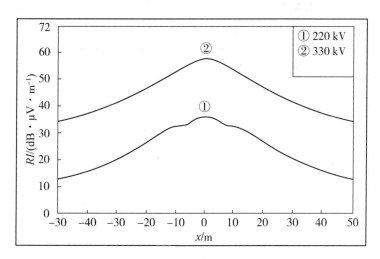

图 3－55　相同线路条件下不同电压等级的输电线路下方无线电干扰场强

无线电干扰场强受输电线路运行电压的影响比较大。在线路架设形式、运行条件及线路参数均相同的情况下，330 kV 线路线下无线电干扰值最大为 57.9 dB · μV · m⁻¹，比 220 kV 线下最大无线电干扰值绝对值大 21.9 dB · μV · m⁻¹。

输电线路电压等级的大小，对线路下工频电场和无线电干扰产生很明显的影响作用，而对磁感应强度则基本无影响。

（2）电流强度。磁场由运动的电荷（即电流）产生。输电线路运行时的电流大小是决定线路下方磁感应强度大小的一个最重要原因。而电场和无线电干扰则基本不受电流强度的影响。见图 3－56。

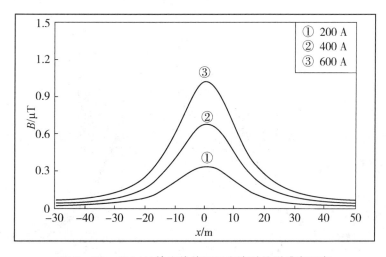

图 3－56　220 kV 输电线路不同电流时的磁感应强度

（3）导线对地高度。线路电压等级决定导线对地高度，不同的跨越情况也将影响导线对地高度，导线对地高度的不同使得在地面产生的工频电场、工频磁场和无线电干扰值产生相应的变化。《110 kV～500 kV 架空送电线路设计技术规程》（DL/T 5092—1999）对不同电压的输电线路有不同的对地最低距离要求，同电压等级输电线路在不同地区走线时也有不同的对地最低距离要求，见表 3－14。

表 3－14　导线对地面最小距离　　　　　　　　　　单位：m

线路经过地区	标称电压/kV		
	110	220	500
居民区	7.0	7.5	14
非居民区	6.0	6.5	11.0（10.5）
交通困难地区	5.0	5.5	8.5

注：500 kV 送电线路非居民区 11.0 m 用于导线水平排列，括号内的 10.5 用于导线三角排列。

工程设计中高压架空输电线的杆高一般见表 3－15。

表 3－15　高压输电线杆高

电压/kV	35	110	220	330	500
常用杆型	单杆	单杆	单（双）杆、铁塔	铁塔	铁塔
常用杆高/m	15～19	19～21	22～30	24～32	36～56

以 220 kV 输电线路为例，来说明导线对地高度对输电线路工频电场的影响。线路参数为：导线型号为 LGJ－400/35，采用四分裂，分裂间距为 0.45 m，线路挡距统一采用 400 m 导线水平排列，分别仿真杆塔高度为 30 m、35 m、40 m 时线路正下方离地高度 1.5 m 处的地面场强分布，仿真结果见图 3－57、图 3－58。

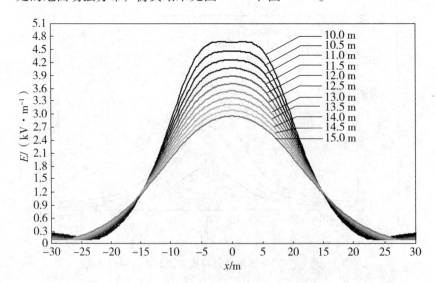

图 3－57　220 kV 同塔双回路工频电场强度

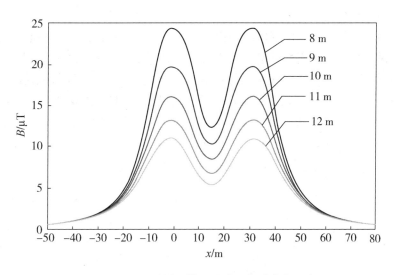

图 3-58　220 kV 同塔双回路工频磁感应强度

　　杆塔高度为 30 m、35 m、40 m 时线路正下方离地高度 1.5 m 处的地面工频电场强度最大值分别为 4.7 kV/m、2.3 kV/m、1.65 kV/m，与杆塔高度为 30 m 时相比，杆塔高度为 35 m 和 40 m 时地面电场强度分别降低了 51.06%、64.89%，因此改变杆塔高度对输电线路下方工频电场的影响很大，随着杆塔高度的升高，线路下方工频电场强度在逐渐降低，当杆塔高度达到一定值后，随着杆塔高度的升高，这种改变效果却有所降低。见图 3-59。

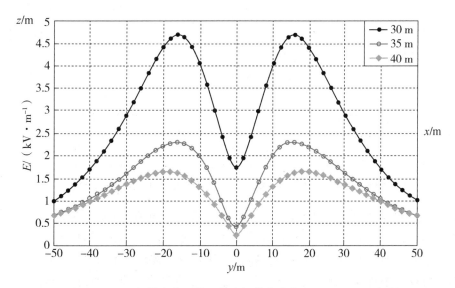

图 3-59　不同杆塔高度下的工频电场横向分布图（$x=0$, $z=1.5$）

　　（4）排列方式及相间距。电力输送中所使用的杆塔类型相对较多，但单回线路的排列方式通常只有 4 种，分别为垂直排列、正三角形排列（包括"上"字形结构）、倒三角形排列和水平排列。

垂直排列：一般利用双回杆塔的一侧走线，如鼓形（Gu）；正三角形排列：该方式排列的线路最为常见，使用的杆塔类型也最多，通常有猫头形（M）、"干"字形（G）等；倒三角形排列：该排列方式在低等级输电中比较少见，在500 kV线路中运用得比较多；水平排列：该排列方式在各电压等级的输电线路中都比较常见，使用的杆塔有"V"字形（V）、"门"字形（Me）、酒杯形（B）等。各种排列方式见图3-60。

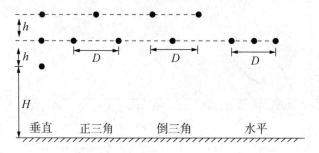

图3-60 220 kV输电线路4种导线排列方式

以220 kV输电线路为例说明导线排列方式对工频电场的影响。220 kV线路导线型号为$2 \times LGJ - 300/25$（11.88 mm），分裂间距为400 mm，$D = 8$ m，$h = 4$ m，$H = 10$ m。4种不同排列方式下电场分布情况见图3-61。

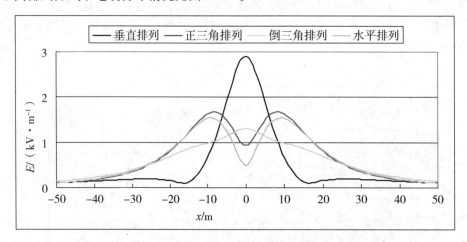

图3-61 220 kV输电线路4种导线排列方式时的工频电场分布

由图3-61可知220 kV输电线路4种排列方式时，离地1.5 m处场强分布均对称于中心导线对地投影。垂直和倒三角排列的线路场强变化趋势相似，均呈正态分布，场强最大值位于中心导线下方，其中倒三角排列的场强分布较垂直排列平缓。水平和正三角排列的线路场强呈驼峰分布，场强极大值位于中心导线地面投影外约10 m处，其中水平排列的场强值较正三角排列低。比较该4种排列方式产生的场强，垂直方式排列的线路场强极大值较其他3种排列方式要高，但高场强区分布范围较小；倒三角排列较正三角形、水平排列方式的场强分布要集中，且高场强区分布范围较小。

（5）线路回数及相序排列。由图 3-62 可知，工频电场、工频磁感应强度随导线回路变化规律：单回路 > 同塔双回路 > 同塔四回路。同塔四回路与单回路、双回路相比，工频电场强度分别降低 45.2%、37.2%，磁感应强度分别降低 55.5%、46.8%。单回路距边导线 4.2 m 外达标。双回路距边导线 1.7 m 外达标，同塔四回路工频电场强度及 3 种不同导线回路工频磁感应强度均满足评价标准。不同导线回路计算模型见表 3-16。

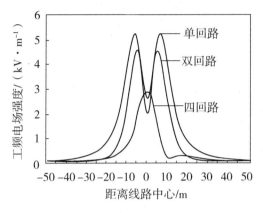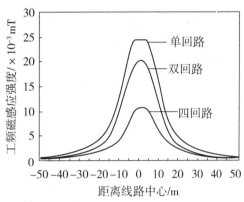

图 3-62　不同导线回路工频电场、磁场分布

表 3-16　220 kV 不同导线回路计算模型

单　回　路	双　回　路	四回路（上面 2 回 220 kV，下面 2 回 110 kV）
		220 kV
A (0, 23.5)	A (±4.6, 31)	A (±4.6, 31)，B (±4.6, 31)，C (±4.6, 31)
B (-5.6, 18)	B (±5.6, 24.3)	110 kV
C (5.6, 18)	C (±4.6, 18)	A (±4.6, 31)，B (±4.6, 31)，C (±4.6, 31)

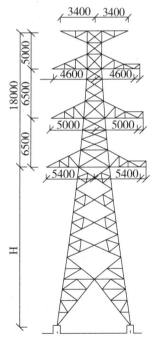

图 3-63　SJ631 塔

以 220 kV 双回输电线路和工程上常用的 SJ631 塔为例说明同塔双回线路导线相序排列对导线周围电场分布的影响。见图 3-63。导线型号为 2 × LGJ-600/35（14.2 mm），分裂间距为 400 mm，设两线路水平相间距分别为 9.2 m、10 m 和 10.8 m，垂直相间距 6.5 m，导线对地最低距离均为 10 m。

同塔双回架设线路共 6 根导线，选取了比较典型的 6 种相序排列方式，各相序排列时线路下方工频电场的分布情况见图 3-64。由图可见，双回输电线路两回路间相序布置的不同，地面场强分布亦不同。当 220 kV 线路同相序布置时，地面处场强最大；逆相序布置时，地面场强最小；当线路呈逆相序方式排列时，即两回线路上相、中相布置不同，而下相布置一致，地面处场强仅次于同相序排列，由此可见双回线路地面处场强主要受线路下相布置情况的影响。当线路一会运行一会停运时场强介于同、逆相序排列之间。

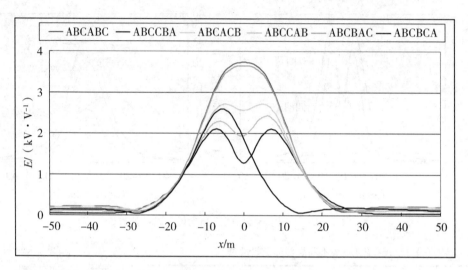

图 3 - 64　220 kV 双回输电线路 6 种相序排列方式时的工频电场分布

（6）导线截面积与分裂导线数。根据欧姆定律可知，导线直径越粗（截面积大），那么电流电能输送过程中所消耗的电量越小；同时，导线截面越大，线路所容许的最大输电电流和容量也越大，但是该线路建设的成本也越高，导线挂上杆塔的难度增大、安全性降低。见表 3 - 17、表 3 - 18。

表 3 - 17　钢芯铝绞线主要技术参数（GBI 179 - 83）

导 线 型 号	计算截面积/mm²			外径 /mm	直流电阻 （不大于)/(Ω·km⁻¹)	计算质量 /(kg·km⁻¹)
	铝	钢	总计			
LGJ - 35/6	34.86	5.81	40.67	8.16	0.8260	141.00
LGJ - 50/30	50.73	29.59	80.32	11.60	0.5692	372.90
LGJ - 70/40	69.73	40.67	110.40	13.60	0.4141	511.30
LGJ - 95/55	96.51	56.30	152.81	16.00	0.2992	707.70
LGJ - 120/70	122.15	71.25	196.40	18.00	0.2364	895.60
LGJ - 150/35	147.20	34.36	181.62	17.50	0.1962	676.20
LGJ - 185/45	184.73	43.10	227.83	19.60	0.1564	848.20
LGJ - 210/35	211.73	34.36	246.09	20.38	0.1363	853.90
LGJ - 240/40	244.29	31.67	275.96	21.60	0.1181	922.20

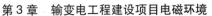

续上表

导线型号	计算截面/mm²			外径 /mm	直流电阻（不大于）/(Ω·km⁻¹)	计算质量 /(kg·km⁻¹)
	铝	钢	总计			
LGJ-300/25	306.21	27.10	333.31	23.76	0.0943	1058
LGJ-300/40	300.09	38.90	338.99	23.94	0.0961	1133
LGJ-400/50	399.73	51.82	451.55	27.63	0.0723	1511
LGJ-500/45	488.58	43.10	531.68	30.00	0.0591	1688
LGJ-630/45	623.45	43.10	666.55	33.60	0.0463	2060
LGJ-800/55	814.33	56.30	870.60	38.40	0.0355	2690

表 3-18　钢芯铝绞线连续容许输送容量

电压等级 /kV	110				220				500			
	经济输送容量/mVA，电流/A				经济输送容量/mVA，电流/A				经济输送容量/mVA，电流/A			
截面积 /mm²	最大负荷利用小时数				最大负荷利用小时数				最大负荷利用小时数			
	3000~5000		>5000		3000~5000		>5000		3000~5000		>5000	
	电流	容量	电流	容量	电流	容量	电流	容量	电流	容量	电流	容量
185	212.5	40	166.4	32	–	–	–	–	–	–	–	–
240	276	53	216	41	276	105	216	82	–	–	–	–
300	345	66	270	51	345	131	270	103	–	–	–	–
400	460	88	360	69	460	175	360	137	–	–	–	–
2×185	425	81	332.8	63	425	162	332.8	127	–	–	–	–
2×240	552	105	432	83	552	210	432	165	–	–	–	–
2×300	–	–	–	–	690	263	540	206	–	–	–	–
2×400	–	–	–	–	920	351	720	274	–	–	–	–
2×500	–	–	–	–	1150	438	900	343	–	–	–	–
2×600	–	–	–	–	1380	526	1080	412	–	–	–	–
2×630	–	–	–	–	1449	552	1134	432	–	–	–	–
2×700	–	–	–	–	1610	613	1260	480	–	–	–	–
4×300	–	–	–	–	–	–	–	–	1380	1195	1080	935
4×400	–	–	–	–	–	–	–	–	1840	1593	1440	1247
4×500	–	–	–	–	–	–	–	–	2300	1992	1800	1559
4×600	–	–	–	–	–	–	–	–	2760	2390	2160	1871

导线截面大小主要影响线路产生的无线电干扰，导线截面越小，输电线路导线附近的电场强度就越大，电晕放电作用越明显，对周围环境的无线电干扰影响越强。

220 kV 输电线路导线水平排列，相间距 5 m，导线最低对地距离 12 m，导线为单导线，分别采用 LGJ－240/40、LGJ－300/40 和 LGJ－400/50 3 种不同截面积的子导线时（导线参数见表 3－18）地面处的无线电干扰情况见图 3－65。

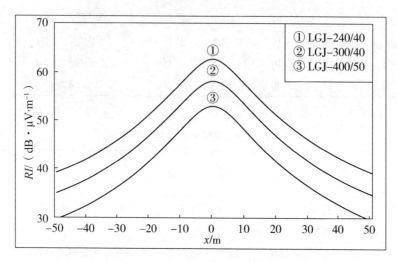

图 3－65　220 kV 线路采用 3 种不同导线时地面处无线电干扰情况

220 kV 输电线路采用 4 种不同类型导线时，地面处产生的无线电干扰场强在分布趋势上基本一致，最大值均位于线路中心导线投影处，分别为 62.6 dB · μV · m^{-1}、58.2 dB · μV · m^{-1} 和 53.0 dB · μV · m^{-1}。当 220 kV 线路导线采用 LGJ－240/40 和 LGJ－300/40 时，线路下方无线电干扰场强值均超出标准限值 53 dB · μV · m^{-1}，而线路采用 LGJ－400/50 时，线路下方无线电干扰场强值可以满足标准的要求。线路采用 LGJ－240/40、LGJ－400/50 两种导线时，线下无线电干扰最大值相差达 9.5 dB · μV · m^{-1}。

高压输电线路为了限制导线产生的电晕，降低无线电干扰水平，常常采用分裂导线。它相当于加粗了导线的"等效直径"，改善导线附近的电场强度，减少电晕损失，提高线路的输送能力。分裂根数越多，导线产生的无线电干扰值越小。

（7）屏蔽线路。在人员活动频繁或有特殊需要而必须将输电线下方场强控制在很低数值的一些地方，单靠增加导线对地高度来减小场强有时会发生困难或者不经济，此时可在各相导线与地面之间安装屏蔽线来降低场强。通常来说，屏蔽线的根数越多，降低地面场强的效果越好，但并不成比例。此外，屏蔽线的间距和布置是否合适，对降低场强也有影响，屏蔽线本身的粗细对屏蔽效果虽有影响，但不明显。

（8）输电线路下的房屋。输电线路进入城市人口密集区，不可避免地会临近和跨越居民住宅楼。此时，采用房屋本身的结构来屏蔽工频电场、磁场具有现实意义。测量数据表明，在室内的电场强度可降到无房屋时的十分之一至几十分之一，与家用电器设备附近的场强同一数量级。

中国电力工程顾问集团华东电力设计院于 2001 年 8 月对位于扬州的扬江线 17～18号塔间线路附近民房处（与线路边相最近距离为 7 m）的电磁环境进行了实际监测。监测数据表明：当线路下方或附近存在房屋，且房屋为钢筋结构，那么线路下方靠近房屋处工频电场、工频磁场的强度和分布会因畸变而发生明显变化，主要表现为房顶电场应畸变而显著加强，而屋内电场则因屏蔽而大大削弱；房屋对工频磁场的影响并不明显。房顶及房屋附近电磁场分布比较复杂，距离输电线远的民房处测点会出现比距离输电线近的空旷处测点电磁场大的情况。具体见本章 3.2 节。

（9）树木、植被的屏蔽作用。与输电线路有适当距离的树木、植被是一种优良的电场屏蔽体。苏联的测量表明，在具有高 3～4 m 的成片植物区内，线路下方地面场强几乎为零；在树木间距为 6～8 m 的果树园（苹果、樱桃）内，在线路下的树木行间，其电场强度比线路通过田野情况下的电场强度降低 1/2～1/3。

为研究不同植物对输电线周围工频电场和磁场分布的影响，编者对城市典型 110 kV架空输电线路相同工况下无植被区域、草坪、灌木、高大树木 4 个区域的工频电场和磁场进行监测与分析。结果发现植物对工频电场和磁场的影响不一致，其中对工频电场的影响明显，特别是高大树木对工频电场削弱率达 90% 以上，高大树木对工频电场的削减效果大于灌木，灌木大于草本植物；1.5 m 高度的树木密度越大，削减效果越好。

（10）地形地质及气象条件。地形地质对输电线路的影响主要表现为：线路所在地区地面状况对工频电场的影响及海拔高度、大地电导率对无线电干扰水平的影响。位于凹曲地面走线的线路两侧电场强度比平地线路大，是由于凹地面两侧到输电线的距离小所致；位于凸曲地面走线的线路中央电场比平地线路大得多，而两侧的电场强度却比后者小。武汉高压研究所连续 3 年对西北高海拔地区 330 kV 线路的无线电干扰测量和计算分析，提出了修正高海拔地区输电线路好天气下无线电干扰电平的修正量，即以海拔1000 m 为起点，高度每增加 100 m，干扰电平增加 0.64 dB。

不同气象条件对高压线工频电场、工频磁场分布影响的研究见本章 3.3 节。

3.1.3.3　输电线路周围工频电场、工频磁场监测分析

220 kV 鲲某线电磁场类比测量结果为：离地面 0.5 m 处电场强度 8.7～72 V/m，磁感应强度 0.19～0.90 μT；离地面 1.5 m 处电场强度 45～4.6×10² V/m，磁感应强度 0.31～1.4 μT；低于国家标准《电磁环境控制限值》（GB 8702—2014）中工频电场、工频磁场限值，即工频电场强度 4 kV/m、磁感应强度 100 μT 的规定。见图 3-66、表 3-19、表 3-20。

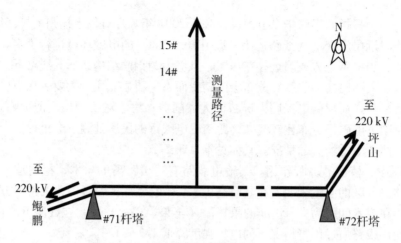

图 3-66 220 kV 鲲某线测量布点示意图

表 3-19 220 kV 鲲某线主要技术指标

技 术 指 标	
线路名称	220 kV 鲲某线
电压等级	220 kV
设计功率	500 MVA
输电回路	同塔双回
相位分布	BCA/BCA
导线型号	$2 \times LGJX-630/55$
次导线根数	2
导线对地最低距离	7.5 m
导线截面	696.22 mm^2
杆塔形状	伞形
运行工况	1450 A

表 3-20 220 kV 鲲某线电磁场监测结果

监 测 点 位	工频电场强度/(V·m^{-1})		工频磁感应强度/μT	
	离地 0.5 m	离地 1.5 m	离地 0.5 m	离地 1.5 m
1#	72	4.5×10^2	0.34	1.4
2#	60	4.6×10^2	0.35	1.4
3#	59	3.5×10^2	0.35	1.3
4#	39	3.1×10^2	0.35	1.1
5#	38	2.8×10^2	0.34	1.1
6#	37	2.8×10^2	0.26	1.1

续上表

监测点位	工频电场强度/(V·m^{-1})		工频磁感应强度/μT	
	离地0.50 m	离地1.50 m	离地0.50 m	离地1.50 m
7#	33.0	2.5×10^2	0.53	0.92
8#	30.0	2.4×10^2	0.22	0.88
9#	28.0	2.1×10^2	0.23	0.82
10#	22.0	1.5×10^2	0.19	0.79
11#	25.0	1.2×10^2	0.77	0.69
12#	14.0	97.0	0.86	0.64
13#	14.0	73.0	0.90	0.59
14#	8.7	56.0	0.89	0.58
15#	9.4	45.0	0.87	0.31

3.1.4 配电设施电磁场

高压输电线路、变电站、配电房越来越多地靠近了人们生活和工作的环境,其中建筑物内配电房重载流母线是建筑物中主要的工频磁场源。准确评价配电房工频磁场环境,对于配电房的规划设计、有效减小磁场对现场工作人员和公众可能的暴露,都具有重要意义。

某居民小区配电房低压母排长 $L = 3$ m,宽 $b = 0.1$ m,离地高度 $H = 3$ m,各相间距 $d = 0.2$ m,通入对称三相电流(相电流有效值 $I = 600$ A),建立坐标见图 3–67。

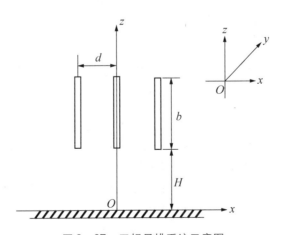

图 3–67 三相母排系统示意图

设定观测点的离地高度为 1.5 m(大约为人体心脏的高度)。图 3–68 所示为 $-10 \leqslant x \leqslant 10$, $-5 \leqslant y \leqslant 20$ 空间范围内磁感应强度的分布情况。

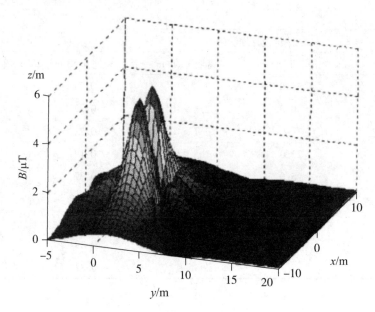

图3-68　磁感应强度分布图

　　沿 y 方向（即母排的走向），在 $0\sim5$ m 范围内 B 值出现波峰，在 $5\sim10$ m 范围内 B 值有较小波动，随后大幅度衰减；沿 x 方向（即母排走向的垂直方向），B 值呈鞍形对称分布，在距两侧母线约 2 m 附近出现最大值，向外则迅速衰减。

　　某配电房变压器容量 1250 kVA，低压母线电流约为 400 A。图3-69 为配电房测量布点图，图3-70 为配电房工频磁场测量分布。

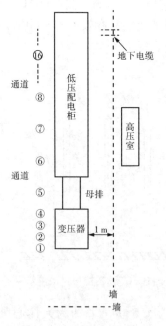

图3-69　配电房测量布点图

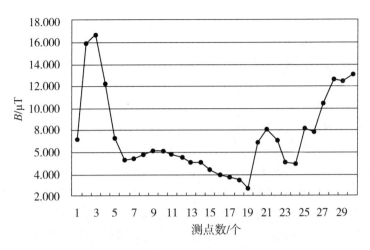

图 3-70 配电房工频磁场测量分布

现代城市大量配电房修建在住宅楼或办公楼一楼，输电线沿一楼天面布置，紧邻二楼，编者对 10 kV 变电站周围不同住宅和办公楼进行了监测。结果见表 3-21。

表 3-21 10 kV 变压器邻近区域工频电场、工频磁场监测结果

监 测 地 点	电场强度/(V·m⁻¹)	磁感应强度/μT
住户 1	5.8	3.10
住户 2	15.0	7.96
住户 3	2.3	2.36
住户 4	0.3	0.21
住户 5	0.8	2.13
住户 6	1.4	3.27
作户 7	1.0	3.37
办公楼 1	18.2	3.39
办公楼 2	0.4	2.59
办公楼 3	6.3	2.22
办公楼 4	0.3	1.80
办公楼 5	2.4	6.26
办公楼 6	2.3	2.12
办公楼 7	1.5	10.0

配电设施未列入国家环境保护管理范围，设计、建设时未考虑工频电场、工频磁场对环境和公众的影响，磁感应强度与 220 kV 变电站和 220 kV 高压输电线对公众的暴露水平相比，处于较高水平。因此，城市配电设施应纳入环境保护监管范围，对其进行登记管理，同时建设时采取一定的环保措施，降低电磁场对周围环境的影响。

3.2　高压线经过房屋畸变电场的仿真分析

随着社会经济的快速发展，城市规模不断扩大，高压输电走廊日益紧张，线路走廊与城市规划、建设的矛盾也越来越突出，高压输电线路毗邻居民住宅区。为了高压走廊利用效率，一条线路走廊内常有多条输电线路并行架设。由于工频电场、工频磁场为矢量，因此不同线路产生的电场和磁感应强度会发生叠加效应或削弱效应。研究发现：建筑物等对工频磁场没有屏蔽作用。

当输电线路临近或者跨越建筑物时，会在建筑物周围和内部造成电场的畸变分布，通常情况下，某些区域的畸变电场最大值可能超过国家相关标准限值要求。实际生活中，输电线路附近建筑物造成的畸变电场对公众生活造成干扰的新闻报道也较多，主要表现在人处于畸变电场中可能遭受电击，身体出现发麻的现象，进一步加剧了高压输变电工程建设项目的环境矛盾。为此，编者针对城市中高压架空输电线邻近住宅楼的场景，建立三维立体仿真模型，对建筑物引起的架空输电线路电场畸变效应，特别是建筑物内外公众经常活动区域（阳台等）的畸变电场分布规律进行分析，以探索住宅对高压输电线路工频电场空间分布影响规律。

3.2.1　建筑物对工频电场、工频磁场空间分布影响的研究进展

针对建筑物电磁环境的评估国内外没有统一的标准和方法，且评估尚集中在对建筑物内的电磁环境进行测量，根据测量结果来分析建筑物对电磁场的屏蔽作用；关于建筑物对高压输电线路产生的工频电场屏蔽作用的仿真研究相对较少。研究人员仅建立了简单的模型、采用 Matlab 等工具进行理论计算，计算结果与真实值之间有较大的差距，无法满足实际工程和环境保护应用需要。

重庆大学俞集辉等人结合了有限元法和模拟电荷法的优点，考虑了建筑材料的介电常数，对超高压输电线周围建筑物及其邻近区域中的电场分布进行了计算。结果表明在建筑物内部电场强度有很大程度的减小，并且在建筑物四周与其水平的邻近空间区域内电场强度也有不同程度的降低，但在建筑物顶部及顶部外侧附近的区域内电场强度有所增强，尤其在建筑物尖角处电场强度发生了畸变。但该建筑模型建立得较为简单，只考虑了普通平房一种情况。

A. Reineix 等人研究建筑物对电磁脉冲的屏蔽时，在忽略混凝土影响的前提下，将建筑物看成由平行排列的无限长钢筋阵列来分析以便做两维处理，这与钢筋混凝土的实际使用情况相去甚远。从所查阅的文献来看，国内外对超高压输电线路产生的电磁场数值仿真已取得一定的成果，但建筑物模型建立都较为简单，也缺少对建筑物自身情况差

异（如建筑材料、房屋构型等）电磁屏蔽效果影响的研究。

中国地质大学研究人员通过对 220 kV 线路跨越和邻近房屋的情况进行工频电场理论计算（畸变场），并绘制三维立体图，研究分析房屋对线路电场的畸变效应规律。

3.2.1.1　跨越情况

220 kV 线路呈正三角排列，垂直相间距为 4.5 m，水平相间距为 14 m，导线对地最低距离为 15 m，弧垂 5 m，导线采用 $2 \times LGJ - 300/25$（$r = 11.88$ mm），分裂间距为 400 mm。房屋位于线路弧垂最低点投影正下方，房屋为 2 层楼房，房高 7 m，长宽分别为 10 m、6 m，房屋钢筋布置情况见图 3-71。预测范围：以线路中心导线弧垂最低点为中心，预测 100 m×100 m 范围的距地 8 m 高处（高于房顶 1 m）的工频电场，每隔 1 m 布设 1 个预测点。

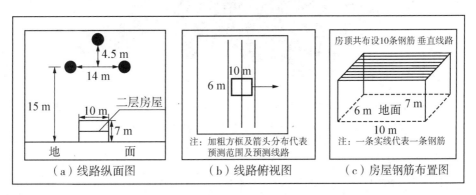

图 3-71　220 kV 线路与房屋位置关系及房屋钢筋布置图

预测结果见图 3-72。

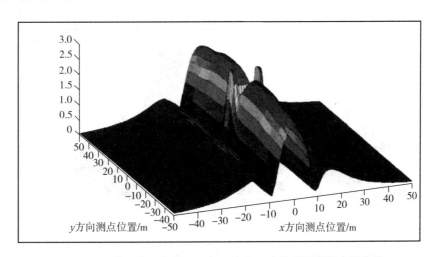

图 3-72　房屋位于线路正下方距地 8 m 高的平面电场水平分量

当线路正下方有房屋存在且房屋为钢筋结构，预测范围内房屋投影所在区域的工频电场水平分量和垂直分量均发生不同程度的畸变效应。在房顶靠近钢筋两端上方 1 m 处的工频电场畸变效应最为明显，场强大幅度增加，形成两个突起的高场强区，其中垂直分量比水平分量变化更为显著，其场强与线路下方同高度，比线路相同距离的其他点位高 2 kV/m。电场水平分量在房屋投影所在范围（除去两端点区域）发生较明显的削弱效应，形成一个凹陷区。见图 3-73。

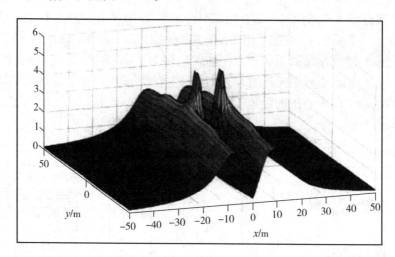

图 3-73　房屋位于线路正下方距地 8 m 高的平面电场垂直分量

3.2.1.2　邻近情况

当房屋与线路邻近时（房屋中心与线路中心导线投影距离 22 m，即将房屋向右平移 17 m），房屋对线路下方电场的影响作用，预测以线路中心导线弧垂最低点为中心 100 m×100 m 范围内的工频电场值，线路与房屋的情况如上所述（跨越情况），预测结果见图 3-74。

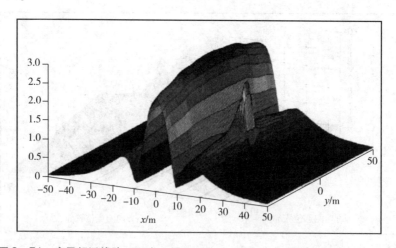

图 3-74　房屋邻近线路（两中心相距 17 m）距地 8 m 高的平面电场水平分量

当线路附近有房屋存在且房屋为钢筋结构，在距地 8 m 高的预测平面，房屋投影所在区域的工频电场水平分量和垂直分量也发生了不同程度的畸变效应。与线路跨越房屋情况不同的是：房顶靠近线路一侧的场强垂直分量畸变现象比另一侧明显，分别与线路下方同高度，比线路相同距离的其他点位高 1.8 kV/m、0.7 kV/m；水平分量在房顶靠近线路一侧附近区域发生明显加强，比同高度、与线路相同距离的其他点位高 1.2 kV/m，而在房顶远离线路一侧场强减弱，基本接近环境背景值。见图 3 - 75。

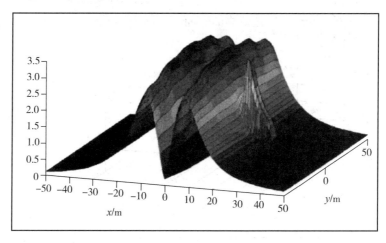

图 3 - 75　房屋邻近线路（两中心相距 17 m）距地 8 m 高的平面电场垂直分量

由此可知，当线路下方或附近存在房屋，且房屋为钢筋结构，那么该房屋会影响线路下方工频电场的强度和分布，引发电场畸变。

中国电力工程顾问集团华东电力设计院于 2001 年 8 月对位于江苏扬州的扬江线 17～18 号塔间线路附近民房处（与线路边相最近距离为 7 m）的电磁环境进行了实际监测。监测数据表明：当线路下方或附近存在房屋，且房屋为钢筋结构，那么线路下方靠近房屋处工频电磁场的强度和分布会因畸变而发生明显变化，主要表现为房顶电场因畸变而显著加强，而屋内电场则因屏蔽而大大削弱；房屋对磁感应强度的影响并不明显。

研究人员提出悬链线下具有建筑物的模型，在算法的设计过程中按照三维电场的特点进行，通过此模型得到架空线附近有建筑物时的三维工频电场分布。计算模型见图 3 - 76。

结合城市建筑高楼林立的特点，从架空线中间相（当同杆多回路时，取回路的对称中心）离地最近点向地面作垂线，垂足即为坐标原点。将建筑物看作立方体，放置在地平面上，即 xz 平面，且假设其一边与 x 轴平行。x 轴方向为架空线的延伸方向，y 轴垂直地面向上，z 轴垂直于架空线延伸方向。

沿着输电线方向，电荷的密度是不均匀的。

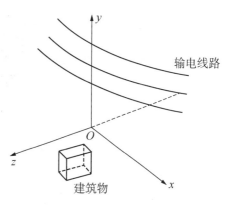

图 3 - 76　计算模型

沿着输电线方向，把输电线分为若干小段（若有避雷线同样考虑），这时，每一小曲线段近似地认为电荷密度是相等的，用每一曲线段电荷的叠加来计算某点的场强和电位。

模型参数：高压输电线为 110 kV 双回路逆向序排列（CBA - ABC），挡距 300 m，弧垂 8 m，导线采用 2×LGJ - 400/35，导线直径 26.82 mm，分裂导线距离 0.4 m。建筑物长、宽、高都为 10 m，导线中央最低点离地 12 m。计算离地 1.5 m 处的场强分布；当有建筑物时，计算点分布围绕建筑物的表面，见图 3 - 77。

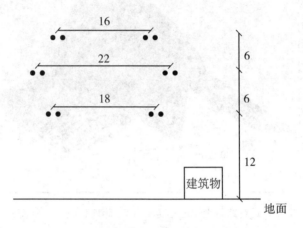

图 3 - 77　模型示意图

仿真结果见图 3 - 78、图 3 - 79、图 3 - 80。

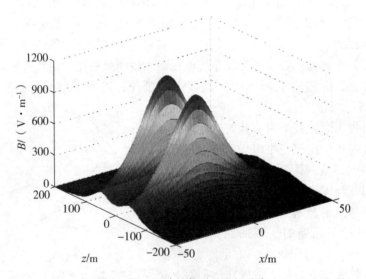

图 3 - 78　无建筑物时的电场分布

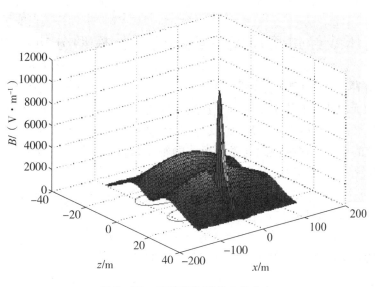

图 3－79　有建筑物时的电场分布

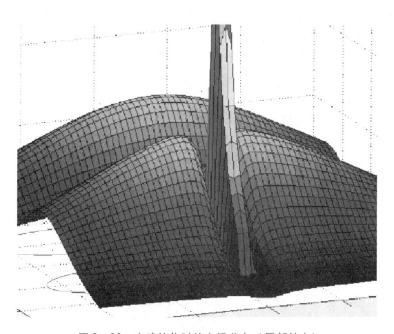

图 3－80　有建筑物时的电场分布（局部放大）

　　图 3－80 是架空线下无建筑物时的电场分布。由图可见，无建筑物时，场强分布呈轴对称形，对称轴即为 x 轴；图 3－78、图 3－79 是线下有建筑物时的电场分布。由图可见，远离建筑物的地面场强分布基本不变，但靠近建筑物的场强点衰减更大。

　　建筑物对地面工频电场有一定的屏蔽作用。但在建筑物上方，如房顶、天台等区域，电场将远大于离地 1.5 m 处的。此外，在靠近建筑物表面的地方还会有场强畸变点，畸变点一般出现在建筑物的尖角处。

3.2.2 高压线经过房屋畸变电场的预估模型分析

3.2.2.1 有限元法的基本原理

（1）有限元思想。有限元是将一个连续区域离散为许多个子区域（或单元），这些子区域的性质可以由有限个自由度来表示，再将这些离散子区域的性质汇集起来，从而得到整个区域的性质。这种概念与微分形式的阐述有相似之处，它是一种近似的方法，为此进一步定义有限元的普遍意义：

1）通过 n 个有限参数 u_j（$j=1,2,\cdots,n$）近似描述整个区域的性质。

2）表达整个区域性质的 n 个方程

$$F_i(u_j)=0 \quad (j=1,2,\cdots,n) \tag{3-1}$$

是通过叠加所有子区域（或单元）的贡献项得到的。有：

$$F_i=\sum F_i^\theta \quad (i=1,2,\cdots,n) \tag{3-2}$$

式（3-2）中，F_i^θ 为各个子区域（或单元）的贡献项，这个定义包含了有限元法在数学上以及物理上的近似，由于这些子区域（单元）的性质都是简单且相似的，因此可以导出整个系统贡献的计算规则。

（2）标量位有限元法计算三维电场。对于三维电场，电位移矢量 D 的散度为：

$$\nabla \cdot D=\rho \tag{3-3}$$

式（3-3）中，ρ 为电荷密度。

电场强度矢量 E 为无旋场，存在标量电位 φ（x,y,z），满足：

$$E=-\nabla\varphi \tag{3-4}$$

电位移矢量 D 与电场强度矢量 E 的关系为

$$D=\varepsilon \cdot E \tag{3-5}$$

式（3-5）中，ε 为介质的介电常数。

根据式（3-3）、式（3-4）和式（3-5）得出，三维电场的基本方程为泊松方程

$$\nabla \cdot \varepsilon \nabla=-\rho \tag{3-6}$$

假设 Ω 为电场区域，场域边界由 Γ_1 和 Γ_2 组成，在大多数情况下，电场边界条件为：

$$\Gamma_1 \varphi=\varphi_0 \tag{3-7}$$

$$\Gamma_2 \frac{\partial\varphi}{\partial n}=0 \tag{3-8}$$

式（3-8）中，φ_0 为边界 Γ_1 上给定的函数分布；n 为边界的外法向量。

采用变分法（也可以采用加权余量法、伽辽金法等）离散。泊松方程的边值问题可转化为等价的条件变分问题：

$$\Omega \min I(\varphi)=\int_\Omega \frac{1}{2}\varepsilon(\nabla\varphi)^2 \mathrm{d}\Omega^2 \mathrm{d}\Omega-\int_\Omega \rho\varphi \mathrm{d}\Omega \tag{3-9}$$

$$\Gamma_1 \varphi = \varphi_0 \tag{3-10}$$

将标量位函数 φ 用基函数 N_i 和节点函数值 φ_i 展开，即

$$\hat{\varphi} = \sum_{i=1}^{n} \varphi_i N_i \tag{3-11}$$

式（3-11）中，n 为求解区域中节点的总数。

将式（3-11）带入式（3-9）泛函中，令 $I(\hat{\varphi}_i)$ 对每一变量 φ_i 的偏导数为零，得

$$\frac{\partial I}{\partial \varphi_i} = \sum_{j=1}^{n} \varphi_i \int_{\Omega} \varepsilon \nabla N_i \cdot \nabla N_j \mathrm{d}\Omega - \int_{\Omega} \rho N_i \mathrm{d}\Omega = 0 \tag{3-12}$$

或写成

$$\sum_{j=1}^{n} S_{ij} = F_i (i = 1,2,\cdots,n) \tag{3-13}$$

式（3-13）中，$S_{ij} = \int_{\Omega} \varepsilon \nabla N_j \mathrm{d}\Omega$，$F_i = \int_{\Omega} \rho N_i \mathrm{d}\Omega$

于是可得 n 阶联立代数方程组，写成矩阵形式为

$$\begin{bmatrix} S_{11} & S_{12} & \cdots & S_{1n} \\ S_{21} & S_{22} & \cdots & S_{2n} \\ \cdots & \cdots & & \cdots \\ S_{n1} & S_{n2} & \cdots & S_{nn} \end{bmatrix} \begin{bmatrix} \varphi_1 \\ \varphi_2 \\ \cdots \\ \varphi_n \end{bmatrix} - \begin{bmatrix} F_1 \\ F_2 \\ \cdots \\ F_n \end{bmatrix} \tag{3-14}$$

或

$$S\boldsymbol{\Phi} - F \tag{3-15}$$

式（3-15）中，S 为系数矩阵，$S = [S_{ij}]$，$i,j = 1,2,\cdots,n$；$F = [F_1 F_2 \cdots F_n]^{\mathrm{T}}$；$\boldsymbol{\Phi}$ 为待求解节点函数值的列阵，$\boldsymbol{\Phi} = [\varphi_1 \varphi_2 \cdots \varphi_n]^{\mathrm{T}}$。

将求解的场域剖分成有限数量的单元，每个单元的外形由基函数 N_i^e 决定。每个单元节点的基函数 N_i^e 和位函数 φ_i^e 也满足式（3-12）。

设每个单元有 k 个节点，将单元特征式写为矩阵形式，有

$$\begin{bmatrix} \dfrac{\partial I^e}{\partial \varphi_1^e} \\ \dfrac{\partial I^e}{\partial \varphi_2^e} \\ \cdots \\ \dfrac{\partial I^e}{\partial \varphi_k^e} \end{bmatrix} = \begin{bmatrix} S_{11} & S_{12} & \cdots & S_{1n} \\ S_{21} & S_{22} & \cdots & S_{2n} \\ \cdots & \cdots & & \cdots \\ S_{n1} & S_{n2} & \cdots & S_{nn} \end{bmatrix} \begin{bmatrix} \varphi_1 \\ \varphi_2 \\ \cdots \\ \varphi_n \end{bmatrix} - \begin{bmatrix} F_1 \\ F_2 \\ \cdots \\ F_n \end{bmatrix} \tag{3-16}$$

或

$$\left[\frac{\partial I^e}{\partial \varphi_i^e} \right] = S^e \boldsymbol{\Phi}^e - F^e \tag{3-17}$$

式（3-17）中，S^e 为单元 e 的系数矩阵，$S^e = [S_{ij}^e]$，$F^e = [F_1^e F_2^e \cdots F^e 3]^{\mathrm{T}}$。

将所有单元均求出泛函 I^e 对每一节点 φ_i^e 的导数式。由于在节点处待求函数值 φ_i 是连续的，故可以得到由单元系数矩阵合成的整体系数矩阵方程式。

方程的最终解归结为解整体系数方程式，求得整个区域内各节点的标量位解 φ_i^e，从而获得电场在空间中的分布情况。

3.2.2.2 房屋模型的建立

COMSOL Multiphysics 软件建立模型进行仿真分析，它是以有限元法为基础的高级数值仿真软件，广泛应用于各个领域的科学研究以及工程计算，被当今世界科学家称为"第一款真正的任意多物理场直接耦合分析软件"。模拟科学和工程领域的各种物理过程，COMSOL Multiphysics 以高效的计算性能和杰出的多场双向直接耦合分析能力实现了高度精确的数值仿真，在电磁学领域中得到了广泛的应用。

在构建房屋模型时，考虑了屋顶、墙壁、窗户和阳台这几种房屋的基本要素。房屋为利用混凝土、钢筋等材料建造的构筑物。

混凝土使用水泥做胶凝材料，砂、石做集料，与水按一定比例配合而得，其主要化学成分为硅酸盐类。混凝土的相对介电常数为 5，电导率为 2×10^{-6} S/m，近似于水泥的相对介电常数和电导率。

钢筋在混凝土中主要承受拉应力，使建筑物能更好地承受外力的作用。钢筋的主要成分是铁，有少量的碳等元素，这些微量元素主要是调节钢筋的硬度和韧度。建筑物中金属栏杆一般由铝合金制成，钢筋和铝合金都是良导体。

地面主要包含土壤、岩石和水分等，其电导率因地面土壤成分不同而有较大差异。比如，绿地电导率为 10^{-6} S/m，水泥导电率为 2×10^{-6} S/m，橙壤导电率为 10^{-5} S/m，黄棕壤导电率为 10^{-4} S/m，盐土为 10^{-2} S/m。综合考虑，取地面电导率 10^{-4} S/m，相对介电常数取 10。

木材的介电常数和电导率与含水量关系密切，而且不同的木材介电特性也有一定的差别，用于建筑物的木材均是干燥木材，主要为杉树和松树，取电导率为 10^{-5} S/m，相对介电常数取为 3。

（1）房屋墙体材料的选择。房屋的墙体通常由砖土材料或者钢筋水泥材料构成，本文分别建立了无钢筋墙体和有钢筋墙体，研究钢筋对架空输电线路下方畸变电场的影响。

编者建立了 4 种不同钢筋布设方式的模型，这 4 种布设方式分别是：水平垂直交叉布设，见图 3-81（a）；垂直布设，见图 3-81（b）；水平布设，见图 3-81（c）；无钢筋，见图 3-81（d）。墙体厚度 0.24 m、高 2 m、长 3 m。钢筋的半径为 16 mm，水平布设的钢筋长度为 2.5 m，垂直布设的钢筋长度为 1.8 m。

将这 4 种不同钢筋布设方式的墙体模型分别导入到 5000 V/m 的工频电场环境之中，采用有限元法计算墙体周围的畸变电场，发现不同钢筋布设方式的墙体，其畸变电场的空间分布情况十分相似，均是墙体上方的电场显著增强，墙体内部的电场显著减弱，这是由于墙体的存在改变了电荷的空间分布。其中，墙体材料分子在外电场作用下发生了极化，抵消了一部分墙体内部空间的电场，增强了墙体上方的电场；钢筋中的自由电子在外电场作用下发生了移动，导致钢筋导体内部电场几乎处处为零，自由电子集中于钢筋的上表面，显著增强了上表面的电场。

（a）模型1：钢筋水平垂直交叉布设墙体

（b）模型2：钢筋垂直布设墙体

（c）模型3：钢筋水平布设墙体

（d）模型4：无钢筋墙体

图 3-81　不同钢筋布设方式的墙体模型

　　墙体上方棱角处出现空间中的畸变电场最大值，由于钢筋的布设方式不同，畸变电场最大值有所差异，见图 3-82。结果显示，加入钢筋会使电场的畸变程度增强。其中，钢筋水平垂直交叉布设方式的墙体上方畸变电场最大值最大；钢筋水平垂直交叉布设方式的墙体上方畸变电场最大值相对无钢筋的墙体上方的畸变电场最大值约高出 20%；钢筋垂直布设方式的墙体上方畸变电场最大值相对钢筋水平布设方式的墙体上方畸变电场最大值高出约 15%。

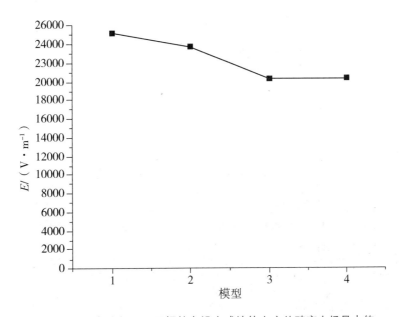

图 3-82　工频电场下不同钢筋布设方式墙体上方的畸变电场最大值

考虑到钢筋对畸变电场的影响除了一定程度增大了空间中出现的畸变电场最大值，对畸变电场的分布并不会造成重大影响。因此，在建立架空输电线路邻近房屋时的畸变电场计算模型时，出于降低建模难度，减小网格剖分数目和复杂程度，减少计算机的存储量，以及大大增强计算速度的需求，选择无钢筋的墙体作为房屋的墙体。

（2）建立房屋模型。该房屋模型包含屋顶、墙壁、门窗、阳台这几种房屋的基本要素，见图 3-83。其中，1 层楼房屋主体结构的长为 10 m、宽为 10 m、高为 3.28 m；墙体厚度 0.24 m；在房屋朝向输电线路一面的墙体上 1.14 m 高的地方开一个 1.5 m 高、1.5 m 宽的口，作为窗户；一个 2 m 高、1 m 宽的口，作为室内与阳台的连接口；阳台宽 1.74 m、长 4 m，阳台护栏为高 1.2 m 的墙体。

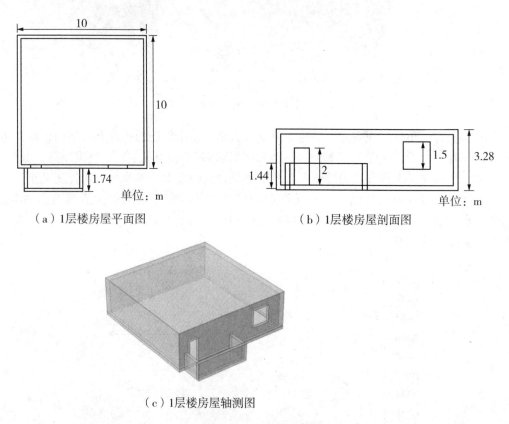

（a）1层楼房屋平面图　　　　　　（b）1层楼房屋剖面图

（c）1层楼房屋轴测图

图 3-83　1 层楼房屋模型

（3）建立典型塔型架空输电线路模型。编者建立的架空输电线路工频电场有限元模型包括 110 kV、220 kV，其杆塔类型采用的是《输电线路塔型手册》中的各电压等级典型塔型。见图 3-84。

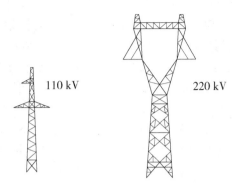

图 3-84　110 kV、220 kV 架空输电线路典型塔型

其中，110 kV 为 ZS2 直线塔，220 kV 为 ZM6 猫头型直线塔。以杆塔正下方地面处与横担水平伸张平行方向的水平线为 x 轴，杆塔中垂线为 y 轴，x 轴与 y 轴的交点为坐标原点，建立坐标平面。各电压等级输电线路杆塔各相导线和避雷线在该坐标平面上的投影位置见表 3-22，表中还列出各电压等级输电线路杆塔绝缘子的长度。

表 3-22　各电压等级典型塔型输电线路各相导线和避雷线位置坐标及绝缘子长度

导　线	导线位置坐标 (x, y) /m		绝缘子长度/m	
	110 kV 线路	220 kV 线路	110 kV 线路	220 kV 线路
A	（-3.5, 10.9）	（-10.4, 15.8）	1.022	1.898
B	（2.3, 13.9）	（0, 20.8）	1.022	1.898
C	（3.5, 10.9）	（10.4, 15.8）	1.022	1.898
1	（0, 16.8）	（-5, 25.2）		
2		（5, 25.2）		

注：①导线一列中的 A 代表 A 相导线，B 代表 B 相导线、C 代表 C 相导线，1 代表避雷线 1，2 代表避雷线 2；
　　②导线位置坐标系的原点为杆塔中垂线与地面交点，x 轴与横担水平伸张方向平行，y 轴为杆塔中垂线。

根据各电压等级输电线路导线和避雷线的位置，建立输电线路模型。

高压输电线路的传输距离一般达 10 km 以上，并且输电线路与地面的距离远远大于分裂导线间距和导线半径导线，因此模型中的各相导线、避雷线均以长 200 m 的直线代替。为了简化模型，建模时忽略了电晕、杆塔、避雷线、弧垂等的影响。然后将输电线路置于长 200 m、宽 200 m、高 100 m 的长方体区域之中，该长方体区域代表空气。空气区域下方为长 200 m、宽 200 m、高 50 m 的长方体区域，该区域代表土地。空气和土地区域均设置得很大，以模拟电场在空间中向无限远传播的实际情况。同时，为更准确地模拟空间中的无限远，在空气区域外围引入一层厚 50 m 的无限元层，用无限元边界来代替无限界域，加速电场向无限远传播时的衰减过程。接下来，对各个区域的介质设置相对介电常数和电导率。空气区域相对介电常数设为 1，电导率为 2×10^{-14} S/m。地面的相对介电常数取为 10，电导率设为 1×10^{-5} S/m。

最后，将无限元外围和地面设置为零电位，代表无限远处和地面的电位为零。将避雷线也设置为零电位，代表避雷线已良好接地。再将导线上设置三相交流电压，作为电压源。完成架空输电线路工频电场计算的有限元模型建立，见图3-85。

随后，将房屋模型分别导入到110 kV、220 kV 典型塔型架空输电线路模型中，房屋阳台护栏外侧紧邻输电走廊边界，见图3-86。

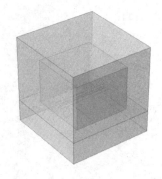

图3-85 架空输电线路工频电场计算模型

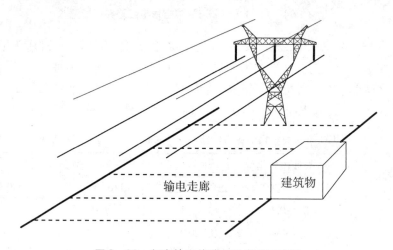

图3-86 架空输电线路邻近房屋示意图

3.2.2.3 一般房屋线路模型中畸变电场的仿真研究

首先在该房屋上设置5个畸变电场观察面，见图3-87，观察畸变电场在观察面上幅值的分布情况。这5个观察面中，有两个与地面平行的观察面 H1、H2，以及3个与地面垂直的观察面 V1、V2、V3。H1、H2 均为长12 m、宽14 m 的矩形观察面，观察畸变电场在房屋水平切割面上的分布情况，H1 与地面相距1.5 m，H2 与地面相距0.16 m。V1、V2、V3 均为宽14 m、高3 m 的矩形观察面，观察畸变电场在房屋垂直切割面上的分布情况，V1 切割了房屋的阳台、室内与阳台连接口、室内三个部分，靠近房屋的侧面；V2切割了房屋的阳台、室内两个部分，靠近房屋正面中部；V3切割了房屋的窗户、室内。

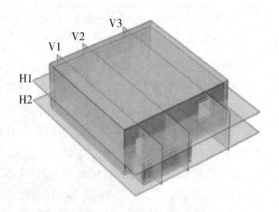

图3-87 层房屋模型的观察面设置

78

（1）110 kV 架空输电线经过房屋畸变电场。将房屋和观察面模型导入到 110 kV 典型塔型架空输电线路模型中，模型尺寸见图 3－88，观察畸变电场分布情况。

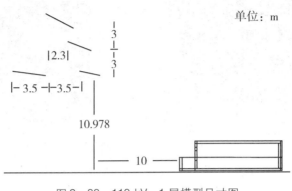

单位：m

图 3－88　110 kV －1 层模型尺寸图

观察 110 kV 输电线路附近房屋中 H1、H2、V1、V2、V3 5 个观察面及房屋表面上畸变电场的分布情况。见图 3－89。

从图 3－89 中可以知：5 个观察面中房屋室内部分的工频电场水平很低，远小于房屋周围其他区域的电场强度，最大值出现在邻近导线的墙体边缘，分别为 2263 V/m、939 V/m、3814 V/m、2878 V/m、1858 V/m。从 H1 观察面上可以看出，室内外的电场强度低于 1 V/m，门窗附近的电场强度剧增至 500 V/m，阳台处的电场强度达 1000 V/m，阳台护栏附近区域的电场强度达最大值 2000 V/m。说明房屋墙体对电场有明显屏蔽作用，显著降低了室内的电场强度。H1 观察面上阳台护栏附近的畸变电场强度幅值大于 H2 观察面上阳台护栏附近的畸变电场强度幅值。H1 位于阳台护栏上边缘上方，H2 位于阳台护栏下部分，护栏改变了空间中的电场分布，造成护栏上表面有电荷累积，引起护栏上边缘上方电场强度增强，护栏下部分电场强度减弱。H1、H2 观察面中，畸变电场最大值出现在阳台护栏上边缘上方。

V1、V2 两个观察面上的畸变电场分布情况相似，均是在阳台护栏上边缘上方和屋顶棱角附近出现了较大的畸变电场，V1 中的畸变电场最大值相对 V2 中的畸变电场最大值更大。V3 观察面的主要目的是观察窗户对电场的影响。从图中可以看出，窗户导致的电场畸变情况相对于阳台护栏不是特别显著。

从图 3－90（a）中可以看出房屋表面的畸变电场幅值较大区域通常是房屋顶部以及阳台护栏的棱角处，最大值达到 2585 V/m。阳台护栏上方的电场矢量方向垂直于护栏表面指向输电线路导线。

由前述研究可以看出，房屋内部的电场强度均很低，长期活动的高场强区域集中在阳台处，尤其是顶层的阳台场强最高。

在房屋阳台处设置观察面，研究靠近护栏内侧阳台区域的畸变电场分布特性。观察面为垂直于阳台底面和阳台护栏的宽 1.2 m、高 2 m 矩形。通过对不同阳台区域观察面上的畸变电场计算分析，出门框处的截面观察畸变电场分布特性见图 3－90（b）。房屋阳台护栏内侧区域的畸变电场呈上高下低的趋势，畸变电场强度最大的区域出现在靠近

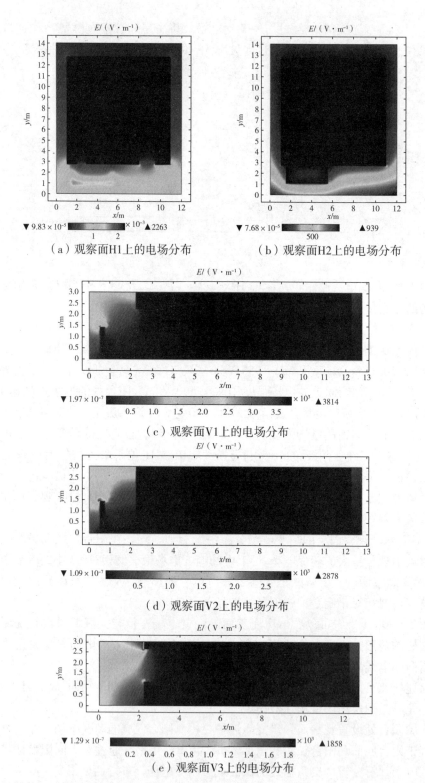

（a）观察面H1上的电场分布　　　　　　　（b）观察面H2上的电场分布

（c）观察面V1上的电场分布

（d）观察面V2上的电场分布

（e）观察面V3上的电场分布

图3−89　110 kV 架空输电线路邻近1层混凝土房屋（水平距离10 m）的畸变电场

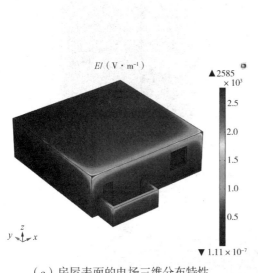

（a）房屋表面的电场三维分布特性

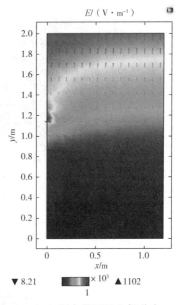

（b）阳台截面的电场分布

图 3－90 房屋周围畸变电场三维分布特性

护栏上方的地方，阳台内的电场方向朝上指向导线。

当高压输电线边导线与房屋水平距离增加一倍时，各个畸变点的畸变电场最大值呈指数规律衰减，见图 3－91、图 3－92。

（2）220 kV 架空输电线经过房屋畸变电场。由 110 kV 仿真结果可知：对于房屋中人员经常活动的区域，架空输电线路邻近房屋时畸变电场最强的区域主要是在阳台护栏附近。特别是阳台护栏上边缘上方，畸变电场显著增强。对于畸变电场相对较低的区域取消观察，对于畸变电场很强的阳台护栏区域进行重点观察。因此，220 kV 模型中取消观察面 H1、H2、V2、V3，仅保留观察面 V1，重点观察阳台护栏上边缘附近的畸变电场。

再将房屋和观察面模型导入到 220 kV 典型塔型架空输电线路模型中，模型尺寸见图 3－93，观察 V1 上的畸变电场分布情况。

由图 3－94（a）可以看出，220 kV 输电线路下方在 V1 面上的畸变电场强度幅值比 110 kV 明显增强，畸变电场增强的区域均出现在阳台护栏上边缘上方。220 kV 输电线路引起的畸变电场强度幅值最大值为 6176.3 V/m。由图 3－94（b）可以看出，房屋表面的畸变电场幅值较大的区域通常是房屋顶部及阳台护栏棱角处，最大值达到 5327.5 V/m。

当高压输电线边导线与房屋水平距离增加一倍时，各个畸变点的畸变电场最大值呈指数规律衰减。见图 3－95。

（3）500 kV 架空输电线经过房屋畸变电场。与 220 kV 模型一样，在 500 kV 仿真模型中取消观察面 H1、H2、V2、V3，仅保留观察面 V1，重点观察阳台护栏上边缘附近

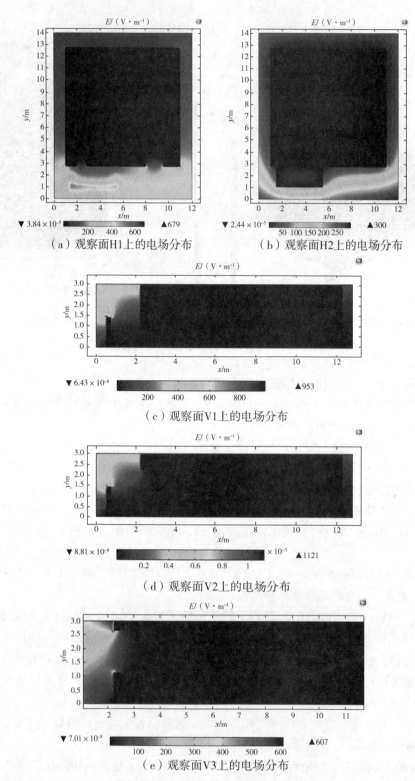

（a）观察面H1上的电场分布   （b）观察面H2上的电场分布

（c）观察面V1上的电场分布

（d）观察面V2上的电场分布

（e）观察面V3上的电场分布

图3-91   110 kV架空输电线路邻近1层混凝土房屋（水平距离20 m）的畸变电场

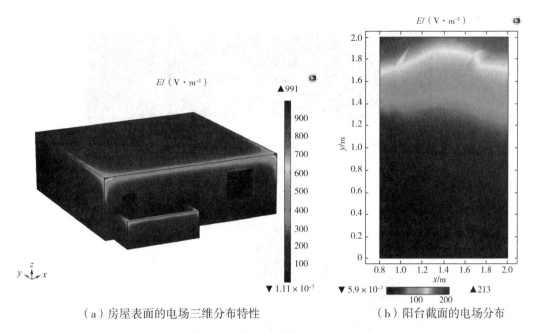

（a）房屋表面的电场三维分布特性 （b）阳台截面的电场分布

图 3-92 房屋周围畸变电场三维分布特性（房屋与边导线水平距离 20 m）

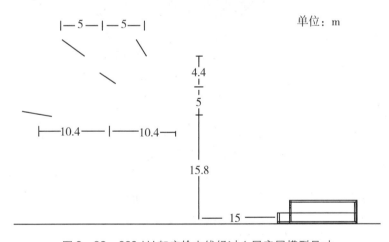

图 3-93 220 kV 架空输电线经过 1 层房屋模型尺寸

的畸变电场。

将房屋和观察面模型导入到 500 kV 典型塔型架空输电线路模型中，模型尺寸见图 3-96，观察 V1 上的畸变电场分布情况。

由图 3-97（a）可知 500 kV 输电线路下方在 V1 面上的畸变电场强度幅值比 110 kV 明显增强，畸变电场增强的区域均出现在阳台护栏上边缘上方。500 kV 输电线路引起的畸变电场强度幅值最大值为 9655 V/m。由图 3-97（b）可知，房屋表面的畸变电场幅值较大的区域通常是房屋顶部以及阳台护栏的棱角处，最大值达到 9396 V/m。

当高压输电线边导线与房屋水平距离增加一倍时，各个畸变点的畸变电场最大值呈

83

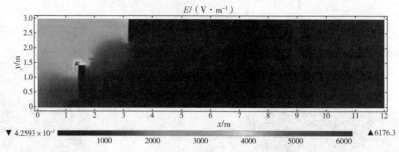

（a）220 kV观察面V1上的电场分布

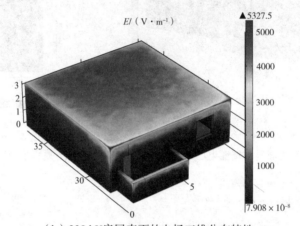

（b）220 kV房屋表面的电场三维分布特性

图3-94　220 kV架空输电线路邻近1层房屋时的畸变电场

指数规律衰减，见图3-98。

（4）不同建筑材料对畸变电场的影响。在实际应用中，房屋的建筑材料有所不同，而不同的建筑材料又具有不同的电磁特性。本节对木质房屋和砖土房屋的畸变电场进行了仿真研究，并与混凝土房屋进行了对比。

1）房屋材料为木材的情况。采用110 kV典型线路进行仿真分析，线路与房屋模型同图3-83。观察面H1、H2、V1、V2、V3的设立同图3-87。房屋采用全木质结构，电导率取10^{-5} S/m，相对介电常数取3。

由图3-99可以看出，同混凝土结构的房屋一样，5个观察面中房屋室内部分的电场强度都很低，远小于房屋周围其他区域的电场强度，最大值出现在邻近导线的墙体边缘，分别为2077 V/m、925 V/m、3200 V/m、3618 V/m、1828 V/m（与混凝土结构房屋对比可以发现，V2截面电场强度较混凝土结构大，而其余观察截面对比混凝土结构情况下的小）。房屋墙体对电场有屏蔽作用，显著降低了室内的电场强度。H1观察面上阳台护栏附近的畸变电场强度幅值大于H2观察面上阳台护栏附近的畸变电场强度幅值，畸变电场最大值出现在阳台护栏上边缘上方。V1、V2两个观察面上的畸变电场分布情况相似，窗户导致的电场畸变情况相对于阳台护栏不是特别显著。

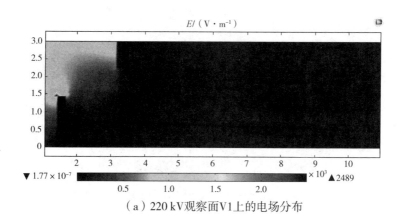

（a）220 kV观察面V1上的电场分布

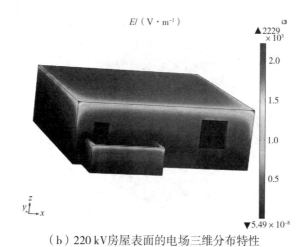

（b）220 kV房屋表面的电场三维分布特性

图 3-95　220 kV 架空输电线路邻近 1 层房屋畸变电场（边导线距房屋水平距离 30 m）

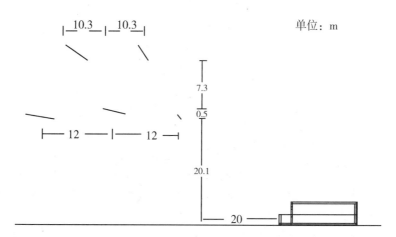

图 3-96　500 kV 架空输电线经过 1 层房屋模型尺寸

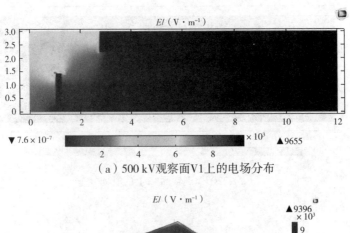

（a）500 kV观察面V1上的电场分布

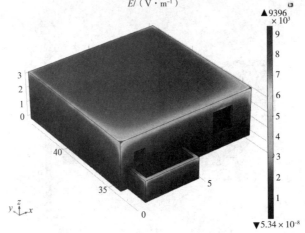

（b）500 kV房屋表面的电场三维分布特性

图3-97　500 kV架空输电线路邻近1层房屋时的畸变电场

2）房屋材料为砖土的情况。采用110 kV典型线路进行仿真分析，线路与房屋模型同上。观察面H1、H2、V1、V2、V3的设立同上。房屋的墙体采用砖土结构，地坪和屋顶仍为混凝土结构。砖土材料电导率为0.068 S/m，相对介电常数取为3。

从图3-100可以看出，同混凝土结构的房屋一样，5个观察面中房屋室内电场强度幅值都很低，远小于房屋周围其他区域的电场强度，最大值出现在临近导线的墙体边缘，分别为1938 V/m、955 V/m、3028 V/m、3328 V/m、1905 V/m（与混凝土结构房屋对比可以发现，H2、V2、V3截面电场强度较混凝土结构大，而其余观察截面对比混凝土结构情况下的小）。房屋墙体对电场有屏蔽作用，显著降低了室内的电场强度。H1观察面上阳台护栏附近的畸变电场强度幅值大于H2观察面上阳台护栏附近的畸变电场强度幅值，畸变电场最大值出现在阳台护栏上边缘上方。V1、V2两个观察面上的畸变电场分布情况相似，窗户导致的电场畸变情况相对于阳台护栏不是特别显著。

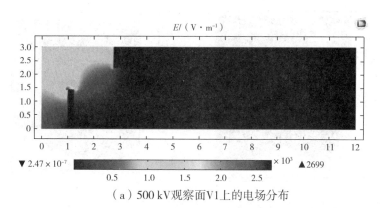

（a）500 kV 观察面 V1 上的电场分布

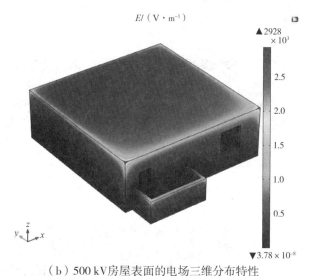

（b）500 kV 房屋表面的电场三维分布特性

图 3-98　500 kV 架空输电线路邻近 1 层房屋时的畸变电场（房屋与边导线水平距离 40 m）

从图 3-101 中可以看出，同混凝土结构的房屋一样，房屋表面的畸变电场幅值较大的区域是房屋顶部以及阳台护栏的棱角处，最大值达到 2585 V/m。房屋阳台护栏内侧区域的畸变电场呈上高下低的趋势，畸变电场强度最大的区域出现在靠近护栏上方的区域，阳台内的电场方向朝上指向导线。

从图 3-102 中可以看出，同混凝土结构的房屋一样，房屋表面的畸变电场幅值较大的区域是房屋顶部以及阳台护栏的棱角处，最大值达到 2585 V/m。房屋阳台护栏内侧区域的畸变电场呈上高下低的趋势，畸变电场强度最大的区域出现在靠近护栏上方的地方，阳台内的电场方向朝上指向导线。

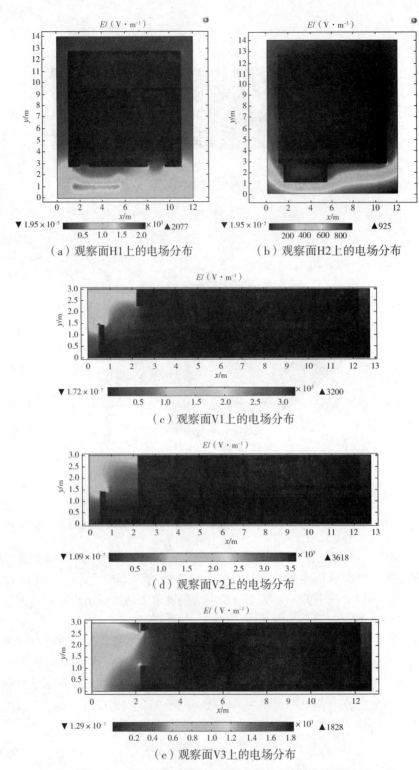

（a）观察面H1上的电场分布　　　　　（b）观察面H2上的电场分布

（c）观察面V1上的电场分布

（d）观察面V2上的电场分布

（e）观察面V3上的电场分布

图3-99　110 kV架空输电线路邻近1层房屋时的畸变电场

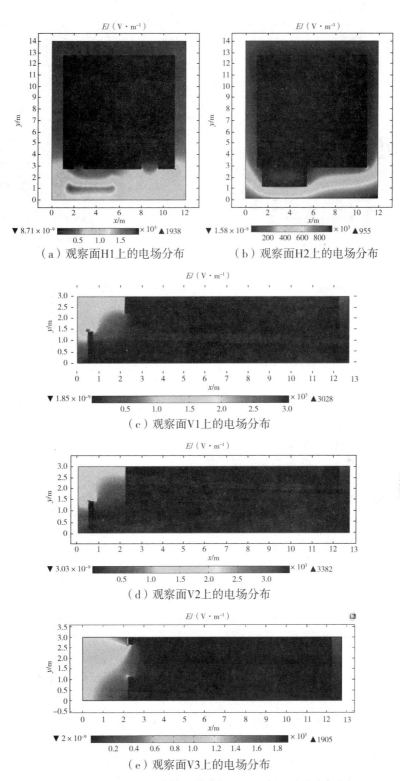

图 3-100　110 kV 架空输电线路邻近 1 层房屋时的畸变电场

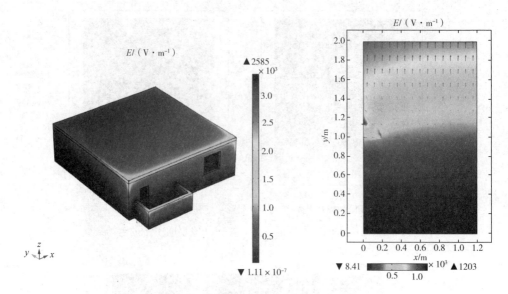

图3－101　房屋周围畸变电场三维分布特性

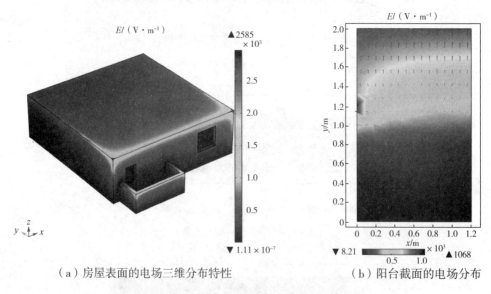

（a）房屋表面的电场三维分布特性　　　　（b）阳台截面的电场分布

图3－102　房屋周围畸变电场三维分布特性

3.2.2.4　城市典型住宅房屋模型线路邻近畸变电场的仿真分析

现代城市中，因土地资源紧张，高压走廊常会临近居民楼，架空输电线路附近的房屋，除了1层楼（平房）的情况，还可能出现多层楼甚至高层楼的情况。为此，编者在1层楼房屋模型的基础上，建立了与110 kV线路等高的6层楼房屋模型、与220 kV线路等高的9层楼的房屋模型，以观察几种特殊的房屋畸变电场分布情况。现存的房屋建筑中，尤其是郊区的房屋，距离输电导线的距离较近，其周围电场值得探究。为此，编者特建立了多种模型。

（1）房屋与线路等高模型中的畸变电场：

1）房屋与 110 kV 输电线路等高。与第一层楼相同，6 层楼房屋模型中每一楼层都包括屋顶、墙壁、门窗、阳台这几种房屋的基本要素。每层楼高 3.04 m，房屋总高度为 18.48 m，与导线水平距离为 10 m，导线高度为 19 m，模型的尺寸见图 3 - 83。在房屋上设置一个与地面垂直的观察面 V，以观察阳台护栏附近的畸变电场。V 是一个宽 12.74 m、高 18.96 m 的矩形观察面，它切割了房屋的阳台、室内与阳台连接口、室内三个部分。

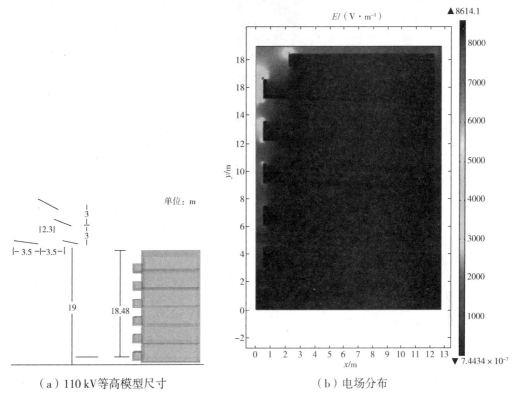

（a）110 kV 等高模型尺寸　　　　（b）电场分布

图 3 - 103　110 kV 架空输电线路邻近等高 6 层房屋时的畸变电场

从图 3 - 103（b）计算结果中可以看出，房屋周围及内部畸变电场水平高的区域主要在房屋阳台护栏的附近，特别是阳台护栏外侧和护栏上边缘上方的畸变电场达到 8614.1 V/m。阳台护栏相对房屋其他区域距离输电线路更近，且在输电线路与阳台护栏之间没有其他物体改变从输电线路导线中产生的电场矢量。由于输电线路工频电场的存在，导致大量电荷聚积在阳台护栏表面，增强了阳台护栏表面的电场强度。

图 3 - 104 为 110 kV 输电线路邻近 12 层房屋时的畸变电场，每层楼高 3.04 m，房屋总高度为 36.96 m，与导线水平距离为 20 m，导线高度为 19 m，模型的尺寸见图 3 - 83。在房屋上设置一个与地面垂直的观察面 V，以观察阳台护栏附近的畸变电场。V 是一个宽 12.74 m、高 36.96 m 的矩形观察面，它切割了房屋的阳台、室内与阳台连接口、

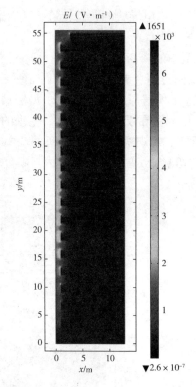

图 3 - 104　110 kV 架空输电线路邻近 12 层房屋时的畸变电场（水平距离 20 m）

室内三个部分。从计算结果可知房屋周围及内部畸变电场水平高的区域主要在房屋阳台护栏的附近，特别是阳台护栏外侧和护栏上边缘上方的畸变电场达到最大值，并以 6 楼为中心呈对称分布。

2）房屋与 220 kV 输电线路等高。与 1 层楼、6 层楼、12 层楼的房屋模型相同，9 层楼房屋模型中每一楼层也包括屋顶、墙壁、门窗、阳台这几种房屋的基本要素。每层楼高 3.04 m，房屋总高度为 27.36 m，与导线水平距离为 15 m，导线高度为 28 m，各条线路间距同章节 3.2.2.3。在房屋上设置一个与地面垂直的观察面 V，观察阳台护栏附近的畸变电场。V 是一个宽 12.74 m、高 28.42 m 的矩形观察面以观察阳台护栏附近的畸变电场，它切割了房屋的阳台、室内与阳台连接口、室内三个部分，靠近房屋的侧面，模型尺寸见图 3 - 105（a）。

从计算结果图 3 - 105（b）中可以看出，房屋周围及内部的畸变电场水平高的区域主要是出现在房屋阳台护栏的附近，特别是阳台护栏外侧和护栏上边缘上方的畸变电场幅值较大，达到 18991 V/m。由于阳台护栏距离输电线路导线较近，而房屋所处空间中电场的存在，引起房屋材料中的电荷分布发生变化，电荷向阳台护栏靠近导线的一侧集中，造成阳台护栏附近的畸变电场增强。但是畸变电场最大处为边沿尖角，人员无法靠近。

图 3 - 106 为 220 kV 输电线路邻近 18 层房屋时的畸变电场，每层楼高 3.04 m，房屋总高度为 54.72 m，与导线水平距离为 30 m，导线高度为 28 m，模型的尺寸见图 3 - 83。在房屋上设置一个与地面垂直的观察面 V，以观察阳台护栏附近的畸变电场。V 是

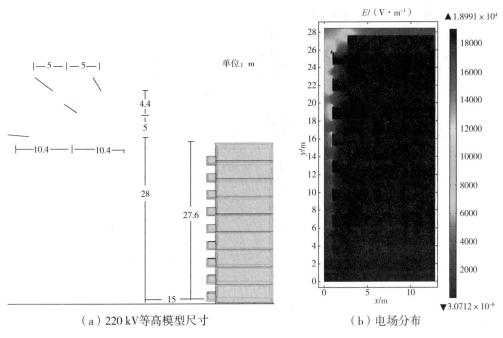

（a）220 kV 等高模型尺寸　　　　（b）电场分布

图 3-105　220 kV 架空输电线路邻近等高 9 层房屋时的畸变电场

一个宽 12.74 m、高 54.72 m 的矩形观察面，切割了房屋的阳台、室内与阳台连接口、室内三个部分。从计算结果可知房屋周围及内部畸变电场水平高的区域主要在房屋阳台护栏的附近，特别是阳台护栏外侧和护栏上边缘上方的畸变电场达到最大值，并以 9 楼为中心呈对称分布。

　　3）房屋与 500 kV 输电线路等高。见图 3-107，12 层楼房屋模型中每一楼层都包含屋顶、墙壁、门窗、阳台这几种房屋的基本要素。每层楼高 3.04 m，房屋总高度为 36.48 m，与导线水平距离为 20 m，导线高度为 36 m，各条线路间距见图 3-96。在房屋上设置一个与地面垂直的观察面 V，以观察阳台护栏附近的畸变电场。V 是一个宽 12.74 m、高 38 m 的矩形观察面以

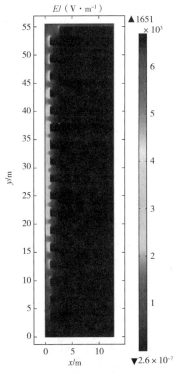

图 3-106　220 kV 架空输电线路邻近 18 层房屋时的畸变电场（水平距离 30 m）

93

观察阳台护栏附近的畸变电场，它切割了房屋的阳台、室内与阳台连接口、室内三个部分，靠近房屋的侧面，模型尺寸见图 3-107（a）。从计算结果图 3-107（b）中可以看出，房屋周围及内部的电场畸变情况严重的区域仍然主要是出现在房屋阳台护栏的附近，特别是阳台护栏外侧和护栏上边缘上方的畸变电场幅值较大，达到 2.97×10^4 V/m。由于阳台护栏距离输电线路导线较近，而房屋所处空间中电场的存在，引起房屋材料中的电荷分布发生变化，电荷向阳台护栏靠近导线的一侧集中，造成阳台护栏附近的畸变电场增强。

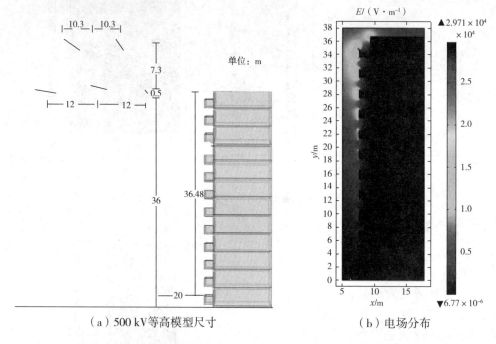

（a）500 kV 等高模型尺寸　　　　（b）电场分布

图 3-107　500 kV 架空输电线路邻近等高 12 层房屋时的畸变电场

图 3-108 为 500 kV 输电线路邻近 24 层房屋时的畸变电场，每层楼高 3.04 m，房屋总高度为 72.96 m，与导线水平距离为 40 m，导线高度为 36 m，模型的尺寸见图 3-83。在房屋上设置一个与地面垂直的观察面 V，以观察阳台护栏附近的畸变电场。V 是一个宽 12.74 m、高 72.96 m 的矩形观察面，它切割了房屋的阳台、室内与阳台连接口、室内三个部分。从计算结果可知房屋周围及内部畸变电场水平高的区域主要在房屋阳台护栏的附近，特别是阳台护栏外侧和护栏上边缘上方的畸变电场达到最大值，并以 12 楼为中心呈对称分布。

（2）输电线路跨越房屋模型中的畸变电场。该模型选取 110 kV 线路，房屋高度为 6.32 m，屋顶距离导线 4.958 m，导线从屋顶正中跨越，尺寸见图 3-109。

观察门框纵截面图 3-110（a），位于屋顶边沿区域的场强最大，达到 18665 V/m；二楼阳台的栏杆上方区域电场强度也达到 8000 V/m 以上。见图 3-110（b），在屋顶上方 1.5 m 处的横截面上，电场最大值达到 9356 V/m，最小值达到 4080.8 V/m。左侧导线正下方区域电场强度最高，右侧导线正下方区域次之，中间区域场强最小。可见，与导线距离越近电场强度越高，而右侧区域距离顶部导线更近，削弱了此区域电场，比左侧电场低。

（3）双回输电线邻近房屋模型中的畸变电场。国标《110 kV—750 kV 架空输电线路设计规范》（GB 50545—2010）中规定 220 kV 导线与建筑物最小垂直距离 6 m，边导线与建筑物最小净空距离 5 m，边导线距建筑物最小水平距离 2.5 m。部分建筑与导线的距离保持在标准的推荐值，建立模型见图 3–111，尺寸如图中所示。

由图 3–111（b）可知，最强的电场区域分布在屋顶的靠近导线测的边沿区域和最高处的栏杆外侧区域的电场强度最大，最大值达到 31288 V/m。随着楼层的降低强电场区域较少，最大值迅速降低。

（4）输电线路临近多幢别墅模型的畸变电场：

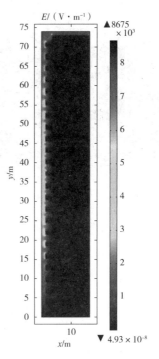

图 3–108 500 kV 架空输电线路邻近高 24 层房屋时的畸变电场（水平距离 40 m）

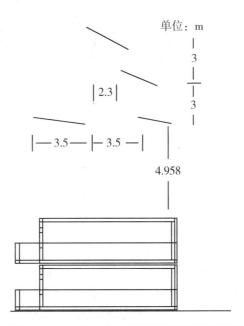

图 3–109 110 kV 架空输电线路跨越 2 层房屋模型尺寸

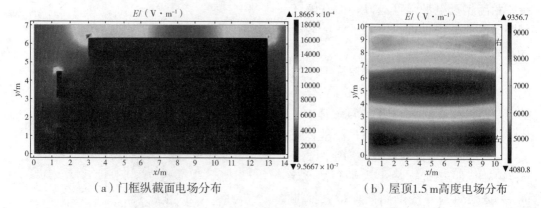

（a）门框纵截面电场分布　　　　　（b）屋顶1.5 m高度电场分布

图3-110　110 kV架空输电线路横跨2层房屋时的畸变电场

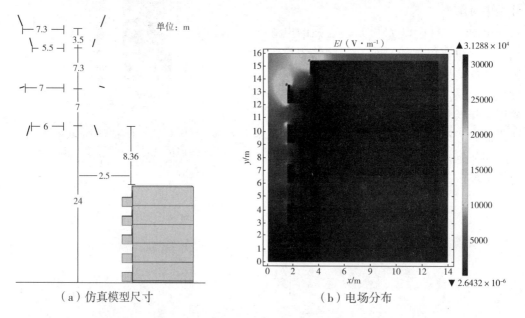

（a）仿真模型尺寸　　　　　　　　（b）电场分布

图3-111　220 kV双回架空输电线路邻近5层房屋时的畸变电场

1）输电线路临近多幢平顶别墅模型中的畸变电场。该模型选取110 kV线路，每栋别墅的占地面积均为10 m×10 m，间隔4 m，别墅1和别墅2面对输电线路，别墅3和别墅4背对输电线路，别墅1与别墅3的栏杆为铝合金，别墅2和别墅4的栏杆为混凝土，别墅1天面建有女儿墙，别墅模型见图3-112。

由图可见，别墅表面的电场分布情况与前述模型相同，临近导线侧的建筑棱角处电场强度最大，尤其是铝合金栏杆处，高达1.09×10^4 V/m。电场强度明显高于其他区域。

分别在4个别墅模型的门框位置进行垂直切面观察，见图3-113。图（a）与图（b）进行比较可以看出，铝合金栏杆区域的电场强度（1.16×10^4 V/m）明显高于混凝土栏杆（8003 V/m）；图（a）与图（c）、图（b）与图（d）进行比较可以看出，别墅背对导线时，活动区域的电场强度明显低于面对栏杆时。背对导线的活动区域中，室内

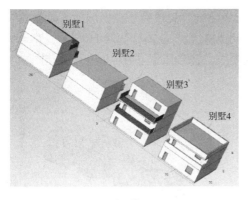

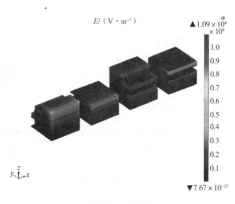

（a）别墅模型　　　　　　　　　　（b）别墅电场分布

图 3-112　110 kV 架空输电线路邻近多幢别墅时的畸变电场

的电场强度均低于 1 V/m，阳台处的电场强度均低于 200 V/m，仅栏杆外边沿处的狭小区域电场强度达到 2000 V/m。

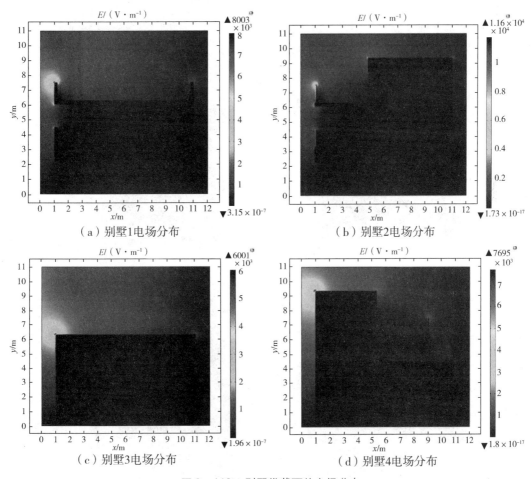

（a）别墅1电场分布　　　　　　　　　　（b）别墅2电场分布

（c）别墅3电场分布　　　　　　　　　　（d）别墅4电场分布

图 3-113　别墅纵截面的电场分布

2）输电线路临近多幢尖顶别墅模型中的畸变电场。尖顶别墅在深圳地区是比较常见的类型，编者将别墅尖顶等效为厚度倾斜角度45°的平板。该模型选取 110 kV 线路，尖顶房屋模型尺寸见图 3－114（a），屋顶材料为混凝土，其余部分与平顶别墅模型相同。

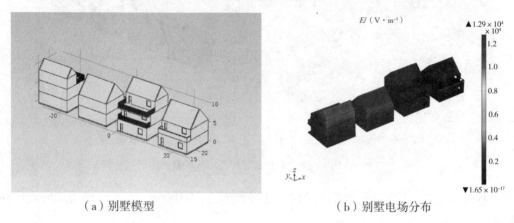

（a）别墅模型　　　　　　　　　（b）别墅电场分布

图 3－114　110 kV 架空输电线路邻近多幢别墅时的畸变电场

分别在 4 个别墅模型的门框位置进行垂直切面观察，如图 3－115。与平顶别墅模型一样，由图（a）与图（b）进行比较得出，铝合金栏杆区域的电场强度（9810 V/m）明显高于混凝土栏杆（4507 V/m）；由图（a）与图（c）、图（b）与图（d）进行比较

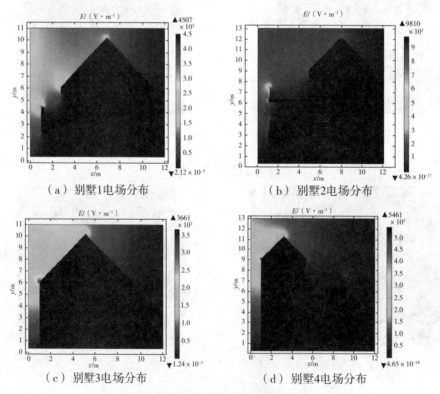

（a）别墅1电场分布　　　　　　　　（b）别墅2电场分布

（c）别墅3电场分布　　　　　　　　（d）别墅4电场分布

图 3－115　别墅纵截面的电场分布

得出别墅背对输电线路时，公众活动区域的电场强度明显低于面对栏杆时。另外，由于屋顶的倾斜面使电场分布比无尖顶时均匀，电场畸变小，尖顶别墅最大电场强度降低。

（5）输电线路临近尖顶房屋模型中的畸变电场。尖顶房屋在我国南方多雨地区也是比较常见的房屋类型，编者将房屋尖顶等效为厚度 10 cm、倾斜角度 45°的平板。该模型选取 110 kV 线路，尖顶房屋模型尺寸见图 3－116（a），房屋材料分别设置为砖土材料和全房屋尖顶木质材料。为分析对电场畸变的影响，结合无尖顶的情况进行对照比较。

由图（b）和图（c）可以看出，该模型中房屋的尖顶使最大畸变电场强度大幅度降低，从无尖顶时的 7464 V/m 降低到 4941 V/m，这是由于屋顶的倾斜面平行于架空导线，使电场分布比无尖顶时均匀，电场畸变小，最大电场强度降低，但是对于阳台处的电场分布无改变。如果导线横跨屋顶，尖顶处电场强度将会大幅度增加。由图（c）和图（d）可以看出，砖头材料房屋和木质材料房屋情况下，两者的电场分布无明显差异。

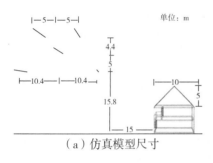

（a）仿真模型尺寸

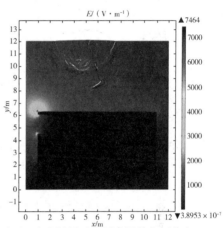

（b）砖头材料无尖顶房屋的电场分布

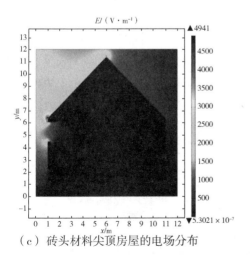

（c）砖头材料尖顶房屋的电场分布

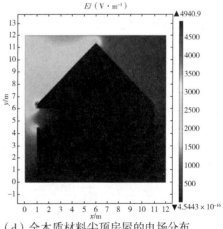

（d）全木质材料尖顶房屋的电场分布

图 3－116　110 kV 架空输电线路邻尖顶房屋时的畸变电场

3.3 气象条件对电场分布影响的仿真分析

编者以深圳为例，开展气象条件对电场分布影响的仿真分析。深圳市地处亚热带季风性气候区域，纬度低，海拔低，紧邻太平洋，地形多样。海洋、陆地、大气之间的作用强烈，受低纬度热带天气系统和中高纬度天气系统的交替影响，常常出现强对流天气，由此引发的雷电、暴雨成为该地区重要的灾害性天气。天气对空间中工频电场分布的影响主要在于天气改变了空间中介质的介电常数。通常情况下，空间中的介质主要有空气、气态水（水蒸气）和液态水（水滴），它们在空间中密度分布的不同将导致这三者组成混合介质的介电常数不同。为此，通过探讨气压、湿度、温度、降雨量、风速这些气候因素对混合介质介电常数的影响，即可知天气对空间中工频电场分布的影响。首先根据前文所建立的模型分析计算气象条件对交流架空输电线路工频电场的影响，然后采用 CDEGS 软件仿真分析气象条件对变电站电场的影响。

3.3.1 不同气象条件对电场影响的关键因素

由于工频电场频率极低，为了方便计算，可将该电场视作准静态电场。计算模型的外形和介质的相对介电常数是影响计算模型中工频电场分布的关键因素。对于架空输电线路，其几何外形固定，可以通过图形化建模工具进行绘制。但计算模型中介质的相对介电常数会随着天气情况的变化而变化，因此需要研究不同天气情况下交流架空输电线路附近空间中介质的相对介电常数。下面分别介绍空气、水和水蒸气以及混合介质中的介电常数。

3.3.1.1 空气的介电常数

空气是弥散态物质，分子与分子之间的平均距离很大。例如在标准状态下，一个空气分子平均占据的空间约为分子本身体积的 3×10^4 倍。分子内部各部分之间的相互作用比之分子之间的相互作用要强得多，将每个分子看成一个近独立的子系是一种很好的近似。

对此，空气的相对介电常数可以通过 Lorentz-Lorenz 公式得到：

$$\frac{\varepsilon_A - 1}{\varepsilon_A + 2} = \frac{Na}{3\varepsilon_0} \Rightarrow \varepsilon_A = \frac{3\varepsilon_0 + 2Na}{3\varepsilon_0 - Na} \tag{3-18}$$

式中，N 为平均每单位体积中的气体分子数；

a 为分子总的微观极化率；

通常情况下，空气相对介电常数 $\varepsilon = 1.000585$。

3.3.1.2 水蒸气和水的介电常数

工频电场属于极低频电场，可以忽略电磁场的推迟效应。因此，水蒸气和水的介电常数可以由静电介电常数来代替。

水分子 H_2O 是一个典型的极性分子，其正电中心和负电中心不相重合，二者之间存在一定的距离，偶极矩不等于零，属于极性比较大的分子，具有等腰三角形的结构。

根据 IAPWS – IF97，水蒸气和水的静态介电常数可写成如下形式：

$$\varepsilon = \frac{1 + A + 5B + (9 + 2A + 18B + A^2 + 10AB + 9B^2)^{0.5}}{4 - 4B} \qquad (3-19)$$

式中，A 和 B 由下两式给出：

$$A = \frac{10^3 N_A \mu^2 \rho g}{M\varepsilon_0 kT} \qquad (3-20a)$$

$$B = \frac{10^3 N_A a \rho g}{3M\varepsilon_0} \qquad (3-20b)$$

式（3-20a）和式（3-20b）中的系数见表 3-23。

表 3-23 水的介电常数计算中的相关系数

物 理 量	数 值	单 位
波尔兹曼常量 k	1.380658×10^{-23}	$J \cdot K^{-1}$
阿伏伽德罗常数 N_A	6.0221367×10^{23}	mol^{-1}
平均分子极化率 a	1.636×10^{-40}	$J^{-1} \cdot m^2$
真空介电常数 ε_0	$8.854187817 \times 10^{-12}$	$C2 \cdot J^{-1} \cdot m^{-1}$
分子偶极矩 μ	6.138×10^{-30}	$C \cdot m$
摩尔质量 M	18.015257	$g \cdot mol^{-1}$

式（3-20a）中，Harris – Alderg 因子 g 的关联方程为：

$$g = 1 + \sum_{i=1}^{11} n_i \delta^{I_i} \tau^{J_i} + n_{12}\delta\left(\frac{T}{228K} - 1\right)^{-1.2} \qquad (3-21)$$

式中，$\delta = \rho/\rho^*$，$\tau = T^*/T$，$\rho^* = \rho_c$，$T^* = T_c$，$\rho_c = 322 \ kg \cdot m^{-3}$，$T_c = 647.096 \ K$。

方程（3.20）的适用范围为：

$$273.15 \ K \leqslant T \leqslant 323.15 \ K \qquad 0 < p \leqslant 1000 \ MPa$$
$$323.15 \ K \leqslant T \leqslant 873.15 \ K \qquad 0 < p \leqslant 600 \ MPa$$

3.3.1.3 混合介质的介电常数

混合介质包括空气、水蒸气、水滴，其中空气和水蒸气为气体，水滴为液体。首先根据混合对数定律，计算两种气体混合的介电常数：

$$\lg\varepsilon_G = \lambda_A \lg\varepsilon_A + \lambda_S \lg\varepsilon_S \qquad (3-22)$$

式中，ε_G 为混合气体的相对介电常数；

　ε_A 为空气相对介电常数；

　ε_S 为水蒸气相对介电常数；

　λ_A 为空气的体积分数；

　λ_S 为水蒸气的体积分数。

随后根据 Lichtenecker 公式，计算得到混合气体与水滴形成的湿蒸汽的等效介电常数：

$$\varepsilon_e = (\lambda_G \sqrt{\varepsilon_G} + \lambda_W \sqrt{\varepsilon_W})^2 \tag{3-23}$$

式中，ε_e 为湿蒸汽的等效相对介电常数；

ε_W 为水的相对介电常数；

λ_G 为混合气体的体积分数；

λ_W 为水的体积分数。

3.3.2 不同气象条件对架空输电线路工频电场的影响

采用简化的二维模型进行仿真分析，建立了一个 110 kV 的酒杯形直线塔模型、一个 220 kV "干"字形耐张塔模型和一个 220 kV 转角塔。模型中导线的坐标位置见表 3-24，以距离地面 1.5 m 处的电场最大值进行分析。

表 3-24　输电线路各相导线坐标 (x,y)　　　　　　　　单位：m

导　　线	110 kV 酒杯塔	220 kV "干"字形塔	220 kV 转角塔
A 相	(-6.5, 12)	(-6, 24.5)	(5.2, 37)
B 相	(0, 12)	(6, 32)	(7.2, 30.5)
C 相	(6.5, 12)	(6, 24.5)	(6.2, 24)
左地线	(-4.9, 16)	(-6, 34)	—
右地线	(4.9, 16)	(6, 34)	(3.8, 41.5)

3.3.2.1 温度对交流架空输电线路工频电场的影响

以深圳为例，深圳属南亚热带季风气候，长夏短冬，气候温和，日照充足，雨量充沛。年平均气温 23.0 ℃，历史极端最高气温 38.7 ℃，历史极端最低气温 0.2 ℃；一年中 1 月平均气温最低，平均为 15.4 ℃上下；7 月平均气温最高，平均为 28.9 ℃上下。2013 年深圳市平均气温为 23.1 ℃，比近 5 年同期平均值（22.9 ℃）高 0.2 ℃。年内各月气温冬春高盛夏低，其中 2 月和 3 月平均气温分别偏高 2.7 ℃和 1.6 ℃，7 月和 12 月平均气温分别偏低 0.8 ℃和 1.8 ℃，其余各月平均气温与同期气候平均值相当或小幅波动。根据近 30 年历史统计数据，四季的温度不低于 5 ℃，不高于 40 ℃。

温度变化会导致介电常数的变化，从而影响架空输电线路下方工频电场的变化。编者计算了当温度处于 5～40 ℃之间、气压为 1 个标准大气压时、空气中混合介质的相对介电常数（表 3-25）。

表 3-25　1 个标准大气压时空气中混合介质的相对介电常数

温度/℃	5	15	25	35	40
ε	1.0005659	1.0005463	1.0005280	1.0005108	1.0005027

根据混合介质相对介电常数计算结果，求得气压为 1 个标准大气压时，深圳市不同温度下交流架空输电线路边导线下方距地 1.5 m 处工频电场的分布情况，见图 3-117。

　　从图中可以看出，深圳市交流架空输电线路附近工频电场分布情况受温度的影响极小。温度越高，输电线路下方的工频电场强度越高，但是所增加的数值却十分微小。这是因为，温度升高使空气的介电常数降低，从而使空气中的电场强度增加，但是介电常数随温度的变化十分微弱。由于 3 种杆塔的导线高度、导线排列方式、电压等级不同，温度的影响程度不同，但是影响的规律一致。

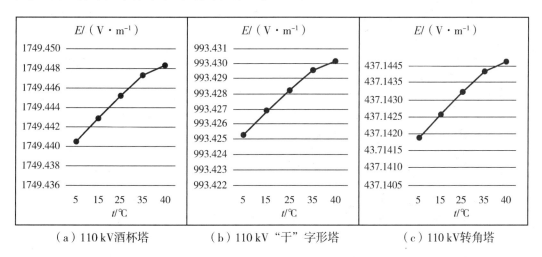

（a）110 kV 酒杯塔　　　　　（b）110 kV"干"字形塔　　　　　（c）110 kV 转角塔

图 3-117　1 个标准大气压下温度对边导线下方距地 1.5 m 处工频电场的影响

3.3.2.2　气压对交流架空输电线路工频电场的影响

　　气体的介电常数随气体的压力和温度发生变化，这主要是由于压力和温度发生变化时，单位体积分子数发生了变化而引起的。

　　单位体积分子数 N 满足：

$$N = p/kT \qquad\qquad (3-24)$$

式中，k 为波尔兹曼常量；

　　　　T 为温度；

　　　　p 为气压。

　　将计算得到的单位体积分子数代入式（3-18），便可获得空气在不同气压和不同温度条件下的相对介电常数。

　　又由理想气体状态方程：

$$pV = nRT \qquad\qquad (3-25)$$

可以推导出：

$$\rho/M = p/RT \qquad\qquad (3-26)$$

式中，R 为比例常数。对任意理想气体而言，R 是一定的，约为 8.31441 ± 0.00026 J·(mol·K)$^{-1}$。将结果带入式（3-19），便可获得水蒸气在不同气压和不同温度条件下的相对介电常数。

根据近 30 年的数据，深圳市历史气压范围在 96.6～103.2 kPa 之间。编者计算了在深圳市历年平均气温 23 ℃时，不同气压下空气中混合介质的等效介电常数，见表 3-26。

表 3-26   23 ℃时不同气压下空气中混合介质的等效介电常数

气温/℃	气压/kPa			
	96.6	100	101.3	103.2
23	1.00050348227	1.00052120060	1.00052801004	1.00053787681

根据计算结果求得 23 ℃时不同气压下交流架空输电线路边导线下方距地 1.5 m 处工频电场的分布情况，见图 3-118。

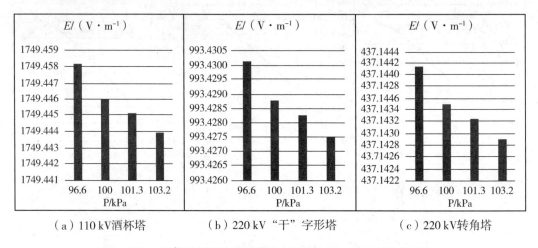

（a）110 kV 酒杯塔　　　　（b）220 kV "干"字形塔　　　　（c）220 kV 转角塔

图 3-118   23 ℃时气压对边导线下方距地 1.5 m 处工频电场的影响

从图中可以看出，交流架空输电线路附近工频电场分布情况受气压的影响也非常小，随着气压的增加空气介电常数增加，导线下方电场强度减小，气压对 3 种杆塔类型的影响规律相同。

3.3.2.3   降雨对交流架空输电线路工频电场的影响

2013 年深圳累计降水量 2203.6 mm，较同期气候平均值（1935.8 mm）偏多 14%，比近 5 年同期平均（1755.9 mm）偏多 25%。全年降雨日数（不含雨量 0.0 mm 天数）为 129 天，比同期气候平均值（143 天）偏少 14 天，比近 5 年同期平均（126 天）偏多 3 天。近 30 年降雨天气的监测数据平均值见表 3-27。

表 3-27   珠三角地区的降雨天气的监测数据

降水类型	雨滴浓度 $N/(\text{个} \cdot \text{m}^{-3})$	立方根直径 $\sqrt[3]{D}/\text{mm}$	雨强 $I/(\text{mm} \cdot \text{h}^{-1})$	含水量 $Q/(\text{g} \cdot \text{m}^{-3})$	最大雨滴直径 $D\text{max}/\text{mm}$	最大瞬时雨强 $I\text{max}/(\text{mm} \cdot \text{h}^{-1})$
锋面降水	717	1.14	15.38	0.79	6.5	158.93
台风降水	1082	1.18	15.23	1.40	5.5	111.01
雷阵雨	340	1.54	18.58	0.75	6.1	155.06

由单位体积内雨滴浓度和立方根直径可以计算得到雨滴的体积分数：

$$\lambda_W = N \times D_3^3 \times 10^{-9} \qquad (3-27)$$

由式（3-23）可以求得 23 ℃、1 个标准大气压时不同降雨情况下空气中混合介质等效相对介电常数，见表 3-28。

表 3-28　23 ℃下 1 个标准大气压时不同降雨情况下空气中混合介质等效相对介电常数

气　　温	降 雨 类 型				
	锋面（最强）	台风（最强）	锋面（平均）	台风（平均）	雷阵雨（平均）
23℃	1.003468	1.00147	1.000529	1.000530	1.000529

从而可以求得 23 ℃、1 个标准大气压时，不同降雨情况下交流架空输电线路边导线下方距地 1.5 m 处工频电场强度，见图 3-119。

从计算结果可以看出，台风和锋面降雨时，工频电场强度最高，雷阵雨时候工频电场强度最低。降雨比温度和气压对电场强度的影响要显著，但变化量仍不足 1 V/m。

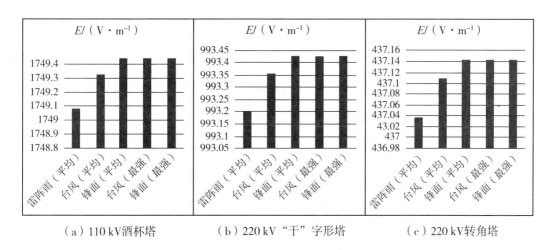

（a）110 kV 酒杯塔　　　　　（b）220 kV "干" 字形塔　　　　　（c）220 kV 转角塔

图 3-119　23 ℃下 1 个标准大气压时降雨对边导线下方距地 1.5 m 处工频电场的影响

3.3.2.4　湿度对交流架空输电线路工频电场的影响

深圳地处沿海，空气湿润，年平均相对湿度约 77%，2013 年深圳市年平均相对湿度为 75%，较同期气候平均值（74%）偏高 1%，比近 5 年同期平均值（72%）偏高 3%。年内除 10～12 月天气干燥、平均相对湿度较同期气候平均值偏低以外，其余月份均与同期气候平均值相当或小幅波动。

空气湿度是表示空气 - 水蒸气混合气体干燥程度的物理量。在一定的温度下，在一定体积的空气里含有的水蒸气越少，则空气越干燥；水气越多，则空气越潮湿。

反映混合气体湿度的物理量比湿，其计算公式如下：

$$S = \frac{m_S}{m_G} \approx \frac{m_S \lambda_S}{m_G} \approx \frac{m_S \lambda_S}{m_A \lambda_A + M_S \lambda_S} \qquad (3-28)$$

式中，S 为混合气体比湿；

$\qquad m_S$ 为水蒸气的质量；

$\qquad m_G$ 为混合气体质量；

$\qquad M_G$ 为混合气体摩尔质量；

$\qquad M_S$ 为水蒸气摩尔质量；

$\qquad M_A$ 为空气摩尔质量。

由于

$$\lambda_A + \lambda_S = 1 \qquad\qquad (3-29)$$

因此，可以通过空气 – 水蒸气混合气体比湿计算得到空气和水蒸气在混合气体中的体积分数，从而由式（3-22）求得混合气体的相对介电常数。

由于空气和水蒸气各自的相对介电常数都非常接近1，因此气态水对混合介质等效相对介电常数的影响是不大的，相对湿度越大，介电常数小，即：

$$RH \propto \frac{1}{\varepsilon} \qquad\qquad (3-30)$$

$$\vec{F}_{21} = \frac{q_1 q_2}{4\pi\varepsilon_0 \gamma_{21}}\vec{e}_{r21} = -\vec{F}_{12} \qquad\qquad (3-31)$$

$$\vec{E} = \frac{\vec{F}}{q_0} \qquad\qquad (3-32)$$

根据上面两个公式可以推出，空气介电常数越小，对应的场强越大，因此：

$$RH \propto \frac{1}{\varepsilon} \propto E \qquad\qquad (3-33)$$

空气中的气态水和液态水含量比值在 $100\sim4000$ 之间，气态水远远多于液态水，因此液态水对混合介质等效相对介电常数的影响可以忽略不计（真空介电系数测量是在相对湿度小于80%的条件下测量的，相对湿度在这个范围内波动不会造成真空介电系数大的变化）。

综上所述，湿度对交流架空输电线路工频电场的影响可以忽略不计。

3.3.2.5　风对交流架空输电线路工频电场的影响

风在一定程度上会影响气液混合介质的等效介电常数。但它的影响与其他某些影响是相互依存的关系，或者说是间接地影响。比如，风的存在会改变气压，从而影响混合气体的相对介电常数；风会改变雨滴下落的速度矢量，改变雨滴在混合介质中的体积分数，从而影响混合介质等效介电常数。

3.3.3　不同气象条件对变电站工频电场的影响

在上节中分析了深圳市不同天气包括不同气压、不同温度、不同湿度、不同降雨混合介质相对介电常数空气的影响，基于此建立 110 kV、220 kV 典型布置变电站各一座，采用 CDEGS 建立变电站模型，进行计算分析。CDEGS 是加拿大 SES 公司推出的过程软件包，可以计算在正常运行、故障、雷击，以及操作暂态条件下，任意由地上或地下的带电导体所组成网络中的电流和电磁场，其中土壤结构可以是非均匀的多种类型的土壤结构，导体可以是裸导体、带绝缘层的管道或在管道中的电缆。经过多年的系统开发，CDEGS 软件包应该说是截至目前世界上在该领域通用性最强、功能最为强大的软件包。

目前 CDEGS 软件包具有 RESAP、MALT、MALZ、SPLITS、TRALIN、HIFREQ、FCDIST、FFTSES 共计 8 个功能模块。整个软件包主要由三部分构成：数据输入模块、数据输出模块、工程计算模块。数据输入模块主要是为了方便用户构造自己的计算模型，采用人机化界面的输入模块，其中的 SESCAD 工具可以大大提高数据输入的工作效率。数据输出模块则主要是为了将计算结果以直观明了的形式显示给用户，并可提供高质量的绘图、打印输出，几乎不需要再做任何后续处理。以下主要介绍本书需要用到的 HIFREQ 模块。HIFREQ 的主要功能是计算地面以上和地中导体的电流分布，根据导体电流分布结果进行地面以上空间和地中由软件使用者指定区域的电场、磁场和电位（包括导体的电位）。其中电源的模拟可以采用电压源或电流源，而且可以采用外部电场的方式；另外，可以模拟电阻、电感和电容等集中参数；HIFREQ 的计算频率可以从 0 赫兹到几十兆赫兹；可以定义导体处于无限大介质，或敷设于均一或两层土壤中；空气、土壤和导体的电阻率、介电常数和相对磁导率可以是任意值。HIFREQ 可以处理的实际工程问题包括对变电站和输电线路周围的电磁场计算。

变电站电气接线区间含有众多的高压带电导体，是产生电磁场的主要源头，其间的电磁场最大也最复杂，因此是本节的主要研究区域。在 CDEGS 中计算电磁场时，所建立的模型都是基于圆柱形导体直线段的，可以定义导体的材料、半径、长度、电阻率等参数，还可以定义空心导体及带绝缘层的导体等，但这些都是基于线状导体的，对于面状或体状的金属设备是无法进行模拟的。根据这一特点，CDEGS 软件中 HIFREQ 模块只能对高压带电线路建模，忽略了对于避雷器、互感器、断路器等设备的影响。HIFREQ 模块中自带 SESCAD 辅助模块，可以方便地对变电站进行建模。

3.3.3.1　不同天气情况下 110 kV 典型布置结构变电站的计算分析

选取 110 kV 典型布置变电站一座，其结构见图 3 - 120，由于在 110 kV 变电站中电场变化最大的是 110 kV 配电装置区域，因此在研究不同天气情况下变电站电场变化时只需考虑 110 kV 配电区域即可。在 CDEGS 中利用 SESCAD 辅助模块画出其 110 kV 侧的主接线模型见图 3 - 121。该变电站 110 kV 采用 AIS，架空出线 6 回，双母线布置，配电装置为屋外软母线中型单列布置，纵向长度 49 m，横向长度 119 m，间隔宽度定为 10 m。出线高度 12 m，相间距离 3 m，母线高度 8 m，相间距离 2 m 或 3 m。对离地面 1.5 m 处的工频电场进行了仿真计算。

工频电场主要由电压决定，各相施加电压源电压大小为：

$$\varphi_A = 89815e^0 V, \varphi_B = 89815e^{j240} V, \varphi_C = 89815e^{j120} V \qquad (3-34)$$

在默认空气的相对介电常数为 1 的情况下仿真见图 3 - 122，因为工频电场是一个矢量场，所以计算了该变电站离地面 1.5 m 平面 x、y、z 3 个方向上的场强分布。x 轴、y 轴、z 轴分量场强分别见图 3 - 123、图 3 - 124、图 3 - 125。

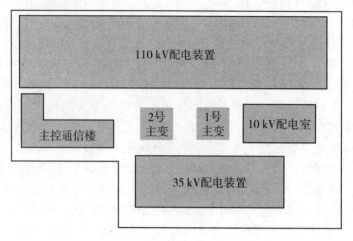

图 3-120　110 kV 变电站布置结构图

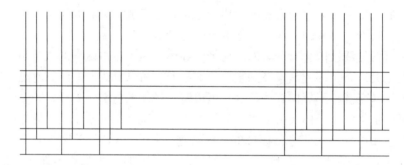

图 3-121　110 kV 变电站模型

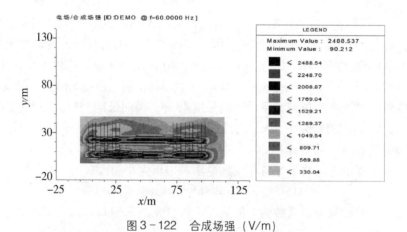

图 3-122　合成场强（V/m）

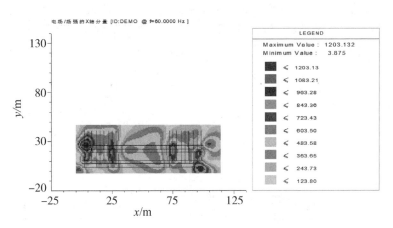

图 3-123　x 轴分量场强（V/m）

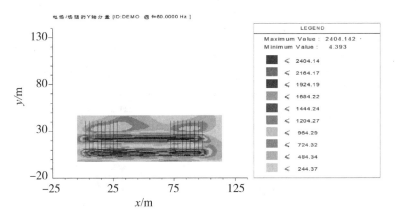

图 3-124　y 轴分量场强（V/m）

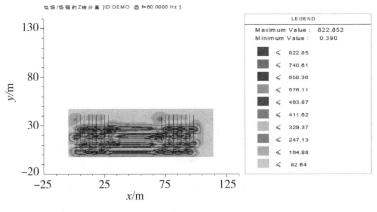

图 3-125　z 轴分量场强（V/m）

下面探讨此变化对 110 kV 变电站的电场的影响，以 1 个大气压、5 ℃时混合介质的相对介电常数为 1.00056598，仿真得图 3 - 126。x 轴、y 轴、z 轴分量场强分别见图 3 - 127、图 3 - 128、图 3 - 129。仿真结果见图 3 - 130。

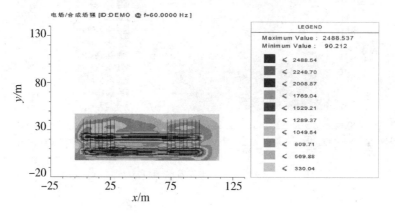

图 3 - 126　合成场强（V/m）

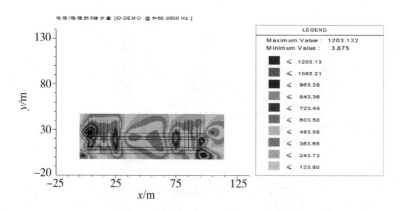

图 3 - 127　x 轴分量场强（V/m）

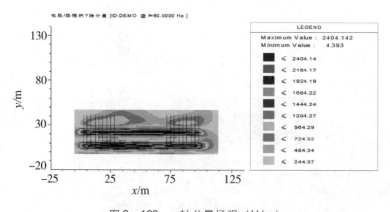

图 3 - 128　y 轴分量场强（V/m）

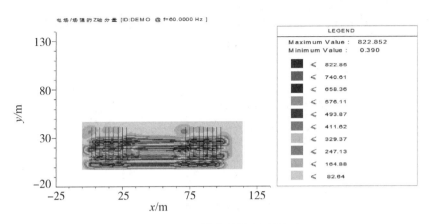

图 3－129　z 轴分量场强（V/m）

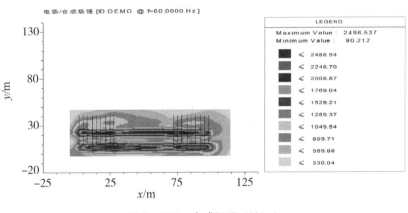

图 3－130　合成场强（V/m）

由此可知，此变化对变电站的电场变化几乎没有影响。取不同天气下相对介电常数影响最大的一组：为锋面雨时混合介质的相对介电常数为 1.003468，此变化对变电站的电场影响很小，因此可以忽略不计。

3.3.3.2　不同天气情况下 220 kV 典型布置结构变电站的计算分析

选取 220 kV 典型布置变电站一座，其结构图如图 3－131 所示，由于在 220 kV 变电站中电场变化最大的是 220 kV 配电装置区域，因此在研究不同天气情况下变电站电场变化时只需考虑 220 kV 配电区域即可。在 CDEGS 中利用 SESCAD 辅助模块画出其 220 kV 侧的主接线模型见图 3－132。该变电站 220 kV 采用 AIS 布置，双母线接线，架空出线 6 回，配电装置为悬吊管母线中型布置，纵向长度 55 m，横向长度 163 m，间隔宽度定为 13 m。出线高度 15 m，相间距离 4 m，母线高度 12 m，相间距离 3 m。对离地面 1.5 m 处的工频电场进行了仿真计算。

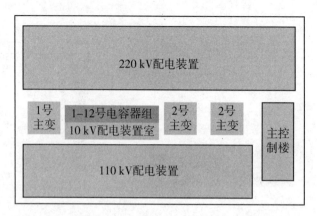

图 3 - 131　220 kV 变电站布置结构

工频电场主要由电压决定，各相施加电压源电压大小为：

$$\varphi_A = 1796329e^0 V, \varphi_B = 179629e^{j240} V, \varphi_C = 179629e^{j120} V \qquad (3-35)$$

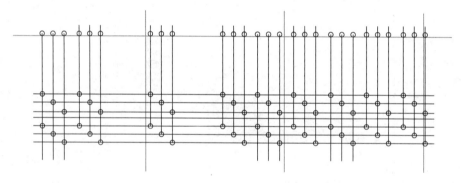

图 3 - 132　220 kV 变电站模型

相对介电常数为 1 时，仿真结果见图 3 - 133。x 轴、y 轴、z 轴分量场强分别见图 3 - 134、图 3 - 135、图 3 - 136。

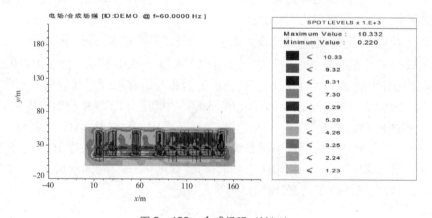

图 3 - 133　合成场强（V/m）

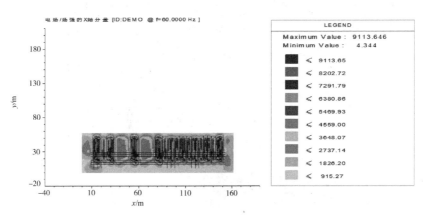

图3－134 x轴分量场强（V/m）

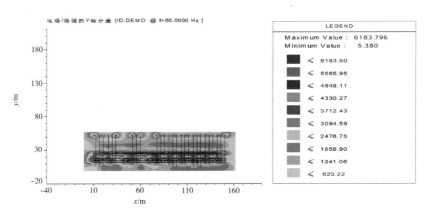

图3－135 y轴分量场强（V/m）

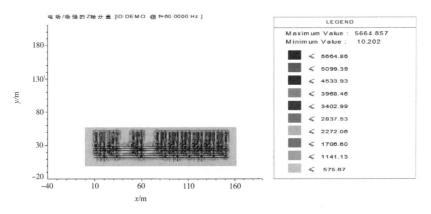

图3－136 z轴分量场强（V/m）

交流输变电工程建设项目的环境保护

当天气对相对介电常数影响最大时，混合介质的相对介电常数达到 1.003468，仿真结果见图 3-137。x 轴、y 轴、z 轴分量场强分别见图 3-138、图 3-139、图 3-140。

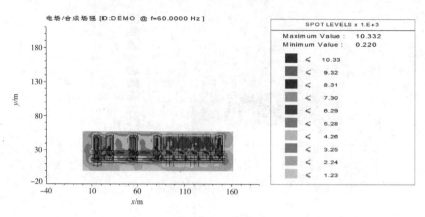

图 3-137　合成场强（V/m）

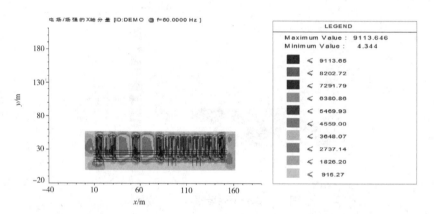

图 3-138　x 轴分量场强（V/m）

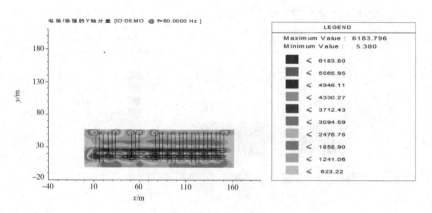

图 3-139　y 轴分量场强（V/m）

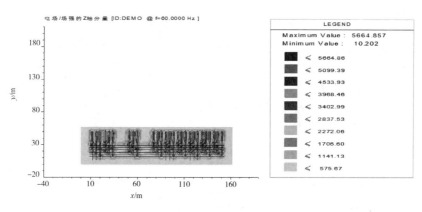

图 3 - 140　z 轴分量场强（V/m）

　　由仿真可知，此条件下不会引起变电站的电场变化，只有使混合介质的相对介电常数变化到 1.1 这个数量级才可以使 y 轴方向的电场减小，z 轴方向的电场增加，但是变化微小可以忽略不计。

　　因此，对 110 kV、220 kV 典型布置的变电站各选取一座，使用 CDEGS 进行仿真计算分析，根据气 - 水混合介质的等效介电常数和等效电导率，在 CDEGS 中设置不同条件下的电磁物理量，仿真结果发现天气对混合介电常数变化的影响的数量级不至于引起变电站电场的变化。

3.4　人行道地下电缆磁场分布仿真研究

　　随着城市用电负荷增长，高电压等级地下线路已成为城市供电的主要途径。以深圳为例，市区已经大量采用 110 kV、220 kV 地下电力电缆线路替代架空输电线路向市区供电。电缆的敷设路径多为人行道下方，深度 1 m 左右，距离行人较近。电缆在运行中会在周围空间产生工频磁场，而工频磁场穿透性强、不易屏蔽，基本上不受周围物体的干扰。目前虽没有工频磁场与患病的直接相关证据，但居民仍将关注的焦点投向电缆电磁环境，该问题已经激起居民与供电部门的多起矛盾。评估地下电缆所产生的磁感应强度具有学术意义和社会价值。

　　电力电缆相比于架空输电导线在结构上具有一定的独特性，芯线是电力电缆的导电部分，处于高电位，在绝缘层外围有金属屏蔽层，通常由铜带绕包而成，绝缘层接地，起到屏蔽电场的作用，电力电缆的电场被限制在屏蔽层以内，电缆外部的电场可以忽略，但电缆所产生的磁场无法屏蔽，在此编者仅讨论工频磁场。

　　110 kV 电缆和 10 kV 电缆虽然电压等级不同，但对于工频磁场的理论分析来说是类似的，都属于平行载流导线系统。单芯和多芯的高压电缆都有金属屏蔽铠装层，参见图 3 - 141。

　　高压电缆有接地的金属屏蔽和铠装层，工频电场均匀地分布在电缆芯线和金属屏蔽

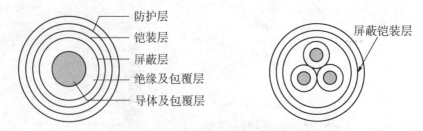

图 3-141　单芯和多芯高压电缆的结构

铠装层之间，不在外部空间产生工频电场。因此在电缆进线方式下，不必考虑高压进线产生的工频电场。电缆敷设时实际上不可能由屏蔽层和外部地构成大面积的空间，实单芯电缆的屏蔽层对所关心的外部空间工频磁场没有屏蔽作用。见图 3-142、图 3-143。

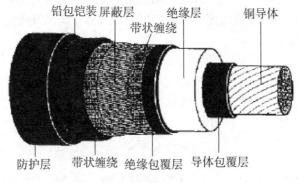

图 3-142　高压电缆结构示意图

图 3-143　高压电缆照片和 3D 模型图

　　110 kV 进线电缆都采用单芯电缆，较多采用接触平布或间隔平布方式（间距通常为一个电缆位）。单芯电缆的屏蔽层对工频磁场没有屏蔽作用，因此电缆周围的磁场可以依据毕奥沙阀定律计算。10 kV 出线电缆较多采用多芯电缆，在有些场合也采用单芯电缆。10 kV 单芯电缆采用平布方式时其周围的磁场计算方法和上述 110 kV 电缆相同。见图 3-144、图 3-145。

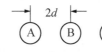

图 3 - 144　110 kV 进线电缆的接触平布和间隔平布方式

图 3 - 145　电缆通道照片

3.4.1　地下电缆工频磁场仿真模型的建立

为满足现代城市建设土地节约规划和电力网络发展需求，同一路径上可能需要敷设多条电缆，电缆通道因此在城市电网建设中获得广泛应用。电缆通道一经建成之后，如在其中新敷设电缆或者检修，可以避免繁杂的挖掘工作和可能损伤原有电缆的可能性，也能够有效避免外来机械压力对电力线路的威胁。

由于我国前期的城市建设规划中并没有考虑到地下电力电缆建设，选择隧道敷设方式施工较难，且成本高。由于占地面积少、投资节约、后期维护方便，大部门城市区域选择人行道位置挖凿电缆沟。以深圳市为例，深圳市的电缆敷设方式以电缆沟敷设方式为主。见图 3 - 146。

图 3 - 146　深圳地下电缆施工照片

110 kV、220 kV 电缆沟较常用的施工尺寸为深度 1000 mm、宽度 1200 mm、混凝土厚 120 mm，使用角钢安装 3 层支架，在电缆沟顶部覆盖厚 300 mm 的泥土覆盖层。电缆金属屏蔽层接地，故不考虑电场分布。电缆的导体、导体屏蔽层、绝缘层、绝缘屏蔽层、缓冲层、防水防锈层、金属护套和外护套中，金属护套为铝制，其他层中也不含铁磁性材料，电缆在空间中产生的磁场与架空裸导线相似。电缆的长度远大于电缆线芯的平均直径以及电缆之间的距离，且电缆固定在支架上，不存在悬垂现象，可以把各回路电缆看作无限长平行细导线。

电流流经无线长直导线时，在周围产生的磁场为垂直于导线的二维平面。电缆沟内的电缆支架为铁磁性材料，但支架尺寸小，在三维空间所占区域很少，对整个空间的磁场畸变影响很小，可忽略。电缆沟渠及地表为面对称，故使用二维模型进行仿真计算。

首先分别建立考虑支架的三维模型和不考虑支架二维模型进行模型简化的验证。图 3‑147（a）为电缆沟道的三维模型，宽 1200 mm、深度为 1000 mm，角钢支架宽度为 50 mm、厚度为 5 mm。图 3‑147（b）为不考虑角钢支架且简化为二维的模型，尺寸同图 3‑147（a）。取导线上方 2.32 m 处，以电缆沟中心为中心宽 5 m 范围内磁感应强度作为比较。仿真结果见图 3‑147（c）和图 3‑147（d），二维简化后的仿真结果比三

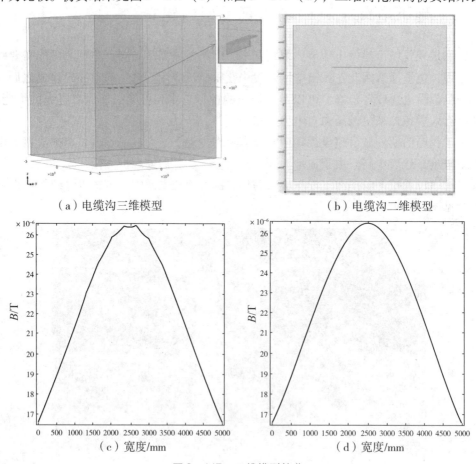

（a）电缆沟三维模型　　　　　　　　　　（b）电缆沟二维模型

（c）宽度/mm　　　　　　　　　　　　　（d）宽度/mm

图 3‑147　三维模型简化

维仿真结果稍小，因为三维情况下考虑了导磁材料，磁感应强度小幅度增加。但两者数值的差别十分微小，而且简化后仿真计算速度明显提升，计算结果更加精细，而且对结果影响甚小，该简化方法是可行的。

简化后的二维模型见图 3 - 148，上半部分为宽 20 m、高 10 m 的空气区域，下半部分为同一尺寸的土壤区域，在土壤区域内的矩形部分为电缆沟区域，沟道左右两边均可敷设 3 层电缆。

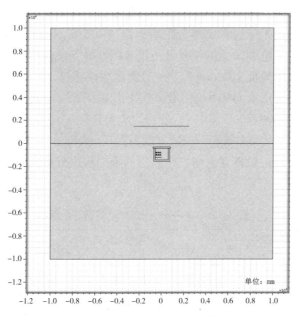

图 3 - 148　地下电缆工频磁场计算仿真模型

电缆沟道的详细尺寸见图 3 - 149。

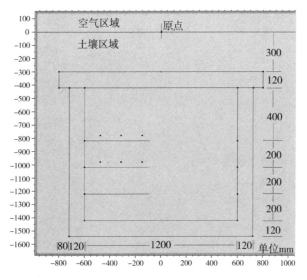

图 3 - 149　电缆沟模型尺寸

119

地壳中只有很少的几种矿物质能够对土壤的相对磁导率有较大影响,如磁铁矿、黄铁矿,但深圳地区土壤中均极少含有这几种矿物质,取土壤相对磁导率为1,空气和混凝土的相对磁导率也取1;模型中材料的电导率和介电常数与本章第3.2节相同。

3.4.2 地表不同高度处的磁场分布

地下电缆敷设在人行道位置,路过的行人将暴露于电缆电流所产生的磁场中。行人在行走时为直立姿势,人体内重要器官距离地面约1.5 m,头部距离地面约1.7 m,地表处为行人可触距地下电缆最近的位置,虽仅有腿部处于该位置,但此处磁感应强度最大,故选择地表处,距地面1.5 m,1.7 m观测磁感应强度,研究磁场在不同高度的分布情况。后续探讨各种因素对磁场分布影响时,均以1.5 m高度作为观测点。

电缆沟内敷设一条回路,A、B、C三相均放置于第一层支架,110 kV地下电力电缆的外径约82 mm,电缆间距等于外径长度,深圳市大部分110 kV地下电缆的实际载流量为300 A左右,以此条件建立研究距离地面不同高度处磁场分布的模型。A、B、C三相的摆放位置见表3-29。

表3-29 A、B、C三相电缆缆芯坐标

相　位	距左侧距离/mm	距地面距离/mm	坐标/mm
A 相	123	779	(-477, -779)
B 相	287	779	(-313, -779)
C 相	451	779	(-149, -779)

距离地表不同高度处的磁场分布请见图3-150。

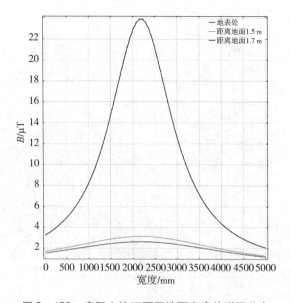

图3-150　实际电流下不同地面高度处磁场分布

由仿真结果可见，随着距离地面高度的增加磁感应强度显著减弱，磁场最大值始终出现在 B 相正上方。由公式

$$B = \mu I / 2\pi r \tag{3-36}$$

可知，磁感应强度和距离电缆的距离成反比，距离电缆越远磁感应强度越弱，所以距离电缆中心最近的 B 相上方位置的磁场最强；B 相两边距离电缆的距离加大，磁感应强度减弱。地表处磁感应强度达到 24 μT，在距离地面 1.5 m 附近范围内磁感应强度约为 3 μT。

3.4.3　负荷对磁场分布的影响

该线路的实际载流量为 300 A，再添加半负荷 150 A 和重负荷 1000 A 的情况，采用第 3.2 章中模型，分析负荷对磁场分布的影响，仿真结果见图 3-151。

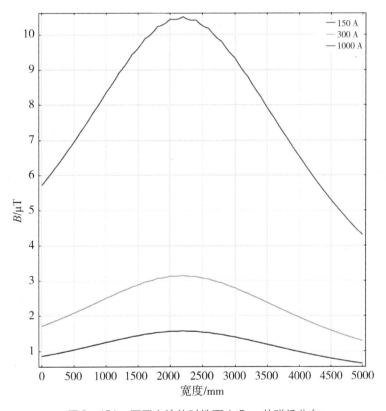

图 3-151　不同电流值时地面 1.5 m 处磁场分布

由图可见，线路电流为 1000 A、300 A、150 A 时，磁感应强度分别为 10.8 μT、3.2 μT、1.6 μT，磁感应强度与电流大小呈正比；电流大小变化时，磁感应强度随空间的分布规律不变，最大值位置不变，仅幅值随电流变化。由磁感应强度计算公式（3-36）可知，当其他因素不变时，磁感应强度与电流呈正比关系，与仿真结果相符。

3.4.4 电缆的空间位置对磁场分布的影响

在电缆沟内敷设电缆时，电缆的摆放位置、摆放在不同层的支架上、三相的不同排列方式和相间距离等因素对磁场分布有较大影响，仿真计算每种方式下的磁场分布情况具有现实意义。

3.4.4.1 电缆埋设深度对磁场分布的影响

当电缆摆放在不同层次支架上时，摆放在底层的电缆距离行人的距离越大，磁感应强度越低。将外径为 82 mm 的三相电缆呈水平摆放，距离左壁 82 mm，相间距同样为 82 mm，分别摆放在支架的每一层进行仿真，电缆从左至右分别为 A 相、B 相、C 相，电流大小为 300 A。见图 3 - 152。

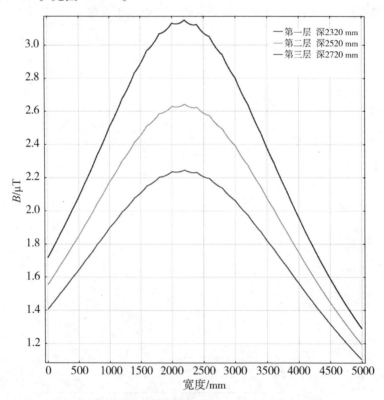

图 3 - 152　不同埋设深度时地面 1.5 m 处磁场分布

电缆摆放在低一层的支架，距离地面 1.5 m 处的磁感应强度下降，但由于电缆沟尺寸的限制，下降幅度不大。将电缆放置于最低层是降低磁场水平的一个有效途径，但是由于雨季沟道内会出现积水，故应根据沟道的密封性能和排水性能综合考虑。

3.4.4.2 不同相间距对磁场分布的影响

110 kV/220 kV 地下电力电缆均采用三相三线制，电缆的相间距离会因受到电缆敷设条件的限制而不同。分别设置三相电缆紧密排列和间隔 1～3 倍电缆外径进行仿真，其中电缆的外径为 82 mm，放置在支架顶层，电流为 300 A。由仿真计算结果可见，磁感应强度随着相间距变小而减小。由于三相电缆的相间距越紧凑，在电缆区域以外的场点到三相之间的距离差越小，三相电缆分别在场点处产生的磁场就能抵消得越多，从而使电缆周围的磁场减小。见图 3-153。

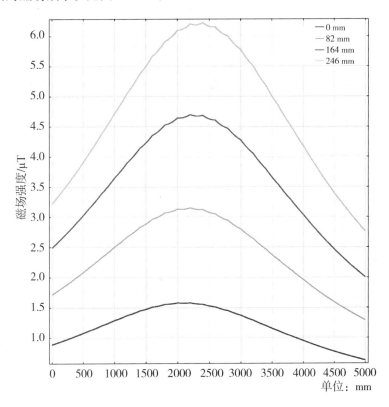

图 3-153　三相电缆不同相间距时地表处磁场分布

3.4.4.3　不同排列方式对磁场分布的影响

地下电力电缆的排列方式可以根据电缆沟支架的尺寸排列成多种方式，深圳地区主要为水平排列和等腰三角形排列。同样使用外径为 82 mm 的电缆，电缆间的水平距离保持为电缆的外径，电流为 300 A，每相电缆的摆放层次见表 3-30。

表 3-30　三相电缆的排列方式

相　　位	水平排列一	水平排列二	倒置三角形
A 相位置	第一层	第二层	第一层
B 相位置	第一层	第二层	第二层
C 相位置	第一层	第二层	第一层

当电缆水平排列时，距地面 1.5 m 处的磁感应强度明显小于三角形排列方式；其中，倒置三角形排列方式下磁感应强度比正置三角形排列情况高。因为三角形排列的情

况下，A 相、C 相与 B 相的距离增大，三相电流所产生的磁场抵消效果较低，如果三角形排列方式与水平排列方式保持三相之间的间距相等，并且三相中心重合，三角形排列情况下的磁场抵消效果更好，磁感应强度比水平排列方式低。倒置三角形排列时，仅 B 相敷设较深，A 相、C 相敷设较浅，整体距离地表更近，所以倒置三角形磁感应强度高。见图 3 - 154。

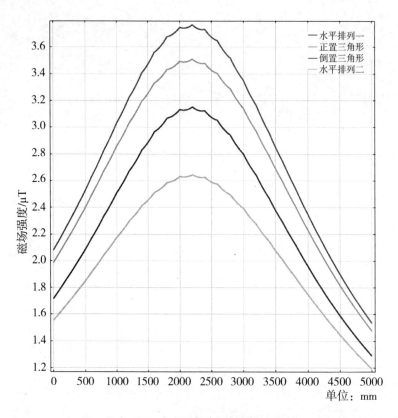

图 3 - 154   不同排列方式下磁场分布

3.4.4.4   电缆的不同相序对磁场分布的影响

不同于架空导线，地下电缆存在屏蔽层，使三相导线避免了不平衡的对地电容，敷设时不需要考虑换位，需要考虑三相导线的不同相序用以减小磁感应强度。由本章 3.2 节仿真结果可见，水平排列情况下磁场最弱，故以水平排列为基础，改变 A、B、C 三相的顺序，分析相序对磁场水平的影响。电缆间距及其与左壁的距离均为 82 mm，相序顺序分别为 A—B—C、B—A—C。由仿真结果图 3 - 155 可见，相序对磁场分布没有影响。

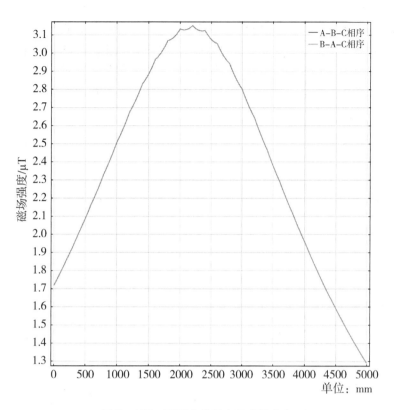

图 3–155　不同电缆相序下磁场分布

3.4.5　电缆电压等级对磁场分布的影响

深圳地区地下电缆主要为 110 kV 和 220 kV，相比于 110 kV 地下电缆，220 kV 地下电缆的敷设要求有所不同。220 kV 电缆的外径尺寸稍大，使得电缆的间距、缆芯的高度等都会发生变化。由前文分析可知，这些参数的变化会影响磁感应强度。磁感应强度的大小由电流决定而与电压无关，因此，在同一电流负荷下，高电压等级的地下电缆只需考虑电缆敷设方案所带来的影响，不考虑电压影响。一般实际情况下，高电压等级的电力线路的电流比低等级的大，所以实测中 220 kV 比 110 kV 地下电力电缆的磁感应强度高。

110 kV – 800 mm^2、220 kV – 800 mm^2、220 kV – 1600 mm^2 交联聚乙烯绝缘电力电缆的外径尺寸通常为 82 mm、114 mm、134 mm，对此 3 种尺寸分别进行仿真，电缆以水平方式敷设在支架第一层，间距为电缆的外径，通以相同的电流 300 A。

如图 3–156 所示，由仿真可见电缆的外径越大，磁感应强度越高，因为敷设在同一层支架上，电缆缆芯升高，与地面的距离缩小，所以磁感应强度升高。电缆之间的间距同时增大，三相电流的磁场相互抵消削弱，所以磁场也会增强。磁场的最大值始终出现在 B 相电缆的正上方，这是因为虽然改变了电缆高度和间距，但三相之间的对称性没

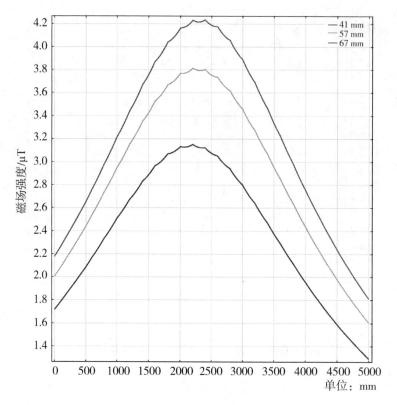

图 3 - 156　电缆不同半径下的磁场分布

有改变。

3.4.6　同一电缆沟敷设双回线对磁场分布的影响

为节约电缆沟占地面积和电缆沟的建设成本，同一电缆沟常常敷设多条电力电缆、通信电缆、控制电缆等，后两种电缆的电流很小，对磁场的影响可以忽略不计。考虑 110 kV 和 220 kV 各一条线路敷设在同一条电缆沟内，分别将电缆敷设在第一层和第三层支架，110 kV 线路电流为 300 A，220 kV 线路电流为 450 A，选择电缆的外径为 82 mm/114 mm，电缆间距为电缆外径，建立模型研究多回路对磁场的影响。

图 3 - 157 中，曲线 1 为 220 kV 电缆在第一层支架，110 kV 电缆在第三层支架；曲线 2 为 110 kV 在第一层，220 kV 在第三层；曲线 3 为单条 220 kV 线路在第三层；曲线 4 为单条 110 kV 线路在第一层。由图可见，多回线路的磁场分布为每个单条线路磁场的叠加，单条线路的磁场之间相对独立。110 kV/220 kV 沟道内同侧支架敷设时，220 kV 电缆放置在低层磁感应强度更低，220 kV 电缆间距较大、电流大，其所产生的磁场比 110 kV 高，因此将 220 kV 放置在低层的支架上，对减小地面 1.5 m 处磁场更明显。

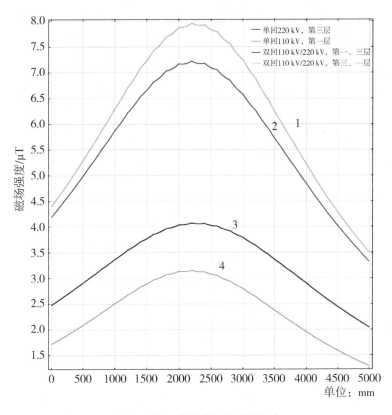

图 3 - 157　多回路下的磁场分布

3.4.7　铺设方式对电磁场分布的影响

基于电缆沟的埋设方式,上述内容分析了地下电力电缆距离地面高度、空间位置、负荷大小对磁场分布的影响。下文分析不同的铺设方式对电磁场分布的影响,影响因素包括电缆沟埋设、直埋、管道埋设。

电缆沟敷设方式走向灵活并且可以容纳较多的电缆,后期维护便于电缆更换、扩容事故查找定位。地下水位太高的地区不宜采用此方式,而且在易燃易爆场所,电缆沟易聚集危险气体,造成安全隐患。因处在地下,电缆散热条件差,一般需强制通风,时时还受到渗漏的困扰,需定期排水,运行费用高。所以,根据不同的环境条件和经济成本考虑,同时采取直埋和管道敷设方式。

直埋敷设方式简易,开挖电缆沟敷设电缆后直接回填土壤。管道敷设方式则是直接埋设排管后,将电缆插入管道内。为比较 3 种敷设方式的影响,编者采取相同的埋设深度和空间位置进行仿真比较分析,建立模型见图 3 - 158。

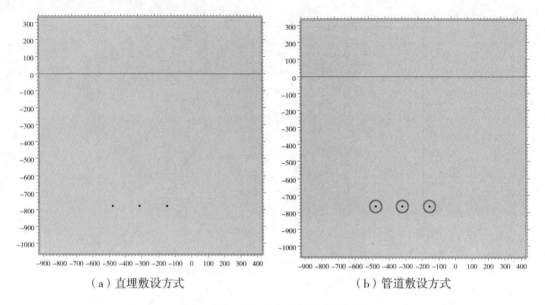

（a）直埋敷设方式　　　　　　　　（b）管道敷设方式

图 3-158　地下电力电缆仿真模型图

　　电缆沟敷设模型与章节 3.4.1 中相同；直埋敷设方式中，除去了电缆沟的建筑，电缆周围的磁介质全部为土壤；管道敷设方式中，在电缆的外围添加了外径 75.5 mm、厚度 3.75 mm 的 SC70 型钢电线管，管内介质为空气。

　　由仿真结果图 3-159 可以看出，3 种敷设方式在采用相同的空间位置下，磁场的分布曲线几乎重合。虽然在不同的敷设方式下，电缆周围的介质发生变化，但是空气、土壤、钢的相对磁导率都接近于 1，此时不对磁场分布产生影响。3 种敷设方式，对于电缆的埋设深度、电缆之间的相对空间位置的规程要求不同，此时会对磁场分布产生显著的影响，影响规律同前文所述。

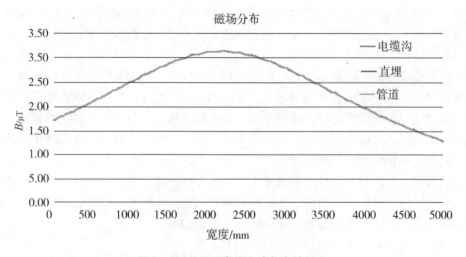

图 3-159　不同敷设方式仿真结果图

参考文献：

[1] ABMED N H, et al. On-line partial discharge detection in cables [J]. IEEE DELS, 1998, 5 (2): 181.

[2] BARBARA FLORKOWSKA, ANDRZEJ JACKOWICZ-KORCZYNSKI, MIECZYSLAW TIMLER. Analysis of electric field distribution around the high-voltage overhead transmission lines with an ADSS fiber-optic cable [J]. IEEE transactions on power delivery, 2004, 19 (3): 1183–1189.

[3] GINZO KATSUTA, ARSUSHI TOYA, MURACKA, et al. Development of extra-high voltage cross-linked polyethylene insulated cable lines [J]. IEEE Trans. on PWRD, 1992, 7 (3): 1068.

[4] HEIZMANN T, ASCHWANDEN T, et al. On-site partial discharge measurements on re-molded cross-bonding joints of 170 kV XLPE and EPR cable [J]. IEEE Trans. on PWRD, 1998, 13 (2): 330.

[5] INTERNATIONAL COMMISSION NON-IONIZING RADIATION PROTECTION. Guidelines for limiting exposure to time-varying electric, magnetic and electromagnetic fields (up to 300 GHz). Health physics society, 1998, 74 (4): 511.

[6] KORZHOV A V, OLAAINSKAYA I S, SIDOROV A I, et al. A study of electromagnetic radiation of corona discharge near 500 kV electric installations [J]. Power technology and engineering, 2004, 38 (1).

[7] REINEIX A, BOUND A, JECKO B. Electromagnetic pulse penetration into reinforced-Concrete Buildings. IEEE Trans, EMC, 1987, 29 (1): 72–78.

[8] ROBERT G OLSEN. Power-transmission electromagnetics [J]. IEEE antennas and propagation magazine, 1994, 36 (6): 7–16.

[9] 曹佳滨，张宏伟，朱新滨. 大雾对输变电设备外绝缘的影响不容忽视 [J]. 黑龙江电力，2002, 24 (2): 125–126.

[10] 陈家斌. 电缆图表手册 [M]. 北京: 水利水电出版社, 2004.

[11] 陈其颖. 高压交流输电线下工频电场分布及环境因素影响 [D]. 南京: 南京信息工程大学, 2013.

[12] 陈仕姜，林韩，焦景惠，等. 500 kV 超高压输电工频电场分布及控制研究 [J]. 福建电力与电工，2005, 25 (3): 11–14.

[13] 陈赟. 高电导率岩土介质介电常数及含水量 TDR 测试研究 [D]. 杭州: 浙江大学, 2011.

[14] 仇丰. 不同环境条件下工频电磁污染的空间分布研究 [D]. 杭州: 浙江大学, 2002.

[15] 杜淑文. 110 kV 变电站的工频磁场设计控制 [D]. 上海: 上海交通大学, 2005 (10).

[16] 杜志叶，阮江军，干喆渊，等. 变电站内工频电磁场三维数值仿真研究 [J]. 电网技术，2012，36（4）.

[17] 封滟彦，俞集辉. 超高压架空输电线的工频电场及其影响 [J]. 重庆大学学报（自然科学版），2004，27（4）.

[18] 傅艳军，傅正财，宋春燕，等. 110 kV 变电站的工频磁场源比较分析 [J]. 供用电，2005，22（6）.

[19] 宫俊芳，刘童麟，朱湘磊. 分裂导线减弱周围电场的数学分析 [J]. 山东科学，1995，8（9）.

[20] 龚炽昌. 不均匀介质介电常数的计算 [J]. 南京邮电学院学报，1984，4（1）：56 – 58.

[21] 郭键锋，王东，等. 植物对 110 kV 架空输电线工频电场和磁场分布影响的测量分析 [J]. 中国辐射卫生，2014，23（5）.

[22] 国家环境保护总局. HJ/T 24—1998 500 kV 超高压送变电工程电磁辐射环境影响评价技术规范 [S]. 北京：国家环境保护总局，1999.

[23] 何真，王信刚，梁文泉，等. 水泥基材料电特性的研究进展 [J]. 建筑材料学报，2004，7（1）：46 – 51.

[24] 胡白雪. 超高压及特高压输电线路的电磁环境研究 [D]. 浙江：浙江大学，2006.

[25] 环境保护部环境影响评价工程师职业资格登记管理办公室. 输变电及广电通信类环境影响评价 [M]. 北京：中国环境科学出版社，2009.

[26] 江建华. 输变电设备工频长环境影响综合报告（输变电设备工频长环境影响及标准研究报告之四）[R]. 上海：华东电力试验研究院，2005.

[27] 康士峰，田国良. 地物介电常数测量和分析 [J]. 电波科学报，1997，12（2）：161 – 168.

[28] 李蓉，蒋忠涌. 超高压送电线路下方空间电磁环境的研究 [J]. 北方交通大学学报，2000，24（2）：118 – 122.

[29] 李蓉，蒋忠涌. 500 kV 架空送电线路空间工频磁场分布的研究 [J]. 中国电力，2000，33（3）：36 – 38.

[30] 李贤军，王树刚. 超高压变电站环境电磁辐射水平及其特征分析 [J]. 河北环境科学，2003（2）.

[31] 梁保英，高升宇，尤一安. 高压输变电设备感应电磁场环境影响分析 [J]. 电力环境保护，2000，9（3）.

[32] 梁振光，董霞孟，孟昭敦. 三相传输线产生的旋转电场 [J]. 高电压技术，2006，32（10）：50 – 52.

[33] 廖菲，邓华，万齐林，等. 珠三角地区两次夏季典型雷电天气系统的雨滴谱特征观测研究 [J]. 高原气象，2011（3）.

[34] 刘华贵，曾健. 土壤介电常数——含水量关系模型的比较 [J]. 土工基础，2011，25（2）：58 – 60.

［35］刘华麟. 高压输电线、变电站电磁场环境测量方法研究［D］. 重庆：重庆大学，2005.

［36］刘岳定. 建筑物对110 kV 高压输电线路工频电场、工频磁场空间分布影响的研究［D］. 重庆：重庆大学，2009：29.

［37］刘振亚. 国家电网公司输变电工程典型设计220 kV 变电站分册［M］. 北京：中国电力出版社，2005.

［38］刘振亚. 特高压电网［M］. 北京：中国经济出版社，2005.

［39］卢铁兵，肖刊，张波. 超高压输电线铁塔附近的三维工频电场计算［J］. 高电压技术，2001，27（3）：24 – 26.

［40］鲁非，叶齐政，林福昌，等. 雨滴对高压直流输电线路地面离子流场的影响［J］. 中国电机工程学报，2010，30（7）：125 – 130.

［41］牛林. 特高压交流输电线路电磁环境参数预测研究［D］. 山东：山东大学，2008.

［42］彭一琦. 考虑气象条件的输电导线工频电场计算新方法［J］. 高电压技术，2010，36（10）：2507 – 2512.

［43］强生泽. 220 kV 同塔双回输电线下空间工频电场理论计算［J］. 高电压技术，2004，30（5）：45 – 46，48.

［44］饶章权，郭启贵，赵殿全，等. 500 kV 变电站工频电磁场分布测量［J］. 高电压技术，2004，30（9）.

［45］阮江军，喻剑辉，张启春，等. 1100 kV 架空线周围的工频电场［J］. 高电压技术，1999，25（4）：29 – 34.

［46］山西省电力公司. 输电线路塔型手册［M］. 北京：中国电力出版社，2009.

［47］邵方殿. 我国特高压输电线路的相导线布置和工频电磁环境［J］. 电网技术，2005，29（8）：1 – 7.

［48］深圳市气象局. 2006—2014 年深圳市气候公报［EB/OL］. http://www.szmb. gov. cn/article/QiHouYeWu/qhgcypg/qhgb/index. html.

［49］沈黎明. 电力电缆应用技术［M］. 河南：郑州大学出版社，2011.

［50］舒印彪，张文亮. 特高压输电若干关键技术研究［J］. 中国电机工程学报，2007，27（31）：1 – 6.

［51］顺妮，宗寺. 硅酸盐水泥导电性能的研究［J］. 武汉工业大学学报，1996，18（1）.

［52］苏庆新. 低频下岩石的电学模型和介电频散的关系［J］. 测井技术，1999，23（2）：127 – 132.

［53］孙朋，张晓冬. 高压线工频电场数学模型及仿真［J］. 电力建设，2005，26（4）：39 – 42，50.

［54］王春江. 电线电缆手册［M］. 北京：机械工业出版社，2008.

［55］王钢. 在狭窄高压线路走廊内建设多回路大容量送电线路［J］. 中国电力，1998，31（1）.

［56］王凯奇．超高压输电线路的三维工频电磁场计算及其影响因素分析［D］．吉林：东北电力大学，2015.

［57］王毅，刘嘉林，麻桂荣．高压架空输电线走廊周边楼房电磁环境研究［J］．城市管理与科技，2005，7（3）．

［58］邬雄，白谊春．西北高海拔地区330 kV线路无线电干扰的研究［J］．高电压技术，1997，23（3）．

［59］吴高强．高压输电线路环境评价模拟类比研究［D］．武汉：中国地质大学，2007.

［60］肖冬萍，何为．配电房工频磁场环境研究［C］//四川省电工技术学会第九届学术年会论文集（内部资料）．2008.

［61］辛亮．国网典型设计220 kV输变电工程的工频磁场评估［D］．上海：上海交通大学，2008.

［62］熊兰．输电走廊工频电场、工频磁场的测量和解决方案［J］．高压电器，2011，47（8）：97.

［63］徐有明．木材学［M］．北京：中国林业出版社，2006.

［64］Г. Н. 亚历山大罗夫，等．超高压送电线路的设计［M］．北京：水利电力出版社，1987.

［65］杨旭富，孔令丰，刘宝华，等．广东省电磁辐射防护技术规范（标准）制定研究［R］．2008.

［66］俞集辉，刘艳，张淮清，李永明，等．超高压输电线下建筑物临近区域电场计算［J］．中国电力，2010，43（7）：34－38.

［67］俞集辉，周超．复杂地势下超高压输电线路的工频电场［J］．高电压技术，2006，36（1）：19－20.

［68］翟国庆，张邦俊，潘仲麟．220 kV高压输电线路的工频电磁场和无线电干扰污染［J］．浙江师大学报（自然科学版），2000，23（11）．

［69］张波，崔翔，卢铁兵，等．超高压输电线路铁塔附近三维电场的数值计算［J］．电网技术，2003，27（7）：5－8.

［70］张存波．建筑物对微波脉冲响应特性的研究［D］．长沙：国防科技大学，2011.

［71］张恩洁．近50年深圳气候变化研究［J］．北京大学学报（自然科学版），2007，32（3）：535－541.

［72］张恒伟，冯恩信，张亦希，等．建筑墙体对电磁脉冲响应的FDTD分析［J］．强激光与粒子束，2007，19（3）：443－448.

［73］张家利，姜震，王德忠．高压架空线下工频电场的数学模型［J］．高电压技术，2001，27（6）：20－21.

［74］张丽，等．深圳市强降水的气候变化趋势及突变特征［J］．广东气象，2010，32（3）：17－19.

［75］张启春，阮江军．高压架空线附近工频电场的数学模型［J］．电力环境保护，2000，16（4）：14－17.

［76］张启春，肖勇. 高压架空线附近的工频磁场［J］. 电力环境保护，2000，16（2）：10 - 12，15.

［77］张启春，喻剑辉. 同杆并架多回输电线附近的工频电磁场［J］. 武汉水利电力大学学报（理学版），2000，33（2）：54 - 58.

［78］张晓东. 输变电工程选址选线［M］. 北京：中国水利水电出版社，2012：55.

［79］张泽平，曹佩，万保权，等. 1000 kV 变电站围墙外的电场模拟实验研究［J］. 高电压技术，2008，34（9）.

［80］赵志勇，张静，宋晓东，等. 110～220 kV 高压输电线路工频电磁场环境影响研究［J］. 中国辐射卫生，2012，21（4）：451.

［81］中国电力工程顾问集团华东电力设计院. 500 kV 秦山核电站——杭东输变电工程环境影响报告［R］. 2001.

［82］中华人民共和国国家经济贸易委员会. DL/T 5092—1999，110—500 kV 架空送电线路设计技术规程［S］. 1999.

［83］周道传. 地质雷达检测混凝土结构性能的试验研究及应用［D］. 郑州：郑州大学，2006.

［84］周晓萍，邹澎，邱晓燕. 高压输电线转弯处的工频电场［J］. 郑州大学学报（自然科学版），1999，31（3）：57 - 61.

［85］朱安宁，吉丽青，张佳宝，等. 不同类型土壤介电常数与体积含水量经验关系研究［J］. 土壤学报，2011，48（2）：263 - 268.

［86］朱景林. 国网典型设计 220 kV 输变电工程的工频电场和无线电干扰分析［D］. 上海交通大学，2007.

［87］邹澎，王芳. 高压输电线附近工频电场的数学模型［J］. 中国电力，1994，（6）：20 - 23.

第4章 工频电场和磁场生物效应

4.1 工频电场和磁场生物效应生物物理机制

4.1.1 健康风险评价

世界卫生组织（WHO）关于健康的定义为"Health is a state of complete physical, mental and social well-being, and not merely the absence of disease and infirmity"，即"健康是指人体处于身体、精神和社会行为的良好状态，不仅仅是无疾病或不适。"

健康风险评价是对健康或环境后果评估信息进行结构性审核的一种概念性框架。健康风险评价可作为风险管理的原始数据，而风险管理包括所有用于制定决策、确定对某暴露是否需要采取特殊行动以及如何采取行动所需的所有活动。

在人类健康风险评估中，动物和体外研究可为人类研究得出的证据提供支持，填补人类研究得出的证据中的数据空白，或在人类研究不足或空缺时做出风险决策。所有的研究，无论是阳性还是阴性，都需根据它们自身的价值进行评估和判断，然后集合在一起用证据权重法进行处理。

所有的研究，无论是阳性还是阴性，都需根据它们自身的价值进行评估和判断，然后集合在一起用证据权重法进行处理。重要的是判断一套证据能从多大程度上改变暴露所致后果的可能性。如果不同类型研究（流行病学和实验室）都指向同一结论，而且/或者同类型的多项研究显示出同样的结果时，这种影响的证据通常就被加强了。

高压输电线和变电站遍布城市各个区域，所以工频电场和磁场对生物体的健康影响也备受关注。世界卫生组织指导思想：对一种行为（物剂）健康风险的评估，必须综合流行病学、实验室仿真研究、动物研究、细胞研究等结果，按严格的评估准则才能做出。

4.1.2 源、测量和暴露水平

在发电、输电或配电时，或在用电设施使用电时，高压输电线、变电站等电气设备周围都存在着工频电场、工频磁场。现代社会，电力使用遍布各个领域，公众长期处于工频电场和磁场暴露环境。

对于工频磁场的居民暴露水平，世界各国的差异都不太大。输电线路附近的磁场差不多，为 20 μT，电场约为几千伏/米。居民家中的几何平均磁场，在欧洲为 0.025～0.07 μT，在美国为 0.05～0.11 μT。

作为 EMF RAPID（Electric Magnetic Field Research and Public Information Dissemination）研究计划的一部分，美国国家环境卫生科学研究院（The National Institute of Environmental Health Sciences，NIEHS）受美国政府的委托，在美国 26700 万人口中随机选择了具代表性的 1000 个人（样本），参与者携带小型 24 h 自动记录仪表，获得了美国人口平均磁场暴露的估计水平（表 4-1）。由表 4-1 可以看出，在生活或工作环境中，由于个人在 24 h 内所处的暴露环境是不断变化的，加上低频电场、磁场具有随距离增加快速衰减的特性，因此尽管产生电场、磁场的电磁源几乎无处不在，但是用携带式仪表测得的个人 24 h 平均磁场暴露水平总是很低的。

表 4-1 美国人口的估计平均磁场暴露

24 h 评价磁场/μT	暴露人口比例/%	95% 置信度人口比例/%
>0.05	76.30	73.8～78.9
>0.1	43.60	40.9～46.5
>0.2	14.30	11.8～17.3
>0.3	6.30	4.7～8.5
>0.4	3.60	2.5～5.2
>0.5	2.42	1.65～3.55
>0.7	0.58	0.29～1.16
>1.0	0.46	0.20～1.05
>1.5	0.17	0.035～0.800

根据编者多年输变电工程工频电场、工频磁场现场监测的数据，结合国内外研究资料，整理出高压输电线和变电站不同电压等级最大场强、磁场值，见表 4-2。

表 4-2 不同电压等级架空线的电磁场

电压/kV	线高/m	电场强度/(kV·m^{-1})		磁感应强度/μT	
		线路走廊中点	距线路走廊中点 15 m	线路走廊中点	距线路走廊中点 15 m
110	19	1～2	1.97	0.01～0.5	0.065
220	19	2～3	3.75	0.01～1.0	1.95
500	22	5～7	8.67	0.01～3.0	2.94
750	23	3.5～9.7	11.80	1.1～3.8	5.36

美国邦维尔电力局（BPA）关于各种形式高压架空输电线路附近的磁场水平进行了实测，调查结果见表4-3、表4-4。

表4-3　高压输电线路工频磁场典型水平　　　　　　单位：μT

电压等级/kV		塔基正下方	与高压线距离/m			
			15	30	61	91
115	均值	3.0	0.7	0.2	0.04	0.02
	峰值	6.3	1.4	0.4	0.09	0.04
230	均值	5.8	2.0	0.7	0.18	0.08
	峰值	11.8	4.0	1.5	0.36	0.16
500	均值	8.7	2.9	1.3	0.32	0.14
	峰值	18.3	6.2	2.7	0.67	0.30

表4-4　不同电压等级变电站的电磁场

电压/kV	母线下电场强度/(kV·m⁻¹)
110	5～6
220	2～3
500	9～10
750	14～16

上海交通大学与杭州市电力局合作完成的《110 kV变电所环保化设计技术研究》课题，针对目前运行中的三类110 kV典型设计变电站内、外总体工频磁场水平进行了详细分析计算和全面实际监测。见表4-5。

表4-5　110 kV变电站工频磁场最高水平　　　　　　单位：μT

变电站类型	厂　界	进　线	
		架空	电缆
户外布置式	3	17.2	5.5
户内	2	—	21
半户内	1	—	10

现将与此有关的生物体受电磁场的影响概述如下。

4.1.3　生物体电磁场耦合

4.1.3.1　电场耦合

工频电场随时间的变化速度比较慢，首先考虑暴露于静态电场 E_0 的导体（如动物和人），E_0 的作用是引起暴露物体表面电荷。这个电荷产生它自己的电场 E_1，那么总电场为 $E_0 + E_1$。引起表面电荷的量和分布是：

在物体内部为：$E_0 + E_1 = 0$；

在物体外部表面的大多数点：$E_0 + E_1$ 相对地增加到 E_0。

因为物体内部电场是零，物体的电特性和内部结构不能影响外部电场或引起其表面电荷密度，于是物体唯一重要性能是它的形状和对其他物的位置关系。

现假定电场在一个工频下振荡，由于场振荡，则相应地引起表面电荷密度振荡，由于物体表面电荷不断地变化，因此这就意味着物体内部有电流产生，通常在物体和任何其他处于电接触的导体之间有电流。因为活组织传导性有限，没有相应的电场存在，则内部电流就不会流动，这样，电流和电场均是在导体内部由外部工频电场引起的。

在工频范围，表面电荷密度变化是很慢的，因而在物体内部产生的电流和场非常小。据估计，动物或人体内部产生的电场一般低于身体外部的 10^{-7} 倍左右，很少超过外部场的 10^{-4} 倍左右。

在均匀的工频电场作用下，与地面相接触的动物和人的感应电流即短路电流，也就是穿过动物或人和地面之间的总电流。现将人、马、牛、猪、荷兰猪以及大鼠的短路电流列入表 4-6。

表 4-6 中的人为 70 kg 体重的人暴露于 50 Hz、10 kV/m 电场下，则其人体引起的短路电流为：$15 \times 10^{-8} \times 50 \times 70000 \times 10000 = 127$（$\mu$A）。如果是 60 Hz，则短路电流为 153 μA。

关于表面电场的估算，Kaune 设计了一个接触地面受检者整个体表平均电场的计算公式如下：

$$E_{avg} = \frac{I_{SC}}{2\pi f \varepsilon_0 A_b} \tag{4-1}$$

式中，E_{avg} 为体表面平均电场，kV/m；

I_{SC} 为短路电流，A；

A_b 为体表面积，m^2；

f 为频率，Hz；

ε_0 为 8.85×10^{-12} F/m。

表 4-7 是人和动物在垂直电场下，人体的体表面平均电场强度和峰值的测算结果。

Kaune 和 Philips 教授用接地人、猪、大鼠的模型，测定出表面电场和电流密度数据，表示在表 4-6、表 4-7、图 4-1 中，此数据是在未受干扰电场 10 kV/m、频率为 60 Hz 下测定的。从图 4-1 可见，在垂直外部电场条件下，人体内部感应的轴电流密度比动物相应的数量要大得多。动物和人的差别就意味着外部没有干扰电场，必须按比例转换成使其等于内部电流密度和电场，以便于将此生物数据从某一种类外推到另一个种类。当然这并不是件很简单的事情。例如，作用于体表面的峰电场强度转换系数人与鼠比大为 49:1，面颈部轴电流密度转换系数同种类相比大为 20:10，显然不同种类数据外推以前，应当了解某种生物体影响作用部位的情况。

表 4-6 垂直电场在着地人和动物引起的短路电流

种 类	短路电流/μA
人	$15.0 \times 10^{-8} fw^{2/3} E_0$
马	$8.5 \times 10^{-8} fw^{2/3} E_0$
牛	$8.6 \times 10^{-8} fw^{2/3} E_0$
猪	$7.7 \times 10^{-8} fw^{2/3} E_0$
天竺鼠	$4.2 \times 10^{-8} fw^{2/3} E_0$
鼠	$4.0 \times 10^{-8} fw^{2/3} E_0$

注：f 为应用场的频率（Hz），E_0 为应用场的强度（V/m），W 为检验体的质量（g）。

表 4-7 作用于垂直 10 kV/m 电场接触地面人和动物表面峰值和平均值

种 类	电场/(kV·m⁻¹)	
	一般水平	峰 值
人	2.7	18
猪	1.4	6.7
鼠（休息）	3.7	0.73
鼠（喂养）	1.5	-
马	1.5	-
牛	1.5	-

注：表中数据对 ELF. 极低频范围全部频率正确有效，"-"为不通用数据，未予列出。

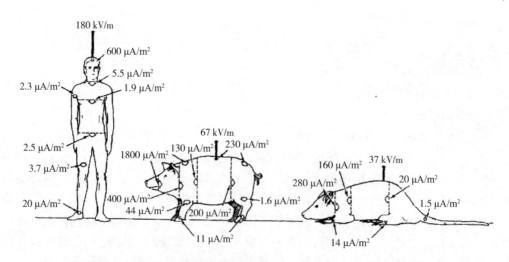

图 4-1 接地人、猪和鼠 60 Hz 与 10 kV/m 垂直电场作用下的表面电场和轴电流密度

电容放电和接触电流：当一导体置于电场中之际，导体上面引起电势，在其内部引起电流，并在其电容中贮藏电能。如果将两个这样的物体开始时相互分开，而后使它们

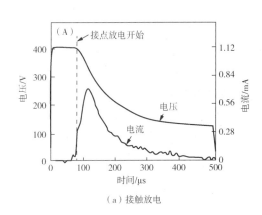

（a）接触放电

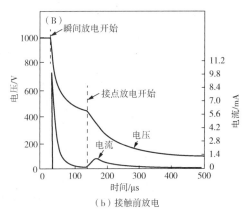

（b）接触前放电

图 4-2　接触通电电容器电流的人放电电压和电流涡型

注：（A）中开始 405 V 电压对发生火花放电大小，然而当身体实际接触电容器时发生放电；（B）中开始 990 V 电压足够发生电压放电，大约在身体实际接触前 110 μs，当接触时发生二次放电。

又接触，会发生两种现象，即在接触的瞬间或刚好在瞬间之前发生电容放电，单一的或多数的电流脉冲穿过两个物体之间以减少它们之间的电势差。如果电势差足够大，放电本身表现为两个物体接触时产生火星，称为火星放电，这种情况常被架线工和电工们遇到。一旦两个导体发生接触，稳定极频低电流就会穿过他们，如果是足够强，这种电流能在人和动物体中引起生理反应，可有肌强直和心房纤颤。

Reillv 和 Larhn 进行了放电研究，见图 4-2 至图 4-4。图 4-2 为一典型的电压和电流波形，（A）中当电压为 405 V 时，火花放电发生于身体接触电容器时；（B）中开始 990 V 时，电压很大而发生火花放电，约在身体实际接触前 110 μs 发生第二次放电。

图 4-5 为一组人群监测的结果，健康成年人男 70 人、女 50 人，共 120 人，这些人受到 200 pF 电容量、不同电压的电容放电的情况。

图 4-6 表明的是"定干扰"的流量和评价 200 pF 与 6400 pF 电容量，放电个体比例情况。

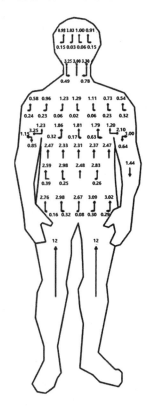

图 4-3　暴露于 60 Hz、10 kV 电场站立模型中额面平面测量的电流密度

注：电流密度是用 nA/cm 单位，假设引起的 r，m，s 电流密度及模型只有左足着地的电流密度。

139

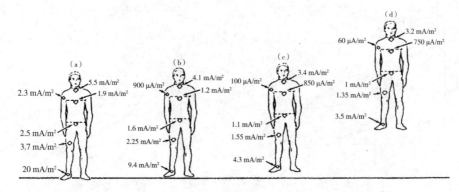

图 4-4 垂直暴露于 10 kV/m、60 Hz 电场 1.7 m 高的人引起的通常轴向电流密度
注：显示身体相对于地面的 4 个位置：（a）站立在地面电接触；（b）足离地面 11 mm 近似模拟绝缘足套；（c）足离地 128 mm；（d）足离地 1.2 m。

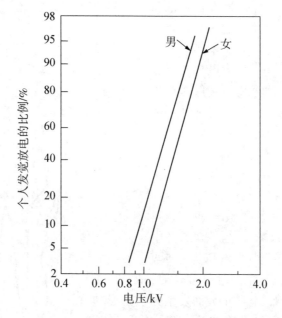

图 4-5 成年人能察觉指尖接触连接充电压
200 pF 电容器电极放电的累计概率

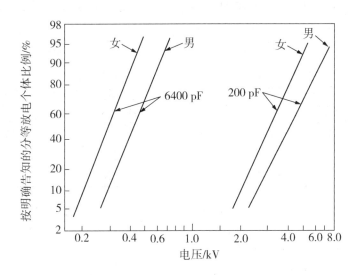

图 4-6　成年人评定用手指尖连接电压 200 pF 或 6400 pF 电容器引起通电时
发生明确令人不快的放电累计概率

评价火花放电的重要参数为放电电容量。表 4-8 为在高压输电线附近一些物体的电容量。

表 4-8　接近高压电线的一些物体的电容量

容体	电容/pF
人	100
小轿车	1000

表 4-9　放置在地上并暴露于 1 kV/m、60 Hz 电场物体的短路电流

容体	短路电流/[mA·(kV·m)$^{-1}$]
成人	15
马	27
牛	24

注：以 0.833 乘电流值可推断到 50 Hz 短路电流值。

当两个暴露于工频电场的导体接触时，同样频率的稳定电流极易在两个物体间进行交换，在一些情况下，电流变得很大。接近输变电设施时应注意，即一个接地人（或动物）接触到体积比较大而没有接地的物体，例如轿车，物体中产生电流一部分通过人流向地面，这时最危险的是物体的短路电流，也就是由物体通过短路流到地面的电流，表 4-9 列举了不同客体感应电流。在这种情况下，通过手和臂流动的电流会使一部分（<10%）的成年人产生"松手阈"（即可能在手和腕部引起肌肉强直），见图 4-7。图中表明不同电流超过松手阈时成年男女的百分数不同。超过松手阈的电流具有潜在的

致命危险，或者引起心颤或通过胸部发生肌肉强直，以及所发生的呼吸抑制等。

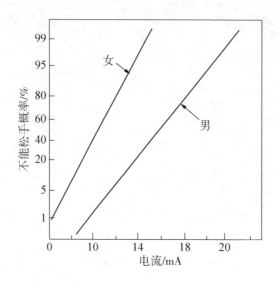

图 4-7　60 Hz 时 AC 电流不能松手的累积概率

4.1.3.2　磁场耦合

　　根据法拉第电磁感应定律，随时间变化的磁场通过感应而产生电场。当生物体暴露于工频磁场时也就暴露于由此来源产生的电场中，引起的电场产生的电流在导体内流动，这种电流叫作涡旋电流。涡旋电流在垂直于磁场方向的平面闭合的回路中循环。

　　对于暴露于均匀工频磁场的人和动物，最好的模型是均质椭圆球。椭圆球的定义是用 3 个参数半长轴——X 轴、Y 轴和 Z 轴坐标，其中体表各自与 X 轴、Y 轴和 Z 轴相交（设想椭圆球的对称轴和坐标轴相一致）。如果平行于 Z 轴频率 f 的磁场所引起的电场则是：

$$E_m = \frac{2\pi fB}{a^2 + b^2} \cdot (b^4 X^2 + a^2 Y^2)^{1/2} \tag{4-2}$$

式中，E_m——最大电场；a——在 X 方向中椭圆球的半长轴，m；b——在 y 方向中椭圆球的半长轴，m；B——磁感应强度；f——频率，Hz。

　　利用模型计算，标准人身高 1.7 m，体重 70 kg，身体宽度与厚度之比约为 2，具有 0.85 m、0.2 m 和 0.1 m 的半长轴的椭圆体同样体重、同样宽与厚之比以及 0.017 m^3 的体积。用上面公式来计算，当磁场矢量是水平和垂直于身体正面时，在该模型中引起最大电场为 E_m，E_m 的值为 1.3 fB。

　　工频磁场还可直接作用于某些生物组织。物体最多见的运动类型是原子中电子的运动，以及组成物体的电子、质子和中子固有的自转。磁偶极和均匀磁场相互作用得到的是转矩而不是净力。这个转矩的方向与并行于磁场的偶极成一直线，这一直线可被偶然的热运动所阻挡。带电荷的粒子也会由身体各部分的大量运动而运送，例如，带电荷的离子由电流运送。这些离子带正电或负电所产生的 Lorentz 力方向相反，导致电荷向两极分离，因而产生电势。研究结果表明，这种电势能产生如暴露于静态磁场的鼠、猴的心电图所描记的电信号。在磁感应强度比由电力发生、输送和分配设备所产生的磁感应强度大得多的情况下也是这样。

4.1.4　人体对电流的生理效应

人体对电流的生理效应资料主要来自临床观察和动物实验，以及短时电击电流试验的数据，比较适用于成人和不同年龄及体重的孩子。国内外学者已经进行了很多极具价值的研究。

4.1.4.1　人体的阻抗

人体不同部位如皮肤、血液、肌肉、关节和其他组织，对于电流呈现出一定的阻抗，它是由电阻和电容组成的。这些阻抗值与许多因素有关，特别是和电流路径、接触电压、通流时间、电流的频率、皮肤的潮湿程度、接触的表面积、接触面所受压力和温度等有关。

（1）范围。人体阻抗值被看作接触电压、频率、皮肤潮湿程度以及电流路径的函数值。

（2）分类：

1）人体内部阻抗（Z_i）。指电极下面的皮肤与人体相接触的两个电极之间的阻抗（图 4−8）。

2）皮肤阻抗（Z_p）。皮上的一个电极和皮肤下相接触的组织之间的阻抗（图 4−8）。

3）人体总阻抗（Z_r）。人体内部阻抗和皮肤阻抗的向量和（图 4−8）。

4）人体初始电阻（R_i）。当出现接触电压瞬间，限制电流峰值的电阻。

（3）人体阻抗的特性。人体阻抗的回路见图 4−8。

1）人体内部阻抗（Z_i）主要可看成电阻性的。其值主要取决于电流的路径。当接触表面积很小时（在几个平方毫米的数量级），则内部阻抗增加。测量表明有小的电容存在（图 4−8 的虚线）。人体内部阻抗与电流路径的关系详见图 4−9。

2）皮肤的阻抗（Z_p）可视为一个电阻和一个电容的网络，由一层半绝缘层和小的导电元素（毛孔）组成，皮肤阻抗随着电流的增加而减少。其值取决于电压、频率、通流时间、接触表面积、接触压力、皮肤潮湿度及温度。50 V 以下的接触电压，即使为同一人，

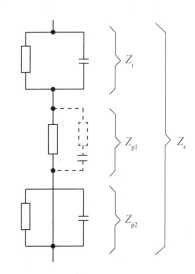

图 4−8　人体阻抗

注：Z_i——内部阻抗；Z_{p1} 和 Z_{p2}——皮肤阻抗；Z_r——总阻抗。

皮肤阻抗值随着接触面积、温度和呼吸等而变化很大。50～100 V 数量级的接触电压，皮肤阻抗明显减小，并在皮肤被击穿时，阻抗则变得可以忽略不计。

总阻抗值几乎等于内阻抗 Z_i 值。

关于频率的影响，考虑到皮肤阻抗与频率有关，直流情况下人体总阻抗较高，且总阻抗随着频率的增大而减小。

3）人体初始电阻（R_i）在接触电压出现的瞬间，人体作为电容不会充电，故皮肤阻抗 Z_p 可以忽略不计，且初始电阻 R_i 大约等于人体内部阻抗（图4-9），初始电阻 R_i 限制短时间冲击电流的峰值（如来自带电栅栏装置的电击）。

4）人体总阻抗值。表4-10 中所列出的人体总阻抗（Z_r）值是人体电流路径为双手之间或从手到脚、接触面较大（50～100 cm²）及干燥条件下的人体总阻抗值。实验表明，接触电压为 50 V 以下时，接触面积以自来水加湿后测得的人体总阻抗值较干燥条件下低 10%～25%，而当接触面用导电流溶液加湿时，则人体总阻抗值明显地较干燥条件下要低一半；当接触电压在 150 V 以上时，皮肤的湿度和接触表面积的大小对人体总阻抗影响很小，参见图4-9。

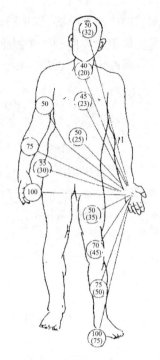

图4-9　人体内部阻抗与电流路径的关系

注：数字表示人体各个路径的阻抗相应于两手之间路径阻抗的百分数，括号外数字为从一只手到所述的身体部位的电流路径；括号内数字为两只手和身体相应部位之间的电流路径（从一只手到双脚的阻抗是双手之间阻抗的 75%，而双手到双脚之间阻抗为其 50%；百分数也相当近似于人体总阻抗的关系）。

表4-10　人体总阻抗值

接触电压/V	不超过下述百分数时的人体总阻抗值/Ω		
	人数的 5%	人数的 50%	人数的 95%
25	1750	3250	6100
50	1450	2625	4375
100	1200	1875	3500
125	1125	1625	3200
220	1000	1350	2875
700	750	1100	2125
1000	700	1050	1550

对接触电压 5000 V 以下的或成年男女志愿者进行的人体总阻抗测量值列于图 4 - 10 中，而对接触电压为 700 V 以下的人体总阻抗则列于图 4 - 11 中。

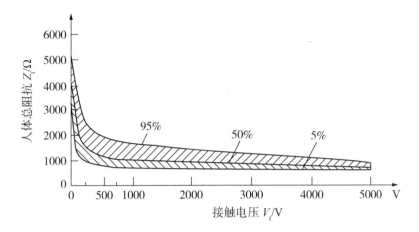

图 4 - 10　接触电压 5000 V 及以下对志愿者双手之间或从手到脚电流路径人体总阻抗的统计值

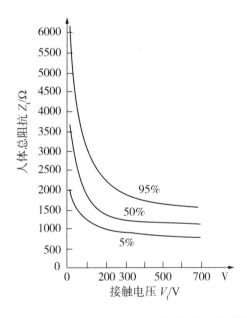

图 4 - 11　接触电压 700 V 以下对志愿者双手之间或从手到脚电流路径人体总阻抗的统计值

5）人体初始电阻值（R_i）。通过双手之间或从手到脚的电流路径和接触面较大的人体初始电阻值，对于 5% 的百分等级，则取 500 Ω。

4.1.4.2　人体对交流电流 15 ～ 100 Hz 的生理效应

（1）概述。根据电气装置中常用的频率（50 Hz 或 60 Hz）及电流的有关生理效应值，工频电流生理效应值虽可应用于 15 ～ 100 Hz 频率范围，但其频率范围的两端频率的阈值较 50 Hz 和 60 Hz 的阈值高。

在 15～100 Hz 频率范围内，引起死亡的主要原因是它有导致心室纤颤的危险性。

（2）范围。其范围是描述通过人体的 15～100 Hz 频率内交流电流的生理效应。

（3）定义：

1）感知电流阈值。电流通过人体时能产生感觉的最小电流值。

2）摆脱电流阈值。握着流过电流电极的人，能摆脱电极的最大电流值。

3）心室纤颤电流阈值。引起心室纤颤的最小电流值。

4）心脏电流系数。心脏电流系数是指电流流过给定路径时心脏内的电场强度与从左手到双脚流过同样大小的电流时，心脏内电场强度之间关系的数值（心脏内的电流密度与电场强度成正比）。

5）易损伤期。易损伤期相当于心电图中 T 波的前段，为心跳周期的 10%～20%（图 4-12、图 4-13）。故易损伤期包括心跳周期中较短的一段期间，在此期间内，心脏纤维是处在不均匀的刺激状态，如此时心脏纤维给予足够强烈的电流刺激，就会出现心室纤颤。

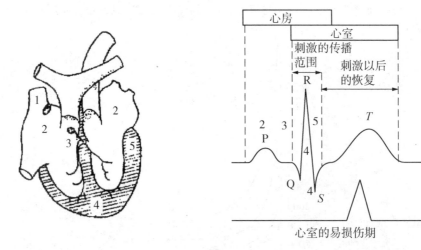

图 4-12　心跳周期内心室易损伤期的出现（这些数字表明刺激传播的后期）

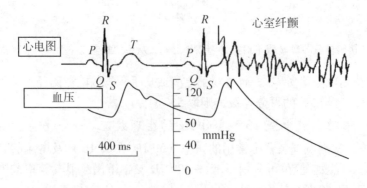

图 4-13　易损伤期内引起心室纤颤对心电图和血压的影响

（4）人体对电流的生理效应：

1）感知电流阈值。感知电流阈值取决于某些参数，如人体与电极接触的面积（接触面）和接触的条件（干燥、潮湿、压力和温度），皆与个体的生理特性有关，而与时间无关，其常用值为 0.5 mA。

2）摆脱电流阈值。摆脱电流阈值与接触面积、电极的尺寸和形状以及个体生理特性等参数有关。常用值约为 10 mA。

3）心室纤颤电流阈值。取决于个体的生理参数（人体解剖学和心脏功能的状态等）和电气参数（电流的流动路径和时间、电流的种类等）。

关于 50 Hz 或 60 Hz 交流电流，如果延长心跳周期内电流流动时间，就会导致纤颤电流的阈值减小。这是由于电流引起的期外收缩增大了对心脏刺激状态的不均匀性而引起的。

若电击时间小于 0.1 s，电流值大于 500 mA，则只有当电击刚好发生在易损伤期才能引起纤颤，此时所引起的纤颤相当于数安培级的电流所引起的状态。这样的强度及时间大于一个心跳周期的电击，其引起的心脏停搏可复苏。

4）人体对电流的其他生理效应。电击引起死亡的主要原因系心室纤颤的结果。此外，有些是由于窒息或心跳停止所致。除了心室纤颤外的病理生理效应，还有肌肉收缩、呼吸困难、血压升高、心房纤颤以及暂时心脏停搏等。这种生理效应并不致命，且通常是可逆的。当电流强度达到数安培时，可出现由于损伤而引起的严重烧伤，甚至危及生命安全。

5）流过人体的交流电流的生理效应时间 – 电流区域的说明详见图 4 – 14 和表 4 –11。

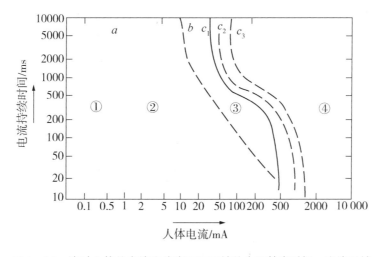

图 4 – 14　流过人体的交流电流在不同区域的生理效应时间 – 电流区域

6）交流电压小于 50 V 有效值反应。据一些国家的调查表明，交流供电电压在 50 V 和 50 V 以下的一般环境条件下，皆未出现过电流通过人体而引起损伤的电击事故。

表 4-11　流过人体的交流电流在不同区域的生理效应

区　　域	生　理　效　应
区域①	通常无生理效应反应
区域②	通常无有害的生理效应
区域③	通常没有预期的组织损坏，可能发生肌肉收缩和呼吸困难，可逆性的脉冲受干扰和心脏内刺激的传导受阻，包括除心室纤颤以外的心房纤颤和暂时心脏停搏，这些症状随着电流的增加和时间的延长而加剧
区域④	除了区域③的生理效应外，心室纤颤的概率增大到约 5%（曲线 c_2），增大到约 50%（曲线 c_3）和大于 50%（曲线 c_3 以外）。随着电流的增大和时间的延长，可能出现病理生理效应，如心脏停搏、呼吸停止和严重烧伤

7）心脏电流系数的应用。可以用心脏电流系数计算出与通过"左手至双脚"产生同样心室纤颤损伤的其他路径的电流 I_h。相应于"左手到双脚"的电流 I_{ref}。其公式为：

$$I_h = \frac{I_{ref}}{F} \qquad\qquad (4-3)$$

式中：I_{ref}——通过"左手到双脚"路径的人体电流（图 4-9）；I_h——通过表 4-12 所列出路径的人体电流；F——心脏电流系数。I_h 仅为心室纤颤方面各种电流路径相对损坏程度的粗略估算。不同的电流路径的心脏电流系数详见表 4-12。

表 4-12　不同电流路径的心脏电流系数

电　流　路　径	心脏电流系数
左手到左脚、右脚或双脚	1.0
双手到双脚	1.0
左手到右手	0.4
右手到左脚、右脚或双脚	0.8
背部到右手	0.3
背部到左手	0.7
胸部到右手	1.3
胸部到左手	1.5
臀部到左手、右手或双手	0.7

4.1.5　生物物理机制

场与人体直接相互作用的机制中，有 3 种在较低场水平下比其他机制有突出潜在作用的场的机制：神经网络中的感应电场、基团配对和磁铁物机制。

工频电场或磁场暴露而在组织中产生感应电场，当内部场强超过几伏特/米时，会以一种从生物物理学角度似乎合理的方式，直接刺激单个有髓神经纤维。与单个细胞相比，更弱的场也会影响神经网络中的突触传输。多细胞生物体通常采用这种神经系统信号处理方式，以探测微弱的环境信号。有人建议对神经网络有区别地采取较低的 1 mV/m 的限值，但根据现有证据，阈值取 10～100 mV/m 更合适。

按照基团配对机制，磁场会影响某些特殊类型的化学反应，通常会在低水平场中提高反应自由基的浓度（这种提高在小于 1 mT 的磁场中可观察到），而在高水平场中降低它们的浓度。有一些证据表明这种机制同候鸟迁徙中的导航有关联。根据理论分析，同时因为工频磁场和静磁场产生的变化很相似，人们认为远小于约 50 μT 地磁场的工频场，不像具有明显的生物学显著性。

在动物和人的组织中，存在着磁铁物晶体，即各种形状的小氧化铁铁磁晶体。与自由基对相同，它们也与迁徙性动物的定向和导航有关，只不过人脑中痕量的磁铁物不足以探测到微弱的磁场。基于极端假设的计算显示工频场对磁铁晶体产生影响的低限是 5 μT。

场的其他直接生物物理学作用，例如断开化学键，对带电微粒产生的力，以及各种窄带"共振"机制，都不能提供在公众和职业环境中遇到的场水平下可能产生作用的合理解释。

至于非直接影响，可以觉察到电场感应出的表面电荷，它可能导致在触摸到导体时产生痛感的微电击。接触电流也可能发生在儿童接触例如居室中浴缸的龙头时。这会在骨髓中产生出有可能超出背景噪声水平的电场。但是，这是否形成一种健康风险还是未知的。

高压电力线会因电晕放电而产生带电离子云，有人认为这些离子云会增加空气污染物在皮肤和体内呼吸道表面的沉积，可能对健康有害。但是，即便如此，甚至对极端暴露的个体，从长期健康风险来看，电晕离子的影响估计是很小的。

4.2　人体电场和磁场分布模型仿真

工频电场和磁场暴露，会在人体中感应出电场和电流。剂量测定学中阐述了外部场和人体中感应电场及电流密度之间，或同其他与电磁场暴露相关的参数之间的关系。由于人体中的感应电场和电流密度与神经和肌肉等易兴奋组织的激励有关，因此成为关注的焦点。现代人类社会文明的进步，无论从医学伦理的角度，或者科研道德的角度出发，都不容许直接使用人体进行电磁场分布水平的研究。CT 等医学影像技术、计算机技术的快速发展，为建立人体模型进行工频电场和磁场分布规律的研究奠定了坚实的基础。当前国内外学者对于工频领域的生物电磁学研究主要通过两种途径：一是研究工频电场和磁场对生物体内组织和细胞的作用机制，试图发现电磁场产生的各种生物效应的机理。通过大量的实验及理论分析取得了一些成果。二是用数学方法研究生物体的电磁效应的问题，这属于生物电磁学的理论剂量范畴的问题。

4.2.1　工频电场和磁场仿真人体模型介绍

目前，许多实验室已经建立了基于剖面解剖和组织切片技术的人体模型。大部分模型采用核磁共振和组织填充技术，模型的基本特征见表4-13。典型的剖分网格（1～10 mm 精度），包含超过30 种不同的器官和组织信息。剖分网格基于不同的器官和组织测量导出。

表4-13　MRI 扫描人体主要特征

模　　型	英国国家辐射保护局	美国犹他大学	维多利亚大学
身高、体重	1.7 m、73 kg	1.76 m、64～71 kg	1.77 m、76 kg
剖分网格	2.077 mm×2.077 mm×2.021 mm	2 mm×2 mm×3 mm	3.6 mm×3.6 mm×3.6 mm
姿势	站立，手臂位于两侧	站立，手臂位于两侧	站立，手臂位于两侧

4.2.1.1　英国 Peter 教授的 NORMAN 人体模型

该模型由 256×256 像素的 MRI 人体扫描数据重构而成，一共包括37 种不同的组织与器官。见图4-15。

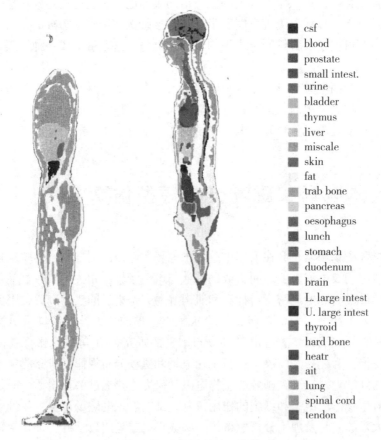

图4-15　NORMAN 人体模型

4.2.1.2　德国 Andreas Christ 教授的人体模型

该模型是利用重构软件构建的用于天线电磁辐射及输电线线下方的低频电磁场对人体影响的计算的三维模型。见图 4 - 16。

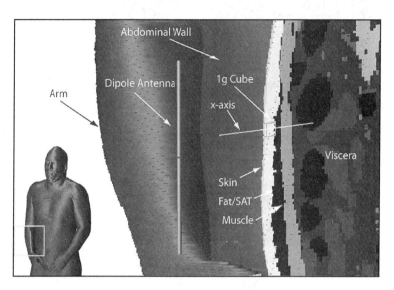

图 4 - 16　Christ 人体模型

4.2.1.3　法国 N. Siauve 教授的有限元人体模型

该模型包括 11 个人体主要的器官与组织，用于研究放射医疗领域。见图 4 - 17。

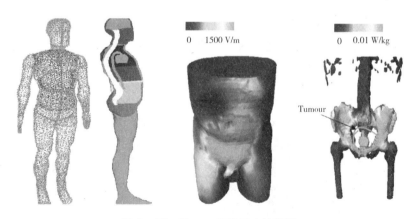

图 4 - 17　Siauve 有限元人体模型

4.2.1.4　日本 T. Nagaoka 教授的模型

T. Nagaoka 教授所带领的团队构建了适合电磁仿真计算的人体模型。该模型主要由 MRI 数据构建而成，包括 51 种不同的器官与组织，构建了成年男子、孕妇、小孩三维模型。见图 4 - 18。

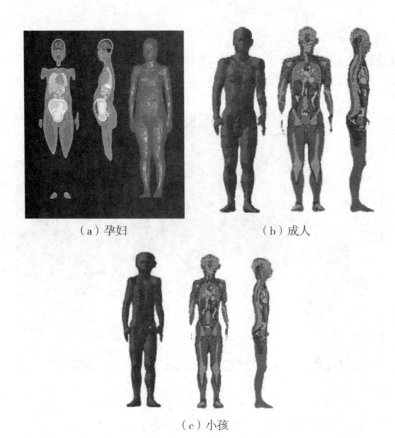

（a）孕妇　　　　　　　（b）成人

（c）小孩

图 4-18　三维模型

4.2.1.5　美国 Dimbylow 教授的模型

该模型建模过程中，最左边为皮肤渲染的模型，中间为皮肤透明显示内部骨骼的模型，最右边为骨骼和内脏器官的模型。见图 4-19。

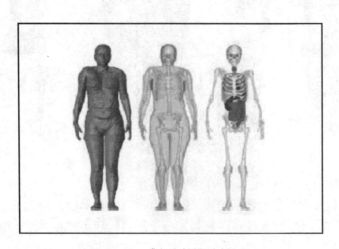

图 4-19　成年女性模型渲染图

4.2.1.6　瑞士 X. L. Chen 的模型

在 IT'IS 基金会的资助下，瑞士 X. L. Chen 等研究人员采用有限元（Finite Element Method，FEM）建模方法，建立了基于高精度 MRI 扫描、高度适合工频电场和磁场仿真的人体模型，并参照实际暴露情况，建立了不同体位的人体模型，甚至建立了手部具体姿势的暴露模型。见图 4-20、图 4-21、图 4-22。

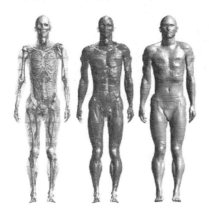

图 4-20　基于高精度 MRI 扫描的解剖模型

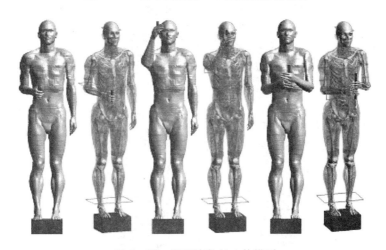

图 4-21　不同姿势的人体模型

图 4-22　握手的模型

153

有学者建立模型，编程计估算交流输电线路工频电场和磁场在人体里的感应电流。研究学者通过各自不同的方法，对线路电磁场对于人体影响进行了分析，并提出相关建议。

4.2.2 工频电场和磁场在人体的分布

4.2.2.1 工频电场在人体的分布

（1）工频电场暴露人体模型仿真。大部分人体暴露情形下工频电场是与地面垂直的。在工频频段，人体是良导体，电场主要分布在体表，体内场一般是外界场的 $10^{-4}\sim 10^{-7}$。WHO 官方文件指出：极低频场与生物组织相互作用的唯一方式是在生物组织中感应电场和电流。然而，在通常遇到的极低频场暴露水平下，所感应的电流比人体内自然存在的电流数值还低。下图为 Stuchly 和 Dawson 在 2000 年进行的研究，60 Hz、电场强度为 1 kV/m 的均匀场中，对悬浮在空中以及接地的人体模型进行体表电场和外界电场分布。体表电场强度取决于人体是否与理想地面电接地，最大值是在双脚电接点时出现。见图 4-23。

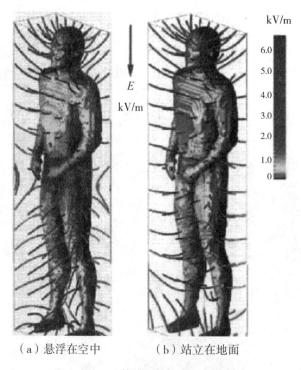

（a）悬浮在空中　　　（b）站立在地面

图 4-23　人体模型体表和外部场分布

Kaune 和 Forsythe 教授测量了人体模型，获得了许多有价值的数据，图 4-24 至图 4-27 均是将人体模型暴露于 60 Hz、电场强度为 10 kV/m 接地条件下测得的模型中额面平面的电流密度，离开地面距离越大则其电流密度越小。用 nA/cm² 单位假设引起的电流密度及模型和通过两足触地的相等电流。

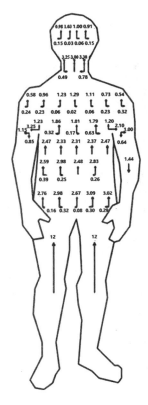

图 4 - 24 暴露于 60 Hz、10 kV/m 电场站立水模型中额面平面测量的电流密度（nA/cm²）

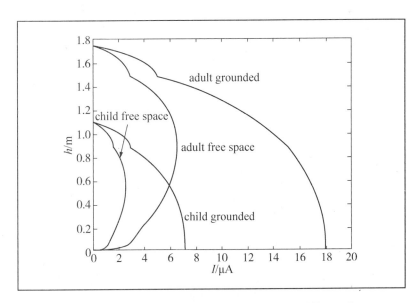

图 4 - 25 良好接地的人体模型体内感应电流横截面分布

注：暴露场 60 Hz、1 kV/m 垂直电场。

155

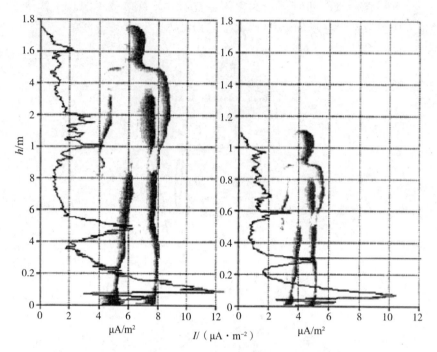

图 4-26 良好接地的人体模型体内感应电流密度

注：60 Hz、1 kV/m 垂直电场。

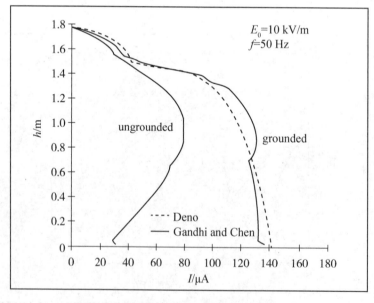

图 4-27 接地和未接地感应电流分布比较

30 多年来，随着计算机技术、医学影像技术等现代多技术融合，各种方法应用于高分辨率人体模型工频电场暴露仿真，获得了大量极具价值的研究成果。见表 4-14、表 4-15、图 4-28。

表 4-14　站立在地面的人体模型各组织/器官感应电场分布（单位：mV/m）

器官/组织	均　值	99 百分位	最　大　值
骨骼	5.72	49.40	88.80
肌腱	9.03	37.90	55.10
皮肤	2.74	33.10	67.30
脂肪	2.31	25.20	84.40
骨小梁	2.80	15.10	56.50
肌肉	1.65	8.14	24.10
膀胱	1.86	6.49	8.58
心肌	1.29	3.98	5.83
脊髓	1.16	2.92	4.88
肝脏	1.63	2.88	5.05
胰脏	1.09	2.76	6.03
肺	1.09	2.54	5.69
脾	1.33	2.49	5.07
阴道	1.46	2.34	3.23
子宫	1.14	2.13	3.01
甲状腺	1.16	2.03	3.29
白质	0.781	2.02	6.13
肾脏	1.29	1.86	4.10
胃	0.739	1.86	3.29
卵巢	1.35	1.83	2.32
血液	0.802	1.69	2.03
肾上腺	0.690	1.66	3.06
灰质	0.474	1.62	4.85
食道	0.995	1.61	4.16
十二指肠	0.765	1.60	2.92
乳腺	0.897	1.53	3.79
胆囊	0.439	1.46	2.68

表4-15　模型电磁参数表

组织	相对介电常数 ε_r	传导率 $\sigma/(S \cdot m^{-1})$
脂肪	1.14×10^6	0.019
肌肉	1.77×10^7	0.023
骨头	8.87×10^3	0.02
心脏	8.66×10^6	0.083
血液	5.26×10^3	0.7
肝脏	1.83×10^6	0.037
肾脏	1.01×10^7	0.089
肺	5.75×10^6	0.068
脑白质	5.29×10^6	0.053
脑灰质	1.21×10^7	0.075

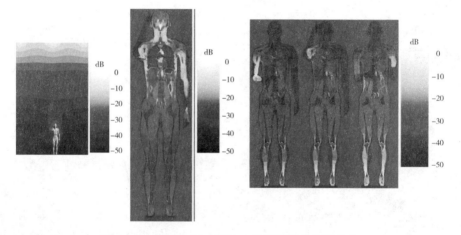

图4-28　50 Hz、1 kV/m 电场暴露感应电流分布

（2）总结。人类和动物的身体会显著地干扰工频电场的空间分布。在低频时，人体是良导体，其外部被干扰的电力线近似地与人体表面垂直。处于暴露中的人体表面会感应出交变电荷，交变电荷继而在人体中感应出电流。关于人类暴露于工频电场的剂量学关键特性：

人体内的电场与其外部电场相比，通常要小 5～6 个数量级。

暴露于垂直场时，感应场的主要方向也是垂直的。

对于一个给定的外部电场，最强的感应场出现在通过脚与地面良好接触（电气接地）的人体中，最弱的感应场出现在与地面绝缘（处于"自由空间"）的人体中。

与地面良好接触的人体中的电流总量，取决于人体的大小和形状（包括姿势），而不是取决于组织的电导率。

各种器官和组织中感应电流的分布，取决于这些组织的电导率。

感应电场的分布同样受到电导率的影响，但比感应电流受到的影响程度弱。

人体中的电流也可能是由于接触电场中的导体而感应出来的。

4.2.2.2　工频磁场在人体的分布

对磁场来说，组织的渗透率和空气相同，因此组织中的场与外部场相同。人类和动物的身体不能对磁场造成显著的干扰。磁场产生的主要作用是在导电组织中产生电场法拉第感应和相应的电流密度。

（1）工频磁场暴露人体模型仿真。国内有学者采用 3D 阻抗法模拟真实人体，来计算 50 Hz 磁场下人体内部产生的感应电流。特别是模拟儿童白血病风险增加两倍的磁感应强度 0.4 μT，我国输变电工程建设项目磁感应限值 100 μT，（该值同样是 ICNIRP 国际导则推荐给成员国的限值）。见表 4−16、图 4−29 至图 4−33、表 4−17。

表 4−16　模型电磁参数表

Tissue 器官/组织	Conductivity 传导率 $\sigma/(\text{S} \cdot \text{m}^{-1})$	Permittivity 相对介电常数 ε_r	Density 密度 $\rho/(\text{g} \cdot \text{cm}^{-1})$
Bladder 膀胱	0.2	1 000 000	1.03
Bone-cancellous 骨松质	0.07	2000 000	1.92
Bone-marrow 骨髓	0.000 5	10 000 000	1.04
Fat 脂肪	1.5	10 000 000	0.916
Heart 心脏	0.05	1 000 000	1.029 8
Lung-inner 肺内壁	0.03	2 500 000	0.26
Muscle 肌肉	0.2	450 000	1.046 9
Small intestine 白质	0.5	1 000 000	1.042 5
Stomach 胃	0.5	2 000 000	1.05
White matter	0.02	20 000 000	1.038
Kidney 肾脏	0.05	800 000	1.05
Liver 肝脏	0.02	2 000 000	1.03
Skin 皮肤	0.000 2	4 900 000	1.125
Spleen 脾	0.03	2 500 000	1.054 1
Tooth 牙齿	0.02	2 000 000	2.16

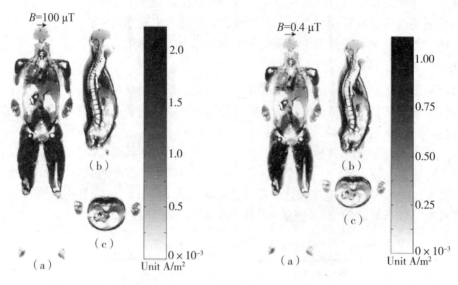

图 4-29 0.4 μT、100 μT 磁场暴露人体感应电流分布图

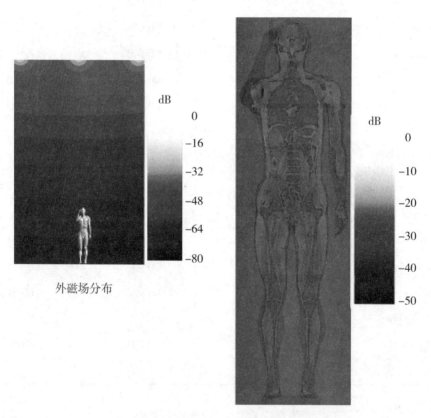

外磁场分布

图 4-30 50 Hz、600 A 的电流暴露下感应电流分布

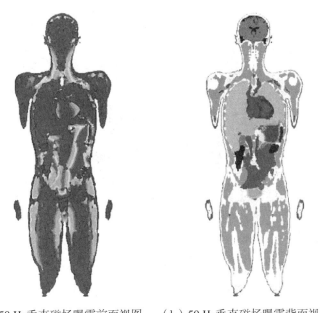

（a）50 Hz垂直磁场曝露前面视图　　（b）50 Hz垂直磁场曝露背面视图

图 4 - 31　不均匀介质人体模型感应电流密度分布图

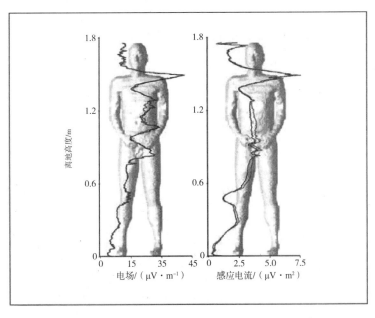

图 4 - 32　60 Hz、1 μT 均匀磁场暴露感应电流分布图

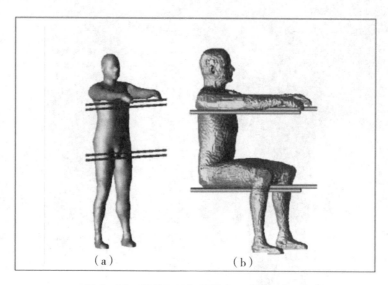

图4-33　两种不同场景的高压线暴露模型

表4-17　60 Hz、1000 A 的电流暴露下各器官/组织感应电场（mV/m）

器官/组织	（a）		（b）	
	Emax	Erms	Emax	Erms
血液	20.0	3.7	15.0	2.4
骨骼	90.0	11.0	58.0	7.2
大脑	22.0	4.6	28.0	5.9
脑脊液	9.2	2.3	14.0	3.7
心脏	27.0	11.0	9.0	3.2
肾脏	22.0	7.9	2.8	0.9
肺	31.0	10.0	9.9	2.9
肌肉	59.0	6.9	33.0	5.5
前列腺	5.5	1.9	2.6	1.2
睾丸	18.0	5.5	2.7	1.2

　　30 多年来，随着计算机技术、医学影像技术等现代多技术融合，各种方法应用于高分辨率人体模型工频磁场暴露仿真，获得了大量极具价值的研究成果。见表4-18。

表 4－18 站立在地面的人体模型各组织/器官感应电场分布 单位：mV/m

器官/组织	均 值	99 百分位	最 大 值
骨骼	11.60	50.90	166.00
肌腱	2.81	9.35	14.90
皮肤	13.50	36.00	65.60
脂肪	13.70	33.50	129.00
骨小梁	6.40	24.30	48.50
肌肉	8.44	23.00	67.60
膀胱	11.80	45.80	64.70
心肌	9.62	28.00	42.00
脊髓	8.90	27.00	53.00
肝脏	13.20	38.20	73.10
胰脏	3.52	13.60	24.90
肺	8.22	24.40	93.30
脾	8.16	18.40	27.20
阴道	3.76	12.00	19.40
子宫	12.60	21.80	37.90
甲状腺	10.10	31.40	82.50
白质	10.80	22.50	39.20
肾脏	4.52	15.00	26.80
胃	9.91	19.20	24.50
卵巢	2.40	5.30	7.87
血液	5.99	17.50	30.90
肾上腺	8.04	30.20	74.80
灰质	4.86	10.00	14.10
食道	5.22	14.10	22.10
十二指肠	4.30	12.20	27.40
乳腺	18.10	31.00	51.60
胆囊	3.41	9.64	14.80

（2）总结。关于人类暴露于工频磁场的剂量学关键特性有：

1）感应电场和电流取决于外部磁场的方向。整体而言，当磁场从身体由前至后穿过人体时，人体中的感应电场最大。但对某些个别器官来说，最高的电场值出现在磁场从一侧穿至另一侧时。

2）当磁场的方向与人体的垂直轴平行时，感应出的电场最弱。

3）对于一个给定场强和方向的磁场，人体越大，感应的电场也越高。

4）感应电场的分布受到各种器官和组织电导率的影响，而感应电流密度的分布受到的这种影响是有限的。

4.3　工频电场和磁场生物效应

4.3.1　工频电场和磁场对人体健康的影响

关于工频电场和磁场对人体健康影响的研究是国际学术界的研究热点之一和学术争论的焦点。从 1962 年学术界才开始研究电场对人体健康影响的，此时认为场强相同时，频率越高对人体的危害越严重，认为工频电场、磁场对人体无影响或危害。自 20 世纪中叶，学术界开始研究高压输变电设备感应电磁场的生物效应，主要是进行相关流行病的调查。20 世纪 60 年代，Korobsovap 通过对变电站职工健康状况的调查，发现他们中失眠、头痛和呼吸道疾病比普通人群高，从而率先提出了低频电磁场健康影响的课题，并提示电力设备附近高压电场会对人体健康构成一定的威胁。这一结论在当时并没有进一步被证实，却引起了全球对类似课题的重视。

1979 年 Wertheimer 和 LeePer 报道电流输电线附近居住的儿童白血病发展为淋巴瘤的危险度比暴露于低水平环境电磁场的儿童高 2～3 倍。澳大利亚等国家进行的流行病调查表明：高压输电线产生的电场使生活在附近的儿童得白血病的概率提高。1980 年12 月《电子技术》上发表的国际大电网（CIGRE）会议公报曾提出，由于对电磁影响问题进行了广泛深入的国际合作性研究，目前已取得原则上的一致意见：现有的高压线下电场对人体无害；过去对电场的危险影响做了过高的估计；对电场临界值的规定（即不得超越的界限）应远高于现有的电场，因而有很大的安全阈限。这一公报发表之后，在国际上引起争议，国内反响更大，但它并没有影响这方面研究工作的继续开展，在某种程度上使大家对此问题的分析更冷静、更细致，也更深入地开展研究。许多科研人员非常重视 Wertheimer 和 Leeper 关于长期居住在高压输电线附近儿童白血病患病率升高的报道，引起国际上关注工频磁场与肿瘤关系的研究。1997 年 6 月在波伦亚召开了题为“静态和（extremely low frequency electromagnetic fields，ELF）电磁场的生物效应及相关健康危害”的国际专题研讨会，研讨会由世界卫生组织（World Health Organization，WHO）、国际非电离辐射防护委员会（International Commission on Non-Ionizing Radiation Protection，ICNIRP）等联合发起。会议总结指出，虽然暴露于高强度 ELF 场存在健康危害。1998 年美国国家环境卫生研究所（National Institute of Environmental Health Sciences，NIEHS）召集国际工作组，采用国际癌症研究所（International Agency for Research on Cancer，IARC）制定的标准，在对极低频磁场可能对健康危害的结论中明确指出：极低频磁场应被视为“可疑人类致癌物”（possible human carinogen）。这一结论引起了广泛关注，进一步推动了极低频电磁场与健康关系的研究。

世界卫生组织（WHO）于 1996 年开始，组织 60 多个国家及多个国际组织，开展全球性的"国际电磁场计划"研究，历时 10 年，目前已完成极低频场地全面健康风险评估。2007 年 7 月正式发布了《极低频场环境健康标准（EHC NO. 238）》。在《极低频场环境健康标准（EHC NO. 238）》中，WHO 提出：高水平、短期暴露于电磁场产生的有害健康影响，已经科学地确认了，并已经成为两个国际暴露限制导则（ICNIRP，1998；IEEE C95.6—2002）制定的基础；关于长期暴露于 EMF 中的健康风险，目前尚无充分证据表明两者之间的关联性。

4.3.1.1 工频电场和磁场神经行为

暴露于工频电场会因表面电荷而产生可明确定义的生物反应，其反应程度可从"有感觉"到"烦恼"。这些反应取决于场强、周围环境条件和个体的敏感性。能让 10% 的志愿者直接感觉到的场强值是 2～20 kV/m，5% 的志愿者对 15～20 kV/m 的电场感到烦恼。在 5 kV/m 的场中，人对地的火花放电会让 7% 的志愿者感到疼痛。带有电荷的物体通过接地的人的放电值，取决于物体的尺寸，因此需要专门的评估。

高强度、快脉冲磁场会刺激外围或中枢神经组织。这种影响在磁共振成像（magnetic resonance imaging，MRI）过程中会出现，也被经颅磁刺激（transcranial magnetic stimulation，TMS）所利用。产生直接神经刺激的感应电场强度值可低至几伏特/米。该值对于几赫兹至几千赫兹的频率范围都是一样的。癫痫患者或易患病的人，可能对中枢神经系统（central nervous system，CNS）感应工频电场更敏感。此外，对 CNS 电刺激的敏感度，可能与家族癫痫病史，以及服用三环的抗抑郁药、安定剂和其他易引发癫痫的药物有关。

视网膜是 CNS 的一部分，可能影响其功能的工频磁场暴露水平比引起直接神经刺激的磁场水平微弱得多。产生的闪烁灯光感觉称为磁光幻视，它是由感应电场对视网膜中电兴奋细胞作用的结果。视网膜中细胞外液中感应电场强度的阈值在 20 Hz 时为 10～100 mV/m。但是，关于该阈值还有很多不确定因素。

志愿者研究中，其他神经行为影响的证据，例如对人脑电活动、知觉、睡眠、超敏性和情绪的影响，都是不明确的。一般来说，这些研究都是在低于引起上述影响的暴露水平下进行的，且已获得的证据也只是不明显和短时影响的。产生这种反应所必需的条件，在目前还是不明确的。有一些证据显示，磁场会影响反应时间，降低一些感知任务完成的精确度，对于脑总体电活动的研究结果也支持这一点。调查磁场是否会影响睡眠质量的各项研究，其结果是不一致的，部分原因可能是研究的设计有区别所致。

有人声称总体上对电磁场超敏感，但是，双盲刺激研究的证据显示，所报道的各种症状与电磁场暴露无关。

对于工频电场和磁场暴露会导致抑郁症或自杀的说法，仅有不一致和无确定结果的证据。因此，证据可考虑为不足。

关于动物暴露于工频场可能对神经行为功能产生的影响，已经按不同的暴露条件从多方面进行了探索，没有可确认的影响。证据表明，动物能觉察到工频电场，最有可能是表面电荷影响的结果，可能是暂时的唤醒作用或轻微的压力感。大鼠可觉察到的范围是 3～13 kV/m，啮齿动物对超过 50 kV/m 的场强表现出厌恶。其他可能与场有关的变化都不是很明确，实验室研究仅得到了不明显和暂时性影响的证据。有一些证据显示，磁场暴露可能会调整脑中吗啡和胆碱能神经传输系统的功能。对痛觉缺失以及对获得和完成空间记忆任务的影响问题的研究结果，支持了这一点。

4.3.1.2　工频电场和磁场对中枢神经系统的影响

当感应电流密度达到或者低于 10 mA·m^{-2} 时，有关细胞和动物的实验室研究并未发现 ELF 场具有有害健康的效果。当感应电流密度更高时（10～100 mA·m^{-2}），研究人员可以连续观察到对组织比较显著的影响，比如神经系统的功能性变化以及其他对组织的影响。

工频电场和磁场对中枢神经系统是否有影响至今看法不一，但发现较多有神经衰弱症状者。同济医科大学对此进行了调研工作，150 名超高压输电职工，在 500 kV/m 条件下进行了 8 年的动态观察，电场强度多在 1.4～8 kV/m 范围。体检结果除有神经衰弱者增多外，其余未发现明显变化。

苏联著名科学家 ПОПОВИЧ 教授用大鼠进行实验，6 组鼠分别用 0 kV/m、1 kV/m、2 kV/m、4 kV/m、7 kV/m、15 kV/m 电场强度照射 2 h，连续 4 个月。结果表明：7 kV/m 和 15 kV/m 场强组大鼠，非条件反射潜伏期和对照组比较则明显延长，反映了以抑制过程占优势的大脑皮层抑制和兴奋过程有些失调。

КОЗЯРИН 报道，根据前全苏劳动保护科学研究院对超高压变电站的工作人员健康状况的研究表明，在一定电场强度下的工作人员首先发现在神经系统功能方面有改变，因此加强了对中枢神经系统方面的研究。КОЗЯРИН 进行了动物实验研究，发现有的动物小腿拮抗肌时值的比值明显降低，肌肉时值比值降低的初期主要是由于屈肌时值增加所致。随后，除了屈肌时值增加以外，伸肌时值亦减小，因而造成该比值的降低，根据苏联 Lalig 的分析，在正常情况下所观察到的拮抗肌时值大小的差异是由大脑"从属中枢"影响所致。由此可知，肌肉时值的变化是与中枢神经系统对外周末梢所属影响减弱有关。因此，动物实验证实了大脑皮层兴奋与抑制过程动态平衡发生了改变，发生了以抑制占优势的平衡失调。

Perry 等调查研究了高层楼房居住的居民健康与工频电场和磁场的关系，发现接近配电线的人群患精神抑郁症的较多。Wilson 认为长期接触工频电场和磁场是诱发精神抑郁症的一个外部因素，因为电磁场影响人大脑松果体的功能，也就影响了中枢神经系统的功能状态。

高压电作业人员往往出现神经系统的变化，可以用无创伤、无痛苦的简便方法，即脑血流图来检查其变化。同济医科大学曾对高压电作业 267 人进行了脑血流图检查。这267 人为 220 kV/m 高压电线路工、试验工、带电作业工和变电站值班工人，将他们的检查结果和对照组进行比较。结果表明，从脑血流图异常指标结果可见，总检出异常人数 39 人，异常率为 14.6%，与对照组相比无显著性变化（$P > 0.05$）。其中带电作业工异常率较高，为 20.0%，在异常指标中以收缩波、两侧波幅不对称为多，但在统计学上尚无显著性意义。

辽宁省沈阳市劳动卫生研究所，以 50 Hz、电场强度 200 kV/m 照射家兔，每天 2 h，连照 2 个月，描记的脑电图属正常，但是波型与对照组相比有差异，即暴露组多为清醒脑电波，对照组呈睡眠型波和慢波。进一步分析发现，对脑电活动作功率谱、传送函数、相干函数和脉冲响应等分析后发现，动物接触 50 kV/m 场强以上电场后，各项分析指标的阳性率均明显地高于对照组。德国的 Siliny 等在鼠、猫身上进行实验，用生理仪做记录，结果脑电图波形频率和振幅均减弱，但仍属正常范围。

科学研究表明，工频电场和磁场对神经系统有影响，但其作用机制，影响程度还需要深入进行。

4.3.1.3　工频电场和磁场对内分泌系统的影响

工频电场和磁场对内分泌系统影响的研究一直是学术界争论的话题，特别是 Stevens 等人提出"褪黑激素假说"，认为电磁场可通过抑制哺乳动物松果体褪黑激素夜间的合成和分泌，而增加患乳腺癌的风险，产生一系列健康效应。由于内分泌系统对生物机体的重要调控作用，研究极低频电磁场环境的暴露对机体激素分泌水平的影响，对评估极低频电磁场暴露风险和对生物学效应的综合影响有重要意义。

（1）对褪黑素的影响。目前有关极低频电磁场对松果体合成和分泌褪黑激素影响的动物研究，多是使用啮齿类动物，而啮齿类动物昼伏夜出的习性特点和人类正常生活习惯不同，并不能直接推断出针对人群的结论。在研究低频电磁场对人的影响时，由于伦理学和试验条件及可操作性的限制，长时间暴露的随机对照试验难以进行，因此国外的研究多采用短期暴露的试验性研究方法和职业或居住条件暴露的观察性研究方法。研究指标为松果体、血浆褪黑激素浓度和（或）尿液中 6-氢基褪黑激素浓度，并且考虑到了性别、年龄、季节和光照时间等混杂因素。无论是何种方法，依然没有形成统一的结论。

也有一些研究是观察极低频电磁场暴露条件下，离体的鼠类松果体细胞褪黑激素分泌水平，选用的磁感应强度为 50 μT ～ 1 mT，暴露时间为 1 ～ 12 h，直接检测细胞分泌褪黑激素的量，或间接检测乙酰转移酶（褪黑激素合成所需酶）或经基叫垛氧位甲基移位酶（促进褪黑激素甲基化和分泌的酶）的活性。类似于人群研究和动物实验，不同的研究亦得出不同的结论。

（2）对脑垂体的影响。作为机体最重要的内分泌腺，脑垂体是利用激素调节身体健康平衡的总开关，控制多种对代谢、生长、发育和生殖等重要作用激素的分泌。研究极低频电磁场对脑垂体分泌激素，如生长激素（growthhormone，GH）、促甲状腺激素（thyrotropin 或 thyroid stimulating hormone，TSH）、促肾上腺皮质激素（adrenocorticotropin，ACTH）、卵泡刺激素（follicle stimulatinghormone，FSH）、黄体生成素（luteotropin，LH）、催乳素（prolactin）、催产素（oxytocin）和抗利尿激素（antidiuretic hormone，ADH）等的影响，可以确定极低频电磁场的健康效应。

基于志愿者的实验性研究，认为极低频电磁场对垂体激素的水平没有影响，但是由于样本量及实验条件的限制，无论是阴性还是阳性结果，都需要进一步研究来验证。

Maresh 等报道了男性志愿者暴露于电场强度 9 kV/m，磁感应强度 20 μT 的 60 Hz 电磁场 2 h，血清 GH 浓度未见改变。Selmaoui 等的研究显示，年轻男性持续或间歇性暴露于磁感应强度 10 μT 的 50 Hz 电磁场下 9 h（23:00—8:00），夜间血清 TSH、FSH 和 LH 浓度未见改变。Akerstedt 等报道男性和女性志愿者夜间睡眠（24:00—8:00）暴露于1 μT 的 50 Hz 电磁场，其 GH 和催乳素浓度未见改变。Kurokawa 等报道了，男性志愿者夜间（20:00—8:00），急性暴露于 50 Hz 正弦波电磁场，磁感应强度 20 μT，峰值 100 μT，其 GH 和催乳素浓度未见改变。Davis 等的研究发现，年龄 20～45 岁的女性志愿者暴露于高于环境 5～10 mG 的 60 Hz 磁场连续 5 晚，血清 FSH 和 LH 浓度未见改变。

基于职业暴露人群的观察性研究，其结论也不支持极低频电磁场影响脑垂体激素的合成和分泌。Gamberale 等的调查显示，400 kV 高压线路作业人员，职业暴露 50 Hz 电磁场，电场强度 2.8 kV/m，磁感应强度 23.3 μT，每天暴露约 4.5 h，日间血清 TSH、FSH、LH、催乳素浓度未见影响。Arnetz 等报道，视屏作业人员早间和午间血清 ACTH 浓度工作日时升高，但是该效应不排除其他因素引起。

（3）对其他激素的影响。许多内分泌腺体受到脑垂体激素的调控，最主要的有脑垂体—甲状腺轴、脑垂体—肾上腺轴和脑垂体—性腺轴。极低频电磁场对这类腺体分泌激素的影响，往往与其上游的脑垂体调控激素相关联。

Maresh 等、Selmaoui 等、Akerstedt 等、Kurokawa 等和 Davis 等的研究发现，急性暴露于电磁场，血清甲状腺激素、肾上腺皮质醇激素、睾酮和雌激素浓度未见改变。Karasek 等报道，男性极低频电磁场暴露后，其血清睾酮浓度未见影响。

4.3.1.4　工频电场和磁场对心血管系统的影响

工频电场和磁场对心血管系统的影响问题颇受人们关注，学术界目前尚未形成一致意见。如果志愿者正暴露于极低频场之中或者刚刚暴露完，最一致的暴露效果是明显的视觉光幻视，及心率轻微下降，但是还没有明显的证据证明这些暂态效果会造成任何长期的健康危险。国内，同济医科大学在这方面进行了较全面的调查，对工作在 220 kV/m 环境下的 400 余名职工做了心电图的检查。该研究共描记了 9 个导联，按心电图标准诊断，异常心电图为：左室肥厚、右室肥厚、心肌劳损、房室传导阻滞、频发早搏。结果表明，高压电作业职工与对照组比心电图异常率没有明显差异。

德国 Haul 等在模拟实验中，用 50 Hz 交流电，电场强度 20 kV/m、磁感应强度 3 μT，对志愿者进行实验，结果心电图、脑电图、脉率与血压等均正常，即在此工频电场和磁感应强度下对心脑等是无害的。

有科研人员使用鼠和猫进行实验研究，发现在工频电场作用下心率可加快，但实验结果不一致。如国内同济医科大学的实验，将大鼠暴露于 50 Hz、电场强度 100 kV/m，500 h 和 1000 h 后，平均心率为 448 次/分，明显快于对照组 410 次/分。而沈阳市原劳动卫生研究所的实验结果是，将家兔放在 50 Hz、200 kV/m 的电场强度下，每天暴露 4 h，连续 3 个月，发现其心率降低，即比暴露前明显降低。这可能是与实验条件不相同有关，如使用的动物、场强大小等。对心电活动的影响：同济医科大学的动物实验，将 200 g 以上大鼠暴露于 50 Hz、电场强度 100 kV/m，每天 2 h，连续 2 个月，分别描记实验组和对照组心电图，观察其节律、P 波时限、P－R 间期 QRS 时限、ST 段及 T 波变化情况，见表 4－19。结果表明，实验组和对照组比较，无明显变化，心电图均属正常范围，国外也进行了类似的研究，美国用老鼠、猴子，意大利用大鼠、狗，德国用猫，法国用田鼠、家兔进行实验研究，均未发现心电图有太大的变化。

　　有关于心血管变化的文献报道，绝大部分影响较小，且研究本身和各种研究之间的结果也不一致。关于心血管疾病发病率和死亡率的研究中，几乎没有一项显示与暴露有关。总之，证据不支持工频暴露和心血管疾病之间有关联。

表 4－19　大白鼠工频高压电实验组与对照组心电图结果

组别	心率/(次/分) ($\bar{X} \pm S$)	规律	P 波时限/S	P－R 时限/S	QRS 时限	Q－T 时限/S	T 波及 ST 段变化
实验组	427±61	窦性心律	0.023±0.004	0.055±0.005	0.02±0.003	0.093±0.014	无明显改变
对照组	437±45	窦性心律	0.021±0.003	0.051±0.005	0.02±0.002	0.089±0.013	无明显改变

4.3.1.5　工频电场和磁场对免疫系统和血液系统的影响

　　有关工频电场或磁场暴露对免疫系统组成部分的影响，总体而言研究结果是不一致的。许多细胞群和功能标记都不受暴露的影响。但是，在一些人类研究中，在 10 μT～2 mT 的场中，观察到自然杀伤细胞有所改变，细胞数量增、减的情况都有；总白细胞数量也有所改变，有所减少，或保持原样。动物研究中，2 μT～30 mT 暴露场中在雌性小鼠上观察到自然杀伤细胞活动有所减少，而在雄性小鼠以及所有性别的大鼠上都没有观察到。白细胞数量的改变显示出不一致性，在不同的报告中，有的显示减少了，有的不变。解释这些数据潜在影响健康的难点在于，暴露和环境条件的变化很大，实验对象相对较少，以及观察终点涉及范围太大。

　　有关工频磁场对血液系统影响的研究开展得很少，关于工频电场和磁场对血液系统的影响，研究结果并不一致。在评估白细胞数量差异的实验中，暴露范围在 2 μT～2 mT，不论在人类或动物研究中，工频磁场或工频电场结合磁场的急性暴露，都没有发现一致的影响。同济医科大学研究人员将大鼠分别置于 50 Hz、50 kV/m 和 100 kV/m 电场强度下，每天照射 2 h，每周 6 d，连照 2 个月，对动物的血色素、白细胞及其分类，以及血液生化指标谷丙转氨酶、胆碱酯酶、胆固醇、三酸甘油酯、血清尿素氮、同工酶等进行了较全面的分析检验，结果见表 4－20 和表 4－21。从表 4－20 可知，实验组与对照组比较，白细胞总数与中性粒细胞升高不明显，中性白细胞在不同电场强度暴露下，其变化不呈平行关系，经统计处理无显著性意义。由表 4－21 可知，这 6 种生化指标，实验组与对照组相比较均无明显差异，其中总胆固醇与三酸甘油酯亦见升高，这与一些报道不同，如苏联 абОВЦЧ 的实验，将大鼠分别连续暴露于电场强度为 7 kV/m、12 kV/m 和 15 kV/m 之下，每天 30 min，共 4 个月，发现在 15 kV/m 电场作用下，大鼠血液胆碱酯酶活性明显增高。

表 4-20　电场作用下大鼠血常规测定结果

场强/(kV·m⁻¹)	组别	例数	血常规指标						
			血色素/(g/100 mL)	白细胞总数 个/mm³	白细胞分类/%				
					中性	淋巴	单核	嗜酸	嗜碱
50	对照组	8	13.88 (13.5~15.5)	9800 (6100~15000)	19.88% (11%~35%)	78.13% (61%~90%)	3.2% (0%~6%)	0%	0%
	试验组	11	13.90 (13.5~16.0)	9672 (6400~12000)	25.18% (14%~35%)	73.27% (63%~82%)	2.0% (0%~4%)	0%	0%
	t值								
	p值		>0.05	>0.05	>0.05	>0.05	>0.05		
100	对照组	10	14.50 (12.5~15.5)	9200 (5700~13000)	23.33% (6%~40%)	74% (54%~92%)	3.14% (0%~6%)	0%	0%
	试验组	10	14.72 (12.5~16.5)	10 911 (4700~13900)	21.11% (2%~40%)	77.33% (58%~98%)	2.30% (0%~4%)	0%	0%
	t值			1.3155	0.3669	0.5100			
	p值		>0.05	>0.05	>0.05	>0.05	>0.05		

表 4-21　电场作用下大鼠几种生化指标测定结果

场强 /(kV·m⁻¹)	组别	例数	谷丙转氨酶（单位）	全血胆碱酯酶 /(μmol/0.02 mg, 37 ℃, 30 min)	血清总胆固醇 /(mg%)	血清三酸甘油酯 /(mg%)	血清尿素氮 /(mg%)	同工酶（总酶）（单位）
50	对照组	8	201.87 (170~270)	3.88 (2.55~6.15)	102.7% (72.8%~145.6%)	105.0% (56%~180%)	26.75% (23%~30%)	454.69 (337.5~562.5)
	试验组	11	193.55 (160~320)	3.32 (2.50~4.35)	102.1% (75.4%~150.8%)	96.73% (48%~152%)	25.28% (7.5%~32.5%)	366 (287.5~687)
	t 值		2.1200	1.625				
	p 值		>0.05	>0.05	>0.05	>0.05	>0.05	>0.05
100	对照组	9	196 (125~248)	3.0 (1.1~4.8)	115.27% (101.4%~135.2%)	55.2% (25%~60%)		640
	试验组	9	240.22 (140~335)	3.85 (3.0~6.2)	100.53% (74%~109.2%)	52.3% (22%~95%)		58
	t 值		0.8	1.789	2.698	0.3600		
	p 值		>0.05	>0.05	>0.05	>0.05		>0.05

工频电场和磁场对血液系统的影响虽未发现有特异性变化，不过从多数研究报告和临床化验结果来看，血小板减少和白细胞偏低者居多数。

　　意大利学者较早对鼠、兔、狗进行过全面实验，用电场强度为 25～100 kV/m 进行照射，结果除发现了狗的血色素和橙细胞下降外，其余无变化。Meda 报告在同样场强下暴露 1000 h，其中性白细胞虽有增多，但仍在正常范围内。苏联 Kazadeloph 等人用 200 只大鼠分别暴露在 1～15 kV/m 场强中 4 个月，认为在 7～15 kV/m 场强时即可引起大鼠某些变化，如体重、活动能力、反射潜伏期、拮抗肌时值、血糖、余氯、尿素、甲状腺功能、末梢血液成分和器官中微量元素等发生改变，并随着电场强度的增加而趋明显。

　　工频电场或磁场暴露对免疫系统组成部分的影响研究，总体而言是不一致的。有关工频磁场对血液系统影响的研究开展得很少，在评估白细胞数量差异的实验中，暴露范围 2 μT～2 mT。不论在人类或动物研究中，工频磁场或工频电场结合磁场的急性暴露，都没有发现一致的影响。总之，工频电场或磁场对于免疫和血液系统影响的证据，被认为是不足的。

4.3.1.6　工频电场和磁场对生殖系统的影响

　　近年来，国内外进行了大量工频电场和磁场对人生育影响的相关研究，取得了不少重要研究成果。

　　Knave 等对工频电磁辐射下的工作人员进行了生育调查，发现这些工作人员生育力偏低，并且生男婴者百分比亦低。瑞典 Nordstrom 的一项调查表明，男性在高压送变电站工作，所生婴儿中先天性畸形率有所增高，在 119 个儿童中就有 12 个；而对照组的 225 个儿童中只有 9 个，在统计学上有显著性意义。Nordstrom 在另一项调查中发现，男性工作在 400 kV 变电站的夫妇中，生育子女很困难；还发现变电站工人的淋巴细胞染色体畸变增多，20 个变电站工人的染色单体和染色体断裂的比率显著高于 17 人的对照组，并且染色单体断裂明显增加。作者分析认为，这种染色体畸变可能由火花放电引起，并不是工频电场和磁场影响引起的。德国 Bauchinger 等对 32 名职业工人长期暴露于 380 kV/m 达 20 年的观察，染色体结构畸变或姐妹染色体单体交换频率并没有增高，即对染色体影响并不大。

　　Phillips 的学者将母猪暴露于电场强度为 30 kV/m，每天 20 h，连照 18 个月，然后令其与正常公猪交配，结果产下的第一代仔猪畸形增多，体重亦较轻。继续进行实验，将此第一代成熟的母猪在 30 kV/m 电场下受照射，每天 20 h，连照 18 个月，然后与正常公猪交配，结果产下的第二代仔猪畸形仍增多，体重明显减轻，生育率有所下降。

　　意大利米兰大学人类生理研究所用雄鼠进行急、慢性实验，急性实验每天 30 min，用 100 kV/m 电场强度暴露；慢性实验每天 8 h，用 100 kV/m 电场强度暴露，总的观察时间结合雄性鼠的生殖细胞的成熟周期而定。实验后，观察雄鼠新鲜精液、睾丸组织形态学变化等，结果表明，未发现精子的数量和形态有变化，睾丸结构与组织形态也没有改变；只是在急性实验中其交配次数和妊娠率均降低，但在慢性实验中未发现此现象，其交配次数和妊娠率都是正常的。

该研究所还对雄性大鼠的生育能力进行了观察，并对急性实验和慢性实验分别做了记录，急性实验的雄鼠的第一代仔鼠 100 只，慢性实验的雄鼠的第一代仔鼠 700 只，均未发现对胚胎有毒性作用或致畸作用。

上述两种情况的结果并不一致，可能是由于动物种类、条件等不同所致。近年来，通过实验和调查研究认为，一定场强的工频电场和磁场对动物的生育及其子代生长发育是有影响的。

电热毯在冬季被广泛采用，尤其北方使用较多，很多孕妇用来取暖。电热毯所产生的电磁场对孕妇和胎儿的影响并不被广大群众所知。孕妇常睡的电热毯，实际上是家庭中胚胎或胎儿可能受到的电磁感应强度最大、作用时间最长的辐射源。自从 1986 年 Wertheimer 和 Leeper 首次报道了胎儿生长和孕妇流产呈季节性变化，并推测可能与使用电热毯有关系后，国内外对工频电场和磁场与生殖、发育的关系开展了实验研究。山东临沂医学院对 1787 名孕妇进行了分析，冬季受孕妇女自然流产率明显高于其他季节（$p < 0.05$）。在冬季受孕而自然流产的妇女中，有 83.6% 的人冬季睡电热毯。

有研究认为，在 24 h 全天候接受最大为 3.51 μT 工频电磁辐射的情况下，女性早产风险值是正常情况的 2 倍。

整体而言，目前的研究没有显示母亲或父亲的工频场暴露与有害的人类生育结果之间有关联。科学家发现有一些流产风险增长与母亲磁场暴露之间有关联的证据，但这种证据不足。

4.3.1.7　工频电场和磁场与癌症

1998 年美国国家环境卫生科学研究所（NIEHS）召集的专家审查组对接触 60 Hz 电磁场的生物健康效应的科学证据取得一致意见：应将电磁场看作可疑的人类致癌物（possible human carcinogen）。国际肿瘤研究机构（IARC）主要根据 2001 年及其之前的所有可用数据，将工频磁场归类为"可疑致癌物"（IARC，2002）。从此推动了这一领域流行病学、实验研究与调查工作的进一步开展，并取得了不少成果。

国内外大量流行病学调查和实验研究中，大多学者认可工频电场和磁场与癌症（尤其是白血病和乳腺癌）的发病具有一定关系，还需要进一步深入调查。目前为止并无令人信服的证据证明工频电场和磁场具有致癌作用，同时也无法利用这些资料作为制定暴露标准的基础。

（1）流行病学研究。在工频电场和磁场致癌研究中，流行病学调查占有重要位置。20 世纪 70 年代末，Wertheime 和 Leeper 研究发现，住在高压输电线附近儿童患白血病的多，这是由于高压输电线产生的磁场水平较高造成的。他们通过对美国居住在大电流装置附近家庭的 344 名年龄在 19 岁以下死于癌症者，以病例 - 对照研究，发现癌的发病率尤其是白血病明显高于对照组，其发病年龄也比对照组低。作者认为这是该地区环境交变磁场影响的结果，于是以同样的方法进行研究，发现成年人癌的发病率也增高，呈现出癌发病率与电磁场剂量有关。这引起了学术界与政府的重视。

在关于工频电场和磁场与儿童淋巴瘤的流行病学调查中，大部分结论表明住在电线附近导致儿童白血病的危险明显升高。Linet 对儿童原始淋巴型恶性淋巴瘤进行了对照研究，结果显示：生存环境磁感应强度大于 0.2 μT 以上，*OR* 值是 1.24。Docerty-JD 对新西兰的 0～14 岁儿童白血病患者进行研究，发现卧室内磁感应强度大于 0.2 μT，与小于 0.1 μT 进行比较，*OR* 值是 15.5，白天室内磁感应强度大于 0.2 μT，与小于 0.1 μT 进行比较，*OR* 值为 5.25。瑞典斯德哥尔摩卡洛利斯大学的科学家对 43 万名长期居住在高压线、高压送变站附近的居民健康进行了调查。研究结果表明，这其中 15 岁以下的儿童白血病患者比一般儿童高出 4 倍以上。Tomenius 报道瑞典的一项研究，儿童癌症的发生与其居住的房屋里的磁场有关，提到住房里 50 Hz 磁感应强度大于 0.3 μT 时，则儿童的癌发生率增加。IARC 认为长期暴露于磁感应强度大于 0.4 μT 环境工频电场和磁场的儿童与非暴露地区儿童比较，有发生癌症的可能性。

有关影响妊娠的流行病学研究并未提供连续一致的证据证明各种场可以对操作视频显示单元（VDU）的妇女导致不利于妊娠的影响（Bergqvist；Shaw 和 Croen；NRPB；Tenforde）。例如，在比较使用和不使用 VDU 的两类妇女的调查中，研究并未发现胎儿会自发流产或者产生畸形（Shaw 和 Croen）。两项其他调查主要研究了 VDU 所产生电场和磁场的实际测量情况，Lindbohm 等人调查显示低频电磁场同流产之间存在联系，而 Schnorr 等人调查则发现二者并无联系。Coogan 和 Loomis 发现长期暴露于磁场本底高的妇女乳腺癌发生率高于非暴露者。Kliukiene 等进行了 1980—1996 年队列研究，发现居住在高压输电线附近的女性，患乳腺癌风险比远离高压输电线的女性高，但没有直接接触资料，因此尚不能得出肯定结论。

Lin 等报道了脑瘤与工频电场和磁场职业暴露的关系，经常暴露在强工频电场和磁场工作环境的职业人群脑癌发病率明显增加。

Theriault 等人对 3 家电力公司工人进行调查研究。在其中一家电力公司，患有白血病的工人与对比组的工人相较而言，其暴露于电场的可能性较大。此外，从暴露于高强度电磁组合场的工人来看，这种关联相对更强（Miller 等人）。在第二家电力公司，调查人员并未在白血病与工作场所电场的高强度累积暴露之间发现关联性，但是某些分析发现这种暴露同脑癌之间存在联系（Guenel 等人）。研究人员同时也发现这种高强度暴露与结肠癌之间有关联，但是在电力公司工人参加人数非常多的调查中，调查人员并未发现二者存在任何联系。在第三家电力公司，调查人员并未发现高强度电场与脑瘤和白血病之间有什么联系，但是此次研究的参加人数较少，不太可能检测出可能存在的微小变化（Baris 等人）。

Wright 发现从事输电线维修的工人癌症发病率是正常人群的 6 倍。Pearce 发现从事广播和电视维修的工人癌症发病率是背景值较底地区人员的 5 倍，而电子设备装配人员，癌症发病率是非暴露人员的 8 倍。

Linet 发现高压线工作者中慢性淋巴细胞型细胞瘤患者是其他工种的两倍。Richardson 等人发现电磁场暴露的工作人员急性髓样淋巴瘤发病率是低本底地区人员的 3～4 倍。

Spitz 和 Johusson 等在美国进行了一次流行病学调查，发现长期在工频电场和磁场条件下工作的职业人群中，他们的子女中枢神经系统癌发病率显著增加，这一报道更引起人们关注。McDowall、Wriggat 和 Coleman 等人在华盛顿、洛杉矶、英格兰、威尔士和伦敦等地进行了与从事和电有关职业人群肿瘤研究，取得了一些有价值的资料，尽管结论并不一致，对于认识工频电场和磁场与肿瘤发生的关系具有积极意义。

中国疾病预防控制中心研究人员陈青松通过 Meta 分析方法，综合分析国外 10 项对工频电场和磁场的暴露与乳腺癌关系的病例对照研究资料，通过同质性检验，得出 Q 值为 6.53，自由度为 9，$P < 0.05$，应用随机效应模型合并的 OR 值为 $ORDL = 1.03$，95% $CI =$（0.99，1.09），表明工频电场和磁场与乳腺癌发生无关。对文献进行分层分析，亚组未绝经组为 $OR_{MH} = 1.24$，95% $CI =$（1.03，1.49），绝经组为 $OR_{MH} = 0.94$，95% $CI =$（0.81，1.09），表明未绝经组乳腺癌与工频电场和磁场暴露相关，而绝经组则为无关。儿童暴露组白血病发生 $ORDL = 1.19$，95% $CI =$（1.00，1.42），职业暴露组 $ORDL = 0.08$，95% $CI =$（0.82，1.42）。表明两组人群与白血病发生有一定关系，但职业暴露组无统计学差异，而儿童暴露组有统计学意义。

据统计，颅内肿瘤约占全身肿瘤的 5%，占儿童肿瘤的 70%。工频电场和磁场与脑瘤的关系是近年来研究热点之一。Baldil 等 2010 年对法国 Gironde 地区 1999—2001 年大于 16 岁，诊断为脑瘤患者进行比例对照研究。数据分析得出：职业电磁场暴露对所有脑瘤发生的 OR 值为 1.59，神经胶质瘤为 1.20，听神经肿瘤为 1.23，但差异均无统计学意义，住在距高压线 100 m 以内的各种脑瘤患者也均无统计学意义。但职业暴露与脑膜瘤 $OR = 3.02$，95% $CI =$（1.10，8.25），差异有统计学意义，研究人员认为职业电磁场暴露与脑膜瘤发生可能存在相关险。Klaeboe 等、Johansene 等和 R. A. Kleinerman 等所做的数据也是认为差异无统计学意义，二者无相关性。Villeneuve 等对加拿大恶性脑肿瘤患者所做的病例对照研究中发现，在平均 0.6 μT 以上场强的环境下工作的男性工人与 0.3 μT 以下的男性工人相比，其患脑肿瘤的危险性增高，OR 值达到 5.36（95%，$CI = 1.16 \sim 24.78$）。

流行病学的证据被方法问题所削弱，例如潜在的选择性偏倚。IARC 的分类，很大程度上受到关于儿童期白血病流行病学研究中所观察到的关联的影响。这种证据被分类为"有限的"，在增加了 2002 年后发表的另两例儿童期白血病研究，也未改变这种分类。另外，没有可接受的生物物理机制来说明低水平暴露和引发癌症有关。IARC 专著出版后，学界发表了许多关于成人女性乳癌风险与工频磁场暴露关联的报告。这些研究比先前进行的研究规模更大，更不受偏倚影响，所有的结果是阴性的。根据这些研究，有关工频磁场暴露和女性乳癌风险关联性的证据被大幅削弱了，而且不支持这类关联。

（2）实验室动物研究。当前没有足够最普通形式的儿童期白血病（急性淋巴细胞白血病）动物模型。3 种独立的大规模大鼠研究，未提供工频磁场对自生乳房肿瘤发生率影响的证据。大部分研究报告了工频磁场不影响啮齿动物模型的白血病或淋巴瘤。一些关于啮齿动物的大规模、长期研究，未显示包括造血、乳腺、脑部和皮肤肿瘤在内的任何种类癌症有任何一致性的增加。

大量 ELF 磁场对大鼠化学诱导乳房肿瘤的研究，得到的结果是不一致的，可能全部或部分是因为实验方案不同，例如使用了特殊的亚族。大多数关于 ELF 磁场暴露对化学诱导或辐射诱导白血病/淋巴瘤模型的研究是阴性的。对肝癌前期病变、化学诱导皮肤肿瘤和脑瘤的研究，大部分报告阴性结果。

没有证据表明工频磁场可以改变 DNA 和染色质的结构，科学家也无法证明 ELF 磁场会导致突变以及癌变。实验室研究结果也支持这一点，这些研究专门在 ELF 暴露情况下检测了 DNA 和染色体的损伤、突变情况以及增加的变形频率（NRPB；Murphy，等人；McCann，等人；Tenforde）。目前缺乏染色体结构受影响的证据，这说明即使这类场对致癌过程有作用，它们更可能是促癌因素，而非原始的致癌因素，它们可能会导致基因突变细胞激增，而不是引起 DNA 或染色体的最初损害。因此，最近一些研究的重点开始发生转变，它们试图发现在化学致癌物导致人体产生肿瘤之后，ELF 磁场将对肿瘤生长的促长和发展阶段产生什么样的影响。

在移植老鼠肿瘤的研究中，试管内癌细胞的生长结果并不能提供足够的证据证明暴露于工频场可能会致癌（Tenforde）。若干项其他研究致力于各种场与人体肿瘤的直接关系，它们通过试管测试研究了工频磁场是否可以对老鼠的皮肤肿瘤、肝脏肿瘤、脑部肿瘤和乳腺肿瘤产生促长作用。3 项皮肤癌促长研究（McLean 等人，Rannug 等人）无法证明连续或间歇暴露于工频磁场将对化学制剂导致的肿瘤产生促长作用。在强度为 2 mT 的 60 Hz 场中，佛波醇酯以及工频场可以在试验的初始阶段对老鼠皮肤癌的发展起到联合促长的作用，但是当这项试验在第 23 周完成后，却不再具有统计学上的意义（Stuchly，等人）。在由被部分切除肝脏的老鼠组成的转化性肝脏病灶试验中，肿瘤最初由化学致癌物质导致，并在佛波醇酯的促进下生长，Rannug 等试验结果表明强度为 $0.5\sim50\ \mu T$ 的 50 Hz 场不会产生促长或者联合促长作用。

一些对老鼠乳腺癌发展的研究中，化学剂是最初的致癌因素，研究表明强度在 $0.01\sim30\ mT$ 的工频磁场可以促进癌细胞的生长（Beniashvili，等人；Baum，等人；Loscher & Mevissen）。当暴露于磁场之中时，老鼠的癌症患病率升高，这种观察结果导致以下假设：磁场能够抑制松果体分泌褪黑激素，进而导致甾类激素分泌水平的升高，增加乳癌的患病风险（Stevens；Stevens，等人）。但是，在下结论认定工频磁场对乳癌具有促长作用之前，需要更多重复性试验。

总之，没有工频磁场暴露单独会导致癌症的证据，学术界有关工频磁场暴露与致癌物质结合会促进肿瘤生长的证据是不足的。

（3）体外研究。一般来说，关于细胞工频场暴露影响的研究，在低于 50 mT 的场中显示不会引起基因毒性。最近有研究报道了场强低至 35 μT 时 DNA 损害的证据。这些研究现在还处于评估中。越来越多的证据显示，工频磁场可能与损害 DNA 的物剂相互作用。

没有充足的证据表明，工频磁场会激活与细胞循环控制有关的基因。但是，分析整个基因组反应的系统研究还未进行。

许多其他的细胞研究，例如细胞繁殖、凋亡、钙化信号和恶性转化，产生的都是不一致或没有结论的结果。

在成人脑癌和白血病方面，IARC 专著之后发布的新研究未改变之前的结论，即关于工频磁场和这些疾病风险之间关联的总体证据是不足的，对其他疾病和所有其他癌症来说，证据仍是不足的。

4.3.2　工频电场和磁场对动物的影响

在工频电场和磁场对人体健康影响的研究中，有很多实验研究是通过动物实验来实现的。动物研究可为人类研究得出的证据提供支持，填补人类研究得出证据中的数据空白，或在人类研究不足或空缺时做出风险决策。动物研究用得最多的是小鼠和大鼠，除此之外也使用了其他种类的动物，如狗、猫、猪、鸟类、昆虫甚至灵长类动物。从频率角度讲，以 50～60 Hz 进行的实验为多，在 100 Hz 和 300 Hz 频率之间也有少量的实验研究。

4.3.2.1　工频电场和磁场对动物行为的影响

工频电场和磁场可以改变动物的行为。Stern 等用 60 Hz 对动物进行了行为变化实验，大鼠的场强范围是 4～6 kV/m，小鼠、猪、鸽子和小鸡对电场感觉的阈值在 25～35 kV/m 范围内。Hjeresen 等进行了动物有喜好/逃避行为的实验。动物对工频电场和磁场暴露或不暴露进行选择，各种动物并不相同，在 100 V/m 时猴子喜好的行为或短暂的识别力受暴露的影响不明显，大鼠喜欢在 25 kV/m 场强下保持安静，而在 75～100 kV/m 场强时则要逃避；猪到晚上要离开 30 kV/m 环境，在行为变化方面不明显。大鼠和小鼠在 25～35 kV/m 场强时，可出现短暂反应增加。Gavalas 等用猴子进行了实验，只观察到了反应时间的变化，没有看到行为的变化。

还有一些研究，用较高电磁场强度对动物进行实验，则动物出现行为改变；也有科研人员用较高电磁场强对动物进行实验，并没有观察到动物行为有明显的变化。这可能是由于实验方法不同造成的。

4.3.2.2　工频电场和磁场对生物节律的影响

Dowse 用 10 Hz、150 V/m 场强照射果蝇，果蝇的活动节律受到了影响。Duffy 和 Ehret 等用 60 Hz、一定强度的电场照射大鼠和小鼠，大鼠和小鼠出现了生理节律变化，但仅在雄性小鼠身上观察到了活动和氧代谢的节律变化，而没有在大鼠身上看到什么改变。

Wilson 等通过测量不同时间的多位点松果腺酶和吲哚的产生来反映生理节律，他们用的办法是，将大鼠暴露在 1.5～40 kV/m 的电场条件下，3 周以后观察到正常夜间抗黑变激素的上升和它们生物合成酶之一（N－乙酰转移酶）明显减少。Wilson 的研究还证实，小鼠和大鼠夜间松果体的变化对磁场是较敏感的。然而 Sulzman 等用 39 kV/m、100 μT 的电场和磁场对大鼠和猴子进行了实验，并没有观察到生理节律变化。

在鼠类暴露于微弱的工频电场和磁场的研究中，研究人员发现其夜间松果体褪黑激素的合成量会减少，但在受控条件下，并未在人身上发现相同的变化。在强度达到 20 T 的 60 Hz 磁场中，研究人员发现磁场对血液中的褪黑激素水平并无可靠的影响。

在大量调查工频电场和磁场对大鼠松果体和血清褪黑激素水平影响的动物研究中，

一些报告称暴露会抑制夜间褪黑激素的分泌。100 kV/m 的电场暴露研究中首次观察到的褪黑激素水平变化的研究不能被重复。一系列研究显示了循环极化磁场会抑制夜间褪黑激素水平，但上述结果因将暴露动物和历史对照进行了不适当的比较而被削弱。其他啮齿动物试验的数据包括了从几个 μT 到 5 mT 的场强水平，结果也是不确定的。在季节性繁殖动物中，工频场暴露对褪黑激素水平以及由褪黑激素决定的繁殖状况影响的证据，绝大部分都是否定的。在非人类灵长类动物长期暴露于工频场的研究中，没有发现明确的影响。

4.3.2.3 工频电场和磁场与动物肿瘤的关系

20 世纪 70 年代末，Wertheimer 与 Leeper 报道居住在高压输电线周围的儿童白血病患病率增高，这引起了众多科技工作者和部分国家政府与研究机构的重视。1998 年，美国国家环境卫生研究所（NIEHS）便组织了一个国际工作组，以国际癌症研究所（IARC）制定的有关标准为依据，在认为工频磁场对人体健康危害的意见中明确指出：工频磁场应当被视为"可疑人类致癌物"。从此推动了这一领域流行病学、实验研究与调查工作的进一步开展，并取得了一些成果。

在动物实验研究中，以对乳腺癌的研究较多，也有肝癌、脑癌、皮肤癌、白血病等。大量研究调查了工频磁场对大鼠化学诱导乳房肿瘤的影响，得到的结果是不一致的。已有报道用磁感应强度 100 μT 工频磁场每天 24 h 照射，连续 13 w，出现了促进乳腺癌生长的情况；也有阴性结果的报道。一般是使用诱癌剂二甲基苯蒽（DMBA），以观察工频电场和磁场的促癌效应，亦可以与已知促癌剂 12 - 氧 - 14 - 酰佛波 13 酯（TPA）协同产生促癌效应。可能全部或部分是因为实验方案不同，例如使用了特殊的亚族。大多数关于工频磁场暴露对化学诱导或辐射诱导白血病/淋巴瘤模型的研究是阴性的。对肝癌前期病变、化学诱导皮肤肿瘤和脑瘤的研究，大部分报告阴性结果。一项研究称工频磁场暴露会加快紫外（UV）诱导皮肤肿瘤的发生。

Adey 等研究工频磁场促癌，在人和动物身上做了许多实验研究，其中将人类淋巴瘤细胞和小鼠骨髓瘤细胞，用 60 Hz、磁感应强度为 100 μT 动工频磁场照射，结果人淋巴瘤细胞内鸟氨酸脱羧酶（ODC）的活性比对照细胞高出 5 倍，小鼠骨髓瘤细胞内鸟氨酸脱羧酶（ODC）的活性比对照细胞高 2～3 倍。众所周知，鸟氨酸脱羧酶是体内多胺合成的限速酶，只有在增生活跃组织以及肿瘤组织中这种酶的活性才增高，于是研究人员推断，磁场通过激活细胞膜上的蛋白激酶，继而激活细胞膜上其他的激酶而将信息带入细胞内部，激活了鸟氨酸脱羧酶，鸟氨酸脱羧酶的活性一增高就能促使多聚胺的合成，多聚胺就可转运到细胞核，并在这里促进 DNA 和 RNA 的合成，进而导致初始化细胞的生长与分裂，最后导致肿瘤的发生。

国内浙江大学医学院在这方面开展研究工作，研究工频磁场辐射与肿瘤发生的关系，用 Northern 及 Dat 法检测人恶性淋巴瘤 Daudi 细胞受不同强度的 50 Hz 磁场辐射和（或）促癌剂佛波酯（TPA）的作用后其原癌基因 c-fos 的转录水平。结果，0.8 mT 及 0.4 mT、52 Hz 磁感应强度与 TPA 处理的 c-fos 基因转录水平分别是单独 TPA 处理的 143.4% 和 160.7%（$p < 0.05$）。但 0.2 mT 及 100 μT 磁感应强度未发现有协同 TPA 对

c-fos 基因的诱导作用（$p < 0.05$），并且单独用磁场辐射亦无影响 *c-fos* 基因转录的作用。结果表明，一定磁感应强度即 0.4 mT 与 0.8 mT 磁场对 TPA 诱导的 *c-fos* 基因转录具有协同促进效应。

当前没有最普通形式的急性淋巴细胞白血病足够的动物模型。3 种独立的大规模大鼠研究，未提供工频磁场对自生乳房肿瘤发生率影响的证据。大部分研究报告了工频磁场不影响啮齿动物模型的白血病或淋巴瘤。一些关于啮齿动物的大规模、长期研究，未显示包括造血、乳腺、脑部和皮肤肿瘤在内的任何种类癌症有任何一致性的增加。

两个研究小组报告，在生物体内工频磁场暴露后，脑组织内 DNA 键断裂的水平有所增加。但是，其他研究小组利用各种不同啮齿动物基因毒性模型进行研究，未发现基因毒性影响的证据。有关调查非基因毒性对癌症影响的研究结果，是没有结论的。

总之，没有工频磁场暴露单独会导致癌症的证据；有关工频磁场暴露与致癌物质结合会促进肿瘤生长的证据，是不足的。

4.3.2.4　工频电场和磁场对动物其他生理功能的影响

Mahmoud 等把猪放在 345 kV/m 高压线下饲养，仍保持农村自然环境条件，几个月后猪的生长发育与对照组并没有明显差异。将蜜蜂放在高压输电线下饲养，其环境电场强度为 8 kV/m 和 11 kV/m，则出现了蜂群繁殖力下降，冬季死亡率升高，蜂蜜的产量下降。

苏联 КОЗЯРИН 等进行了比较全面的研究，既有动物实验研究，又有人群流行病学的研究，至今仍有一定意义和价值。该动物实验将 200 只雄性大鼠分成 7 组，分别用 50 Hz 工频电场照射，第一组为对照组，不做任何照射；第二组动物的照射场强度为 1 kV/m，第三组为 2 kV/m，第四组为 4 kV/m，第五组为 7 kV/m，第六组为 15 kV/m。每天 2 h，连续 4 个月。4 个月后观察其体重、血胆碱酯酶活性、血糖、尿素等指标的变化。其结果见表 4 - 22。由此可知，电场强度 7 kV/m 和 15 kV/m，每天照射动物 2 h，连续 4 个月，即可引起大鼠某些指标发生变化，如体重、综合阈指标、拮抗肌时值、血液胆碱酯酶、血糖、血氮、尿素含量、甲状腺功能等。

表 4 - 22　实验结束时动物的生理变化功能指标

检查指标	统计指标	动物组别					
		第一组（对照）	第二组（1 kV/m）	第三组（2 kV/m）	第四组（4 kV/m）	第五组（7 kV/m）	第六组（15 kV/m）
动物体重/g	$\bar{X} \pm S$	295.2 10.7	285.3 11.5	270.3 14.0	283.3 11.1	261.6 10.1	253.9 10.7
游泳实验/min	$\bar{X} \pm S$	6.8 0.4	6.5 0.9	7.3 0.9	6.6 1.2	3.9* 0.3	4.4* 0.9
拮抗肌时值的比值（伸肌/屈肌）	$\bar{X} \pm S$	1.9 0.2	1.6 0.2	1.6 0.2	1.6 0.1	0.50* 0.08	0.40* 0.04

续上表

检查指标	统计指标	动物组别					
		第一组（对照）	第二组（1 kV/m）	第三组（2 kV/m）	第四组（4 kV/m）	第五组（7 kV/m）	第六组（15 kV/m）
综合阈指标 B	$\bar{X} \pm S$	11.7 0.5	11.2 0.3	11.7 0.5	12.0 0.4	17.3 0.2	19.1* 0.1
血胆碱酯酶活性/$[\mu g \cdot (mL \cdot min^{-1})^{-1}]$	$\bar{X} \pm S$	130.8 3.3	127.3 6.0	128.6 5.8	128.6 5.8	134.5 4.1	150.2* 6.5
甲状腺放射性碘的最大吸收百分率/%	$\bar{X} \pm S$	59.4 3.6	52.7 2.2	55.2 2.6	52.4 2.8	40.8 1.9	42.7 3.7
血糖含量/(mg, %)	$\bar{X} \pm S$	73.5 3.8	81.3 4.4	83.3 4.0	80.7 2.9	85.5* 1.3	86.7* 3.7
血余氮含量/(mg, %)	$\bar{X} \pm S$	24.8 0.9	25.3 1.6	26.7 1.2	26.2 1.0	28.2* 0.9	30.3* 1.2
血尿素含量/(mg, %)	$\bar{X} \pm S$	29.7 1.8	30.7 1.8	33.4 2.4	32.5 2.5	39.8* 1.6	40.5* 2.1

* $p < 0.05$。

采用动物做实验所得到的结果，不能完全推论到人身上，因为两者的心理与生理状态不同，形态更不同，又因动物身上的毛由于电场的存在，可随电场频率而振动，也会引起动物的不安，所以动物实验结果不能直接应用于评价人群效应。

4.4　总结

4.4.1　急性效应

关于工频电场和磁场的急性效应是指在比较高的暴露水平，导致不良健康的效应，例如神经刺激。外部工频磁场在人体内感应出电场和电流，当场强非常高时，会导致神经和肌肉的刺激，并引起中枢神经系统中神经细胞兴奋性的变化。对于高水平磁场暴露（显著超过 100 μT）产生的生物效应，已是确定的了，可由公认的生物物理机制予以解释。对神经系统的急性影响构成了制定国际导则的基础，目前几个国际组织已提出了基于急性效应的暴露限值。ICNIRP 导则对公众 50 Hz 的电场限值为 5 kV/m，磁场限值为 100 μT；对职业人群 50 Hz 的电场和磁场相应的水平为 10 kV/m 和 500 μT。IEEEC 95.6 对暴露于 50 Hz 职业人群的暴露限值是 20 kV/m 和 2710 μT。但是，急性影响不可能发生在公众环境和大多数工作环境中，因为引起急性影响的暴露水平一般比较高。

4.4.2　潜在长期效应

关于工频场暴露对人体的长期效应，NIEHS 的 "EMF RAPID" 项目认为基于当时的研究，所有参与评论的 30 名科学家都不认为它是 "已知的致癌物（known human carcinogen）" 或 "可能的致癌物（probable human carcinogen）"，而大部分科学家认为它是一种 "可疑的致癌物（possible human carcinogen）" 主要是基于住宅暴露与儿童白血病以及职业暴露与慢性淋巴细胞白血病的有限证据而得出的。大量针对工频磁场暴露长期风险的科学研究，都将重点放在儿童期白血病上。2002 年，IARC（*International Agency for Research on Cancer*）发表了一本专论，将工频磁场归类为 "可疑致癌物"。被列为该类的物质，其在人类致癌性方面存在有限的证据，在实验动物致癌性方面存在不足的证据（该类物质还包括咖啡和焊接烟雾）。该分类是根据对流行病学研究的集合分析而做出的，这些研究在住所中工频磁场平均暴露超过 0.3 μT 与儿童期白血病患病率两倍增长之间，显示了一致的关联。自此其他研究都没能改变这种分类的状况。但是，流行病学的证据被方法问题所削弱，例如潜在的选择性偏倚。另外，也没有可接受的生物物理机制来说明低水平暴露和引发癌症有关。因此，如果说低水平场暴露会产生影响，就必须先通过我们至今还不知道的一个生物机制来解释。此外，动物研究结果大多是阴性的。

2007 年的 Bioinitiative 报告则认为现存的暴露标准不足以保护公众及职业人群的健康，因为在低于现有标准数倍的水平下就已经对身体产生不良效应。Bioinitiative 报告认为必须制定新的极低频磁场的暴露限值，限值应设置得低于引起儿童白血病风险增加的水平，同时再附加安全因子。报告中建议的水平在 0.2～0.4 μT 范围内。美国电力研究所（EPRI）、欧盟第六框架计划（FP6）、澳大利亚射频生物效应研究中心（ACRBR）对 Bioinitiative 报告多呈否定态度，认为它其中的观点过于激进。

儿童期白血病是一种较为罕见的疾病，2000 年全球总的新病例量大约是 49000 例。住所中平均磁场暴露超过 0.3 μT 的很少见，患病儿童中只有 1%～4% 生活在这种状况下。如果说磁场暴露和儿童期白血病之间的关联是有因果性的，那以 2000 年的数值计算，全世界因磁场暴露而导致的病例数是每年 100～2400 例，代表着那年总病例的 0.2%～4.95%。因此，总体权衡，与儿童期白血病有关的证据不足以认定其存在因果关系。

除了癌症之外，"EMF RAPID" 项目还认为现有的暴露水平与其他肿瘤或者是非肿瘤疾病之间的关系并没有足够的证据引起担忧。而 WHO 的 EMF 项目关注的慢性效应集中在极低频磁场与儿童白血病、抑郁症、自杀、生殖障碍、发育紊乱、免疫修复、神经退行性疾病和心血管疾病等的关联，但在对所有的实验室证据进行综合评估和权重分析之后，研究人员认为现有的证据强度也不足以证明低水平的极低频磁场暴露与疾病状态变化之间存在因果关系。IARC 的评估中，极低频磁场被视为 2B 类，即可疑的致癌物质。

如果说工频电场和磁场确实增加了这种疾病的风险，从全球角度考虑，工频电场和磁场暴露对公众健康的影响也是有限的。

参考文献:

［1］AKERSTEDT T, et al. A 50 Hz electromagnetic field impairs sleep［J］. J sleep res, 1999, 8 (1): 77 – 81.

［2］ANDREAS CHRIST, ANJA KLINGENBÖCK. The dependence of electromagnetic far-field absorption on body tissue composition in the frequency range from 300 MHz to 6 GHz ［J］. IEEE transactions on microwave theory and techniques, 2006, 54 (5): 2188 – 2195.

［3］ARAFA H M, et al. Immunomodulatory effects of lcarnitine and q 10 in mouse spleen exposed to low-frequency high-intensity magnetic field ［J］. Toxicology, 2003, 187 (2 – 3): 171 – 181.

［4］BAKOS J, NAGY N, THUROCZY Q, et al. Sinusoidal 50 Hz, 100 μT magnetic field has no acute effect on urinary 6-sul-phatoxymelatoninin wistar rats ［J］. Bioelectromagnetics, 1995, 16: 377 – 380.

［5］BALDI I, G. COUREAU, ANNE JAFFRE, et al. Occupational and residential exposure to electromagnetic fields and risk of brain tumors in adults: a case-control study in Gironde, France ［J］. Int J cancer, 2011, 129 (6): 1477 – 1484.

［6］BARIS D, ARMSTRONG B G, DEADMAN J, et al. Amortality study of electrical utility workers in Quebec ［J］. Occ environ med, 1996, 53: 25 – 31.

［7］BAUM A, MEVISSEN M, KAMINO K, et al. A histopathological study on alterations in DMBA-induced mammary carcinogenesis in rats with 50 Hz, 100 mT magnetic field exposure ［J］. Carcinogenesis, 1995, 16: 119 – 125.

［8］BENIASHVILI D S, BILANISHVILI V G, MENABDE M Z. The effect of low-frequency electromagnetic fields on the development of experimental mammary tumors ［J］. Vopr Onkol, 1991, 37: 937 – 941.

［9］BERGQVIST U. Pregnancy outcome and VDU work-a review ［M］//LUCZAK H, CAKIR A, AN CAKIR G, eds. Work with display units '92-selected proceedings of the 3rd International Conference WWDO '92, Berlin Germany, 1992, 1 – 4.

［10］BioInitiative Report: A Rationale for a Biologically-based Public Exposure Standard for Electromagnetic Fields (ELF and RF) ［EB/OL］. ［2007 – 08 – 31］. http://www.bioinitiative. org.

［11］COLEMAN M P, BELL C M J, TAYLOR H L, PRIMIC-ZAKELJ M. Leukemia and residence near electricity transmission equipment: a case-control study ［J］. Br J cancer, 1989, 60: 793 – 798.

［12］Comments on the BioInitiative Working Group Report. (BioInitiative Report). EMF-

NET［EB/OL］.　［2007 - 10 - 30］. http：//ihcp. jrc. ec. europa. eu/our_activities/
public-health/exposure_health_impact_met/emf-net/docs/efrtdocuments/EMF-NET%
20Comments%20on%20the%20BioInitiative%20Report%2030OCT2007. pdf.

［13］ COOGAN P F, ASCHENGRAU A. Exposure to power frequency magnetic fields and risk
of breast cancer in the upper cape code incidence study［J］. Arch environ health,
1998, 53（5）：359 - 367.

［14］ COOGAN P F, CLAPP R W. NEWCOMB P A. Occupational exposure to 60-Hertz
magnetic fields and risk of breast cancer in women［J］. Epidemiology, 1996, 7：459 -
464.

［15］ DAVIS S, MIRICK D K, et al. Effects of 60 Hz magnetic field exposure on nocturnal
6-sulfatoxymelatonin, estrogens, luteinizing hormone, and follicle-stimulating hormone
in healthy reproductive-age women：results of a crossover trial［J］. Ann epidemiol,
2006, 16（8）：622 - 631.

［16］ DAWSON T W. An analytic solution for verification of computer models for low-frequen-
cy magnetic induction［J］. Radio science, 1997, 32（2）：343 - 367.

［17］ DAWSON T W, CAPUTA K, STUCHLY M A. Numerical evaluation of 60 Hz magnet-
ic induction in the human body in complex occupational environments［J］. Phys med
biol, 1999c, 44（4）：1025 - 1040.

［18］ DAWSON T W, STUCHLY M A. High resolution organ dosimetry for human exposure
to low frequency magnetic fields［J］. IEEE Trans Magn, 1998, 4（3）：708 - 718.

［19］ DAWSON T W, STUCHLY M. Analytic validation of a three-dimensional scalar-poten-
tial finite-difference code for low-frequency magnetic induction［J］. Appl Comput
Eletromag Soc（ACES）J, 1996, 11（3）：72 - 81.

［20］ DENO D W. Currents induced in the human body by high voltage transmission line elec-
tric field-measurement and calculation of distribution and dose［J］. IEEE trans power
apparatus systems, 1997, 96：1517 - 1527.

［21］ DIMBYLOW P J. Development of the female voxel phantom, NAOMI, and its applica-
tion to calculations of induced current densities and el ectric fields from applied low fre-
quency mag-netic and electric fields［J］. Phys med biol, 2005, 50（6）：1047 - 1070.

［22］ DIMBYLOW P J. FDTD calculations of the whole-body aver aged SAR in an anatomical-
ly realistic voxel model of the human body from 1 MHz to 1 GHz［J］. Phys med biol,
1997, 42（3）：479 - 490.

［23］ DOCKERTY J D, ELWOOD J M, et al. Electromagnetic field exposures and childhood
leukaemia in Ner Zealand［J］. Lancet, 1999, 354（9194）：1967 - 1968.

［24］ EDITORIAL. Work Group Concludes-EMFs are possible human carcinogen［J］. Envi-
ron health perspect, 1998, 106（9）：A431.

［25］ ELWOOD J M. A Critical review of epidemiologic studies of radio frequency exposure and human cancers ［J］. Environmental health perspectives, 1999, 107 （suppl. 1）: 155 – 168.

［26］ EPRI. Comment BioInitiative Working Group Report ［R］. http://emf. epri. com/ EPRI_Comment_BioInitiative_Working_Group_Report_10_07. pdf.

［27］ GABRIEL C, GABRIEL S, CORTHOUT E. The dielectric properties of biological tissues: I. Liter-ature survey ［J］. Phys med biol, 1996, 41 （11）: 2231 – 2249.

［28］ GAMBERALE F, et al. Acute effects of ELF electromagnetic fields: a field study of linesmen working with 400 kV power lines ［J］. Br J ind med, 1989, 46: 729 – 737.

［29］ GANDHI O P, CHEN J Y. Numerical dosimetry at power-line frequencies using anatomically based models ［J］. Bioelectromagnetics, 1992, 13 （Suppl 1）: 43 – 60.

［30］ GANDHI O P. Some numerical methods for dosimetry: extremely low frequencies to microwave frequencies ［J］. Radio science, 1995, 30 （1）: 161 – 177.

［31］ GOLD, et al. Exposure of simian virus-40 transformed human cell to magntic fields results in increased levels of T antigen m-RNA and protein ［J］. Bioenergeties, 1994, 315 – 329.

［32］ GUENEL P, NICOLAU J, IMBERNON E, et al. Exposure to 50 Hz electric field and incidence of leukemia, brain tumors, and other cancers among French electric utility workers ［J］. Am J epidemiol, 1996, 144: 1107 – 1121.

［33］ HARRINGTON J M, et al. Leukaemia mortality in relation to magnetic field exposure: find-ings from a study of United Kingdom electricity generation and transmission workers, 1973 – 1997 ［J］. Occup environ med, 2001, 58: 307 – 314.

［34］ HJERESEN D L, et al. A behavioral response of swine to a 60 Hz electric field ［J］. Bioelectromagnetics, 1982, 3: 443 – 451.

［35］ HJERESEN D L, et al. Effects of 60 Hz electricfields on avoidance behavior and activity of rats ［J］. Bioelectromagnetics, 1980, 1: 299 – 312.

［36］ ICNIRP （International Commission on Non-ionizing Radiation Protection）. Exposure to static and low frequency electromagnetic fields, biological effects and health consequences （0～100 kHz） ［J］. Health physics society, 2003, 84 （3）: 383 – 387.

［37］ IEEEC 95. 6. Standard for safety levels with respect to human exposure to electromagnetic fields 0～3 kHz ［M］. USA: The institute of electronics engineers, 2002.

［38］ International Commissionon Non-Ionizing Radiation Protection Guidelines for limiting exposure totine-varying electric, magnetic and electromagnetic fields （up to 300 GHz）, 1998: 17.

［39］ JIAN QING WANG. FDTD calculation of whole-body average SAR in adult and child models for frequencies from 30 MHz to 3 GHz ［J］. Phys med biol, 2006, （51）: 4119 – 4127.

［40］ JOHANSEN C, RAASCHOU NIELSEN O, OLSEN J H, et al. Risk for leukaemia and brain and breast cancer among danish utility workers: a second follow-up ［J］. Occupational and environmental medicine, 2007, 64 (11): 782 – 784.

［41］ JOLANTA KLIUKIENE, TORE TYNES, et al. Residential and occupational exposures to 50 Hz magnetic fields and breast cancer in women: a population-based study ［J］. Am J epidemiol, 2004, 159: 852 – 861.

［42］ KARASEK M and WOLDANSKA-OKONSKA M. Electromagnetic fields and human endocrine system ［J］. Scientific world journal, 2004, 4 Suppl 2: 23 – 28.

［43］ KATO M, HOMNA K, SHIGEMITSU T, et al. Effects of exposure to a circularly polarized 50 Hz magnetic field on plasma and pineal melatonin levels in rats ［J］. Bioelectromagnetics, 1993, 14: 97 – 106.

［44］ KATO M, HONMA K, SHIGEMITSU T, et al. Horizontal or vertical 50 Hz, 1 μT magnetic fields have no effect on pineal gland or plasma melatonin concentration of albino rats ［J］. Neurosci lett, 1994, 168: 205 – 208.

［45］ KATO M, HONMA K S, SHIGEMITSU T, et al. Circularly polarized 50 Hz magnetic field exposure reduces pineal gland and blood melatonin concentrations in Long-Evans rats ［J］. Neuro sci lett, 1994, 166: 59 – 62.

［46］ KATO M, SHIGEMITSU T. Effects of 50 Hz magnetic fields on pineal function in the rat ［M］//STEVENS R G, editor. The melatonin hypothesis, breast cancer and use of electric power. Columbus, Richland: Battelle Press, 1997: 337 – 376.

［47］ KAUNE W T, FORSYTHE W C. Current densities measured in human models exposed to 60 Hz electric fields ［J］. Bioelectromagnetics, 1985, 6: 13 – 32.

［48］ KAUNE W T. Power-frequency electric fields averged over the body surfaces of grounded humans and animals ［J］. Bieoelectromagnetics, 1981, 2: 403 – 406.

［49］ KLAEBOE L, BLAASAAS K G, ELIZABETH E HATCH, et al. Residential and occupational exposure to 50 Hz magnetic fields and brain tumours in Norway: a population-based study ［J］. International journal of cancer, 2005, 115 (1): 137 – 141.

［50］ KLEINENNAN R A, LINET M S, ELIZABETH E HATCH, et al. Self-reported electrical appliance use and risk of adult brain tumors ［J］. American journal of epidemiology, 2005, 161 (2): 136 – 146.

［51］ KOROBSOVA V, MOROZOV U A, YAKUB Y A, et al. Influence of the electric field in 500 and 750 kV switchyard on maintenance staff and means for its protection. International conference on hightension electric systems ［C］. Paris france, 1972: 23 – 28.

［52］ KUROKAWA Y, et al. Acute exposure to 50 Hz magnetic fields with harmonics and transient components: lack of effects on nighttime hormonal secretion in men ［J］. Bioelectromagnetics, 2003, 24 (1): 12 – 20.

［53］ LABEN R A. Effects of low-frequency electromagnetic fields (pulsed and DC) on membrane signal transduction processes in biological system ［J］. Health phys, 1991,

61：15 – 28.

[54] LEE G M, NEUTRA R R, HRISTOVA L, YOST M, HIATT R A. A nested case-control study of residential and personal magnetic field measures and miscarriages [J]. Epidemiology, 2002, 13 (1)：21 – 31.

[55] LINDBOHM M L, HIETANEN M, KYYROÖNEN P, et al. Magnetic fields of video display terminals and spontaneous abortion [J]. Am J epidemiol, 1992, 136：1041 – 1051.

[56] LINET M S. Leukemias and occupation in Sweden：a registry-based analysis [J]. AM J industr med, 1988, 14：319 – 330.

[57] LIN J C. Microwave auditory effects and applications [J]. Springfield, IL：Charles C. Thomas, 1978.

[58] LOBERG L I, et al. Cell viability and growth in battery of human breast cancer cell lines exposed to 60 Hz magnetic fields [J]. Radiat res, 2000, 53 (2)：725 – 728.

[59] LOOMIS D P, SAVITZ D A, ANANTH C V. Breast cancer morality among femeal electrical workers in the United States [J]. J Natl cancer inst, 1994, 86 (12)：921 – 925.

[60] LOSCHER W, MEVISSEN M. Linear relationship between flux density and tumor co-promoting effect of prolonging magnetic exposure in a breast cancer model [J]. Cancer letters, 1995, 96：175 – 180.

[61] MARESH C M, et al. Exercise testing in the evaluation of human responses to power-line frequency fields [J]. Aviation space & environmental medicine, 1988, 59 (12)：1139 – 1145.

[62] MCCANN J, DIETRICH F, RAFFERTY C, et al. A critical review of the genotoxic potential of electric and magnetic fields [J]. Mutation res, 1993, 297：61 – 95.

[63] MCDOWALL M. Mortality in persons resident in the vicinity of electricity transmission facilities [J]. Br J cancer, 1985, 53：271 – 279.

[64] MCLEAN J, STUCHLY M A, MITCHEL R E, et al. Cancer promotion in a mouse skin model by a 60 Hz magnetic field：II. Tumor development and immune response [J]. Bioelectromagnetics, 1991, 12：273 – 287.

[65] MILLER A B, TO T, AGNEW D A, et al. Leukemia following occupational exposure to 60 Hz electricand magnetic fields among ontario electric utility workers [J]. Am J epidemiol, 1996, 144：150 – 160.

[66] MURPHY J C, KADEN D A, WARREN J, et al. power frequency electric and magnetic fields：a review of genetic toxicology [J]. Mutation res, 1993, 296：221 – 240.

[67] NATIONAL RADIOLOGICAL PROTECTION BOARD. Biological effects of exposure to non-ionising electromagnetic fields and radiation：III：Radiofrequency and microwave radiation [M]. Chilton, UK：National Radiological Protection Board, Report R – 240, 1991.

［68］ NATIONAL RADIOLOGICAL PROTECTION BOARD. Electromagnetic fields and the risk of cancer. Report of an Advisory Group on Non-ionising Radiation ［M］. Chilton, UK: National Radiological Protection Board, NRPB Documents, 1992, 3 (1).

［69］ PEARCE N E, SHEPPARD R A, HOWARD J K. Leukemia in electrical workers in New Zealand ［J］. Lancet, 1985, 811 – 812.

［70］ PERRY F S, et al. Environmental power-frequency magnetic fields and suicide ［J］. Health phys, 1981, 41 (2): 267 – 277.

［71］ RANNUG A, EKSTROM T, MILD K H, et al. A study on skin tumour formation inmice with 50 Hz magnetic field exposure ［J］. Carcinogenesis, 1993a, 14: 573 – 578.

［72］ RANNUG A, HOLMBERG B, EKSTRÖM T, et al. Intermittent 50 Hz magnetic field and skin tumour promotion in sencar mice ［J］. Carcinogenesis, 1994, 15: 153 – 157.

［73］ RANNUG A, HOLMBERG B, EKSTRÖM T, et al. Rat liver foci study on coexposure with 50 Hz magnetic fields and known carcinogens ［J］. Bioelectromagnetics, 1993b, 14: 17 – 27.

［74］ RAO S, HENDERSON A S. Regulation of c-fos is affected by electromagnetic fields ［J］. J cell biochem, 1996, 358 – 365.

［75］ REILLY J P, FREEMAN V T, LARKIN W D. Sensory effect of transient electrical stimulation-evaluation with a neuroelectric model ［J］. IEEE trans biomed eng, 1985, 32 (12): 1001 – 1011.

［76］ REINEIX A, BOUND A, JECKO B. Electromagnetic pulse penetration into reinforced-concrete buildings ［J］. IEEE trans, EMC, 1987, 29 (1): 72 – 78.

［77］ RICHARDSON S, ZITTOUN R, et al. Occupational risk factors for acute leukemia: case-control study ［J］. Intl J epidemiol, 1992, 21: 1063 – 1073.

［78］ SARMA MARUVADA P, TURGEON A, GOULET D L. Study of population exposure to magnetic fields due to secondary utilization of transmission lines corridors ［J］. IEEE power delivery, 1995, Vol. 10, Issue. 3: 1541 – 1548.

［79］ SAVITZ D, WACHTEL H, et al. Case-control study of childhood cancer and exposure to 60 Hz magnetic fields ［J］. Am J epidemiel, 1988, 128: 21 – 38.

［80］ SELMAOUI B, LAMBROZO J, TOUITOU Y. Endocrine function in young men exposed for one night to a 50 Hz magnetic field. A circadian study of pituitary, thyroid and adrenocortical hormones ［J］. Life Sci, 1997, 61 (5): 473 – 486.

［81］ SELMAOUI B, TOUITOU Y. Sinusoidal 50 Hz magnetic fields depress rat pineal NAT activity and serum melatonin: role of duration and intensity of exposure ［J］. Life Sci, 1995, 57: 1351 – 1358.

［82］ SHAW G W, CROEN L A. Human adverse reproductive outcomes and electromagnetic fields exposures: review of epidemiologic studies ［J］. Environ health persp, 1993, 101: 107 – 119.

［83］ SHI B，et al. Power-line frequency electromagnetic fields do not induce change in phos-phorylation，localization，or expression of the 27-kilodaltor heat shock protein in human kerationcytes ［J］. Environmentaly health perspectives，2003，111（3）：281－288.

［84］ SIAUVE N. Electromagnetic fields and human body：a new challenge for the electro-magnetic field computation ［J］. The international journal for computation and mathe-matics in electrical and electronic engineering，2003，3（22）：457－469.

［85］ SOBEL E，DAVANIPOUR Z. EMF exposure may cause increased production of amyloid beta and eventually lead to alzheimer 9s disease ［J］. Neurology，1996，47：1594－1600.

［86］ STERN S，et al. Exposure to combined static and 60 Hz magnetic fields：failure to replicate a reported behavioral effect ［J］. Bioelectromagnetics，1996，17（4）：279－292.

［87］ STEVENS R G，DAVIS S，THOMAS D B，ANDERSON L E，WILSON B W. Elec-tric power，pineal function and the risk of breast cancer ［J］. The FASEB journal 6，1992，853－860.

［88］ STEVENS R G. Electric power use and breast cancer：a hypothesis ［J］. Am J epide-miol，1987，125：556－561.

［89］ STUCHLY M A，DAWSON T W. Interaction of low-frequency electric and magnetic fields with the human body ［J］. Proceedings of the IEEE，2000，88（5）：643－664.

［90］ STUCHLY M A，MCLEAN J R N，BURNETT R，et al. Modification of tumor promo-tion in the mouse skin by exposure to an alternating magnetic field ［J］. Cancer letters，1992，65：1－7.

［91］ TENFORDE T S. Interaction of ELF magnetic fields with living systems. In：Polk C，Postow E，eds. Biological effects of electromagnetic fields ［M］. Boca Raton，FL：CRC Press，1996，185－230.

［92］ The ACRBR Perspective On The BioInitiative Report ［R］. ［2008］. www. -acrbr. -org. -au/-FAQ/-ACRBR Bioinitiat-ive Report 18 De-c 2008. -pdf.

［93］ THERIAULT G，GOLDBERG M，MILLER A B，et al. Cancer risks associated with occupational exposure to magnetic fields among electric utility workers in Ontario and Quebec，Canada，and France－1970－1989 ［J］. Am J epidemiol，1994，139：550－572.

［94］ THE WORLD HEALTH ORGANIZATION. Electromagnetic fields and public health：exposure to extremely low frequency fields ［EB/OL］. http://www. who. int/peh-emf/publications/elf_ehc/en/，June 2007，P33.

［95］ VILLENEUVE P J，AGNEW D A，JOHNSON K C，et al. Canadian cancer registries epidemiology research group. Brain cancer and occupational exposure to magnetic fields among men：results from a Canadian population-based case-control study ［J］. Int J epidemiol, 2002, 31: 210 – 217.

[96] WERTHEIMER N, LEEPER E. Electrical wiring configurations and childhood cancer [J]. AM J epidemiol, 1979, 109 (3): 273 – 284.

[97] WHO. FRAMEWORK FOR DEVELOPING HEALTHBASED EMF STANDARDS. WHO, Geneva, Switzerland. [EB/OL]. (2006). http://www. who. int/peh-emf/ standards/framework/en/.

[98] WHO. Nonionizing radiation protectin (second edition) [M]. Copenhagan, 1988, 25: 152 – 163.

[99] WHO, 1946. Preamble to the constitution of WHO as adopted by the International Health Conference, New York. Official Records of the World Health Organization, No. 2, 100. [EB/OL]. (1916 – 06). http://whqlibdoc. who. int/hist/official re-cords/constitution. Pdf.

[100] WILSON B W, ANDERSON L E, HIITON I, et al. Chronic exposure to 60 Hz elec-tric fields: effects on pineal function in the rat [J]. Bioelectromagnetics, 1981, 2: 371 – 380.

[101] WILSON B W, CHESS E K, Anderson L E. 60 Hz electric-field effects on pineal melatonin rhythms: time course for onset and recovery [J]. Bioelectromagnetics, 1986, 7 (2): 239 – 242.

[102] WILSON B W, MATT K S, MORRIS J E, et al. Effects of 60 Hz magnetic field ex-posure on the pineal and hypothalamic-pituitary-gonadal axis in the Siberian hamster (Phodopus sungorus) [J]. Bioelectromagnetics, 1999, 20: 224 – 232.

[103] WRIGHT W E, PETERS J M, MACK T M. Leukemia in workers exposed to electrical and magnetic fields [J]. Lancet, 1982, 11: 1160 – 1161.

[104] X L CHEN, S BENKLER, C H LI, et al. Low frequency electromagnetic field expo-sure study with posable human body model [J]. IEEE international symposium on, e-lectromagnetic compatibility, 2010: 703 – 706.

[105] YELLON S M. Acute 60 Hz magnetic field exposure effects on the melatonin rhythm in the pineal gland and circulation to the adult djungarian hamster [J]. J pineal res, 1994, 16: 136 – 144.

[106] YELLON S M, TRUONG H. Melatonin rhythm onset in the adult Siberian hamster: Influence of photoperiod but not 60 Hz magnetic field exposure on melatonin content in the pineal gland and circulation [J]. J biol rhythms, 1998, 13: 52 – 59.

[107] Yu-nan H L. Ying-hua and Z. Hong-xin, Compute extremely electromagnetic field. exposure by 3-D impendance method [J]. The journal of china universities of posts and telecommunications, 2007, 14 (3): 113 – 116.

[108] ZAFFANELLA L. Survey of residential magnetic field sources. Volume 1: Goals, Results and Conclusions. EPRI Report No. TR-102759. Palo Alto, CA: Electric

Power Research Institute（EPRI），1993：1 – 224.

［109］ ZUBAL G. Computerised three-dimensional segmented human anatomy［J］. Med phys，1994，21（2）：299 – 303.

［110］陈国璋，陈蕙晓. 谈谈生物电磁学研究热点——非热效应［J］. 物理，1998：27（3）：151 – 155.

［111］陈青松. 工频电磁场职业接触控制水平研究［D］. 中国疾病控制中心. 2011：39.

［112］崔鼎新，瞿雪弟. 交流输电线路工频电场和磁场在人体里感应电流的估算方法. 研究与专论［J］. 广东输电与变电技术，2010，4：14 – 17.

［113］黄方经，等. 工频电磁场科研报告［R］. 1986.

［114］李昌敏，等. 工频磁场抑制细胞缝连接通讯功能的机制探讨［J］. 中华劳动卫生职业病杂志，1999，7（6）：324 – 326.

［115］李毅昌，姜槐，付一提，等. 工频磁场对干细胞缝隙连接通讯功能的影响［J］. 中国劳动卫生与职业病杂志，1996：14（4）：210 – 212.

［116］李毅昌，姜槐，付一提，等. 工频磁场对于细胞缝隙连接通讯功能的剂量 – 效应研究［J］. 预防医学杂志，1998：32（3）：142 – 144.

［117］李毅昌，姜槐. 工频磁场促癌效应的研究动态［J］. 国外医学生物医学分册，1998：21（6）：321 – 326.

［118］了桂荣，等. 工频电磁场与肿瘤危险度关系的细胞水平研究现状［M］//电磁辐射生物效应及其医学应用. 西安：第四军医大学出版社，2002：21 – 37.

［119］刘文魁，蔡荣泰. 物理因素职业卫生［M］. 北京：科学出版社，1995：345 – 352.

［120］刘文魁. 电磁辐射的污染及防护与治理［M］. 北京：科学出版社，2003.

［121］刘苗，等. 工频磁场与肿瘤［J］. 中国公共卫生，2001，17（3）：281 – 282.

［122］鲁其强，等. 电热毯的电磁场和人体感应电流［J］. 中华预防医学杂志，1998，32（3）：177 – 179.

［123］美国国家环境卫生研究所（NIEHS）. 电磁场研究与公众信息传播计划（EMF RAPID）——电磁场常见问题问答［EB/OL］. ［2002 – 10 – 01］. http：//www. niehs. nih. gov.

［124］史廷明. 工频电场对家兔神经系统影响的实验研究［J］. 预防医学情报杂志，1990（2）：107.

［125］《输变电设施的电场、磁场及其环境影响》编写组. 输变电设施的电场、磁场及其环境影响［M］. 北京：中国电力出版社，2007.

［126］孙文均，等. 工频磁场对 P38 丝裂原活化的蛋白激酶磷酸化的诱导作用［J］. 中华劳动卫生职业病杂志，2002，20（1）：252 – 255.

［127］杨新村，李毅. WHO "国际电磁场计划" 的评估结论与建议［M］. 北京：中国电力出版社，2015.

［128］杨新村，李毅. WHO "国际电磁场计划" 的评估结论与建议［M］. 北京：中国

电力出版社，2016.

［129］杨新村，李毅．WHO"国际电磁场计划"的评估结论与建议［M］．北京：中国电力出版社，2008.

［130］姚耿东．电磁辐射的危害及防护［M］．北京：北京医科大学中国协和医科大学联合出版社，1994：29 – 37.

［131］曾群力，等．电磁噪声阻断工频磁场对细胞缝隙连接功能的抑制效应［J］．中华劳动卫生职业病杂志，2002，20（1）.

［132］钟涛，等．工频磁场对细胞色素氧化酶亚基 1 基因转录水平的影响［J］．中华劳动卫生职业病杂志，200210（1）：249 – 251.

［133］朱古忠，等．低频电磁场对妊娠期妇女的影响［M］//生物医学物理研究．武汉：武汉大学出版社，1990：100.

应用编

第5章 我国输变电工程建设项目环境管理现状

输变电工程建设项目有其自身的特点，即点线结合、距离较长、交通不便、环境敏感目标复杂但环境影响因子相对简单，影响范围明确；输变电工程数量多、施工周期短、投运时间紧迫，其环境影响范围呈带状。2003年，《中华人民共和国环境影响评价法》正式实施，高压输变电工程建设项目作为社会关注度高的项目列入了环境管理范围，建设单位必须履行相应环保手续。随着输变电工程建设项目环境保护工作、工程实践和运行的不断发展和深入，输变电工程建设项目对其他环境要素的污染影响也日益突现，如对生态环境的影响，水土流失的影响，选线选址与相关规划的符合性和相容性，以及对水、声等常规环境要素的影响等。

经过十几年的努力，我国已经初步建立高压输变电工程建设项目环境保护标准体系。目前，我国还没有一部关于电磁辐射污染防治的单行法。全国仅有原国家环保总局颁布的《电磁辐射环境保护管理办法》，但该办法为部门规章，存在内容滞后、效力级别低等问题，无法满足管理现状需要，对供电部门缺乏有效约束力。

从2013年起，环境保护部陆续颁布了4项输变电工程建设项目环境保护相关的技术标准，对加强相关环境保护工作具有极其重要的意义。特别是《建设项目竣工环境保护验收技术规范 输变电工程》（HJ 705—2014）填补了输变电工程建设项目环保竣工验收无技术标准的空白，对规范输变电工程建设项目竣工环境保护验收调查工作具有极其重大的意义，完善了输变电工程环境管理的标准体系，根据电压等级和工程特征确定不同评价等级，具有重大进步；《环境影响评价技术导则 输变电工程》（HJ 24—2014代替 HJ/T 24—1998）极大地弥补了 HJ/T 24—1998 的不足，根据电压等级和工程特征确定不同评价等级，具有重大进步。但新标准同一电压等级内，地理位置和社会影响等重要因素未纳入考虑，对输变电工程进行分级管理也存在同一电压等级工程评价尺度单一、标准单一，环境风险分析、公众参与内容与现有规定无明显差异、不够完善，评价范围太宽松，并与《交流输变电工程电磁环境监测方法》（HJ 681—2013）中监测范围具体规定不一致等新问题。

输变电工程建设项目环境管理运行高效的三级审批、四级监督模式。见图5-1。

法律授权：环境保护部对全国环境保护工作实施统一监督管理。（《中华人民共和国环境保护法》第10条）

四级监管：根据《中华人民共和国环境保护法》第10条，县级以上地方人民政府环境保护主管部门，对本行政区域环境保护工作实施统一监督管。输变电工程建设项目

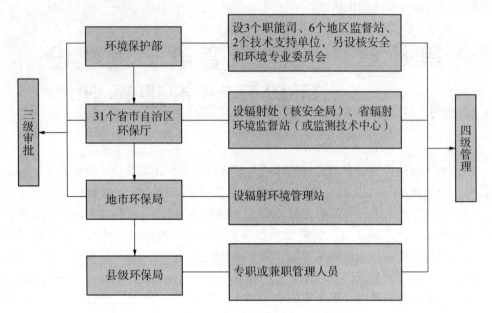

图5-1 运行高效的三级审批、四级监督模式

环境保护形成了国务院环保主管部门、省级、地级市、县级四级监管的模式。

分类管理：根据《建设项目环境影响评价文件分级审批规定》（中华人民共和国环境保护部令第5号）第5条、第6条的规定，环境保护部负责审批下列类型的建设项目环境影响评价文件：

（1）核设施、绝密工程等特殊性质的建设项目。

（2）跨省、自治区、直辖市行政区域的建设项目。

（3）由国务院审批或核准的建设项目，由国务院授权有关部门审批或核准的建设项目，由国务院有关部门备案的对环境可能造成重大影响的特殊性质的建设项目。

环境保护部可将法定由其负责审批的部分建设项目环境影响评价文件的审批权限，委托给该项目所在地的省级环境保护部门。

目前，环境保护部主要负责跨境、跨省（区、市）±500 kV及以上直流项目；跨境、跨省（区、市）500 kV、750 kV、1000 kV交流项目审批、监管工作；省级环境保护行政主管部门负责不跨省的输变电工程建设项目审批、监管工作。近年来，各省级环境保护部门主管部门为了深化行政审批制度改革，将不跨市的110 kV、220 kV、330 kV等输变电工程建设项目的环境影响评价审批、竣工环境保护验收工作下放到地级市。经过十几年的发展，我国输变电工程建设项目环境保护工作，形成了"三级审批、四级监管"的模式，监管资源合理配置，运转效率高。

第6章 相关法律、法规及标准

6.1 法律、法规

（1）《中华人民共和国环境保护法》，2015 年 1 月 1 日起施行。

（2）《中华人民共和国环境影响评价法》，中华人民共和国主席令第 48 号 2016 年
9 月1 日起施行。

（3）《建设项目环境保护管理条例》，国务院令第 253 号，1998 年 11 月起施行。

（4）《中华人民共和国水污染防治法》，2008 年 6 月 1 日起施行。

（5）《中华人民共和国大气污染防治法》，2000 年 9 月 1 日起施行。

（6）《中华人民共和国环境噪声污染防治法》，1997 年 3 月 1 日起施行。

（7）《中华人民共和国固体废物污染环境防治法》，2005 年 4 月 1 日起施行。

（8）《中华人民共和国森林法》，1998 年 4 月 29 日起施行。

（9）《中华人民共和国土地管理法》，2004 年 8 月 28 日起施行。

（10）《中华人民共和国电力法》，1995 年 12 月 28 日起施行。

（11）《中华人民共和国水土保持法》，2011 年 3 月 1 日起施行。

（12）《基本农田保护条例》，国务院令第 257 号，1999 年 1 月 1 日起施行。

（13）《中华人民共和国水土保持法实施条例》，国务院令第 588 号，2011 年 1 月
8 日起施行。

（14）《电力设施保护条例》，1998 年 1 月 7 日起施行。

6.2 部委规章

（1）《建设项目环境影响评价分类管理名录》，环保部令第 33 号，2015 年 6 月
1 日。

（2）《环境影响评价公众参与暂行办法》，2006 年 3 月 18 日。

（3）《电磁辐射环境保护管理办法》，国家环保局第 18 号令，1997 年 3 月 25 日。

（4）《建设项目竣工环境保护验收管理办法》，环保总局令第 13 号，2002 年 2 月
1 日。

（5）《建设项目环境影响评价文件分级审批规定》，环境保护部令第 5 号，2009 年 1 月 16 日。

6.3　技术导则和标准

（1）《环境影响评价技术导则　总纲》HJ 2.1—2016。

（2）《环境影响评价技术导则　大气环境》HJ 2.2—2008。

（3）《环境影响评价技术导则　地面水环境》HJ/T 2.3—1993。

（4）《环境影响评价技术导则　声环境》HJ 2.4—2009。

（5）《环境影响评价技术导则　生态影响》HJ 19—2011。

（6）《建设项目竣工环境保护验收技术规范—生态影响类》（HJ/T 394—2007）。

（7）《电磁环境控制限值》（GB 8702—2014）。

（8）《环境影响评价技术导则　输变电工程》（HJ 24—2014）。

（9）《建设项目竣工环境保护验收技术规范　输变电工程》（HJ 705—2014）。

（10）《交流输变电工程电磁环境监测方法（试行）》（HJ 681—2013）。

（11）《声环境质量标准》（GB 3096—2008）。

（12）《工业企业厂界环境噪声排放标准》（GB 12348—2008）。

6.3.1　《环境影响评价技术导则　输变电工程》（HJ 24—2014）要点概述

2014 年，环境保护部发布了《环境影响评价技术导则　输变电工程》（HJ 24—2014）。本标准是对《500 kV 超高压送变电工程电磁辐射环境影响评价技术规范》（HJ/T 24—1998）的修订。本标准首次发布于 1998 年，2014 版为实施 16 年来首次修订，从各方面来说具有重大进步。环境影响评价工作分为三个阶段：前期准备和工作方案阶段、分析论证和预测评价阶段、环境影响评价文件编制阶段。输变电工程环境影响评价的工作程序及内容见图 6-1。

6.3.1.1　评价依据

输变电工程环境影响评价应依据国家环境保护法律法规、国家与地方环境保护相关标准、行业规范、城乡规划相关资料、工程资料，以及规划环境影响评价（如有）相关资料等开展。

环境保护法律法规，主要包括环境保护、生态保护、环境影响评价、污染防治等国家法律法规，相关地方法规、部门规章，以及环境功能区划。

环境保护相关标准，主要包括环境影响评价技术导则、环境质量标准、国家与地方污染物排放标准，以及环境监测等相关标准。

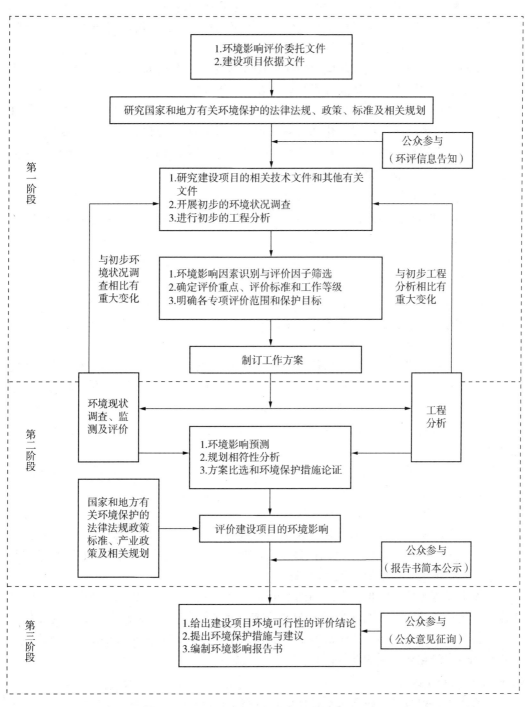

图6-1 输变电工程环境影响评价的工作程序及内容

行业规范，主要包括输变电工程建设、设计、施工等技术规范及环境保护有关规范。

城乡规划相关资料，包括环境保护规划、生态建设规划等。

工程资料，包括工程可行性研究报告及其评审意见、综合经济部门同意开展工程前期工作的意见、工程相关勘察报告、环境影响评价任务委托书等。

电网规划或其他相关规划环境影响评价报告书及其审查意见（如有），特别是涉及工程选线选址、线路走向、架线方式等规划方案的指导性意见。

环境影响评价文件应附当地有关部门关于同意选线选址的意见，当工程方案涉及自然保护区、风景名胜区、世界文化和自然遗产地、饮用水水源保护区等环境敏感区时，应有相应政府主管部门的意见。对于工程沿线未划定环境功能区的，需附当地环境保护主管部门确认适用标准的相关文件。

6.3.1.2　评价内容

输变电工程环境影响评价应包括施工期和运行期，并覆盖施工与运营的全部过程、范围和活动。

输变电工程施工期和运行期的环境影响评价一般应考虑电磁、声、废水、固体废物，以及生态等方面的内容。

在进行输变电工程环境影响评价时，应按评价工作程序对工程推荐方案进行评价，从环境保护的角度论证工程选线选址、架设方式、设备选型与布局，以及建设方案的环境可行性。

当工程穿越已建成或规划的居住区、文教区或自然保护区、风景名胜区、世界文化和自然遗产地、饮用水水源保护区等环境敏感区时，报告书中需增加线路方案比选及替代方案的环境可行性论证的内容。通过工程造价、环保投资、土地利用等方面的综合对比，进行规划符合性、环境合理性、工程可行性分析，必要时提出替代方案，并进行替代方案环境影响评价。

输变电工程环境影响报告书应说明电网规划环境影响报告书（如有）审查意见及其落实情况，并根据规划环评的审查意见进行工程方案的符合性分析。

改扩建输变电工程环境影响评价应按评价工作程序的基本要求，说明本期工程与已有工程的关系。报告书应包括前期工程的环境问题、影响程度、环保措施及实施效果，以及主要评价结论等回顾性分析的内容。若前期工程已通过建设项目竣工环境保护验收，还应包括最近一期工程竣工环境保护验收的主要结论。

输变电工程环境影响报告书总结论是全部评价工作的结论，需概括和总结全部评价工作，可包括环境正面影响（如架空线路改造为地下电缆时电磁影响降低）的评价内容。包括在已批复的规划环评中的输变电工程，在进行工程环评时可依据规划环评及其审查意见适当简化环境影响评价内容。

6.3.1.3　评价因子

输变电工程建设项目的主要环境影响评价因子见表6-1。输变电工程环境影响评价的工作程序及内容见图6-1。

表 6-1 输变电工程主要环境影响评价因子汇总

评价阶段	评价项目	现状评价因子	单 位	预测评价因子	单 位
施工期	声环境	昼间、夜间等效声级，L_{eq}	dB（A）	昼间、夜间等效声级，L_{eq}	dB（A）
运行期	电磁环境	工频电场	kV/m	工频电场	kV/m
		工频磁场	μT	工频磁场	μT
		合成电场	kV/m	合成电场	kV/m
	声环境	昼间、夜间等效声级，L_{eq}	dB（A）	昼间、夜间等效声级，L_{eq}	dB（A）
	地表水	pH[a]、COD、BOD_5、NH_3-N、石油类	mg/m^3	pH[a]、COD、BOD_5、NH_3-N、石油类	mg/m^3

[a] pH 无量纲。

6.3.1.4 电磁环境影响评价工作等级

输变电工程电磁环境影响评价工作等级见表 6-2。

表 6-2 输变电工程电磁环境影响评价工作等级

分类	电压等级	工 程	条 件	评价工作等级
交流	110 kV	变电站	户内式、地下式	三级
			户外式	二级
		输电线路	1. 地下电缆 2. 边导线地面投影外两侧各 10 m 范围内无电磁环境敏感目标的架空线	三级
			边导线地面投影外两侧各 10 m 范围内有电磁环境敏感目标的架空线	二级
	220～330 kV	变电站	户内式、地下式	三级
			户外式	二级
		输电线路	1. 地下电缆 2. 边导线地面投影外两侧各 15 m 范围内无电磁环境敏感目标的架空线	三级
			边导线地面投影外两侧各 15 m 范围内有电磁环境敏感目标的架空线	二级

续上表

分类	电压等级	工 程	条 件	评价工作等级
交流	500 kV 及以上	变电站	户内式、地下式	二级
			户外式	一级
		输电线路	1. 地下电缆 2. 边导线地面投影外两侧各20 m范围内无电磁环境敏感目标的架空线	二级
			边导线地面投影外两侧各20 m范围内有电磁环境敏感目标的架空线	一级
直流	±400 kV 及以上	—	—	一级
	其他	—	—	二级

注：根据同电压等级的变电站确定开关站、串补站的电磁环境影响评价工作等级，根据直流侧电压等级确定换流站的电磁环境影响评价工作等级。

6.3.1.5 电磁环境影响评价范围

输变电工程电磁环境影响评价范围见表6-3。

表6-3 输变电工程电磁环境影响评价范围

分类	电压等级	评价范围		
		变电站、换流站、开关站、串补站	线 路	
			架 空 线 路	地 下 电 缆
交流	110 kV	站界外30 m	边导线地面投影外两侧各30 m	电缆管廊两侧边缘各外延5 m（水平距离）
	220～330 kV	站界外40 m	边导线地面投影外两侧各40 m	
	500 kV 及以上	站界外50 m	边导线地面投影外两侧各50 m	
直流	±100 kV 及以上	站界外50 m	极导线地面投影外两侧各50 m	

6.3.1.6 环境保护目标

本标准规定电磁环境敏感目标的明确定义。电磁环境敏感目标：电磁环境影响评价需重点关注的对象。包括住宅、学校、医院、办公楼、工厂等有公众居住、工作或学习的建筑物。附图并列表说明评价范围内各要素相应环境敏感区的名称、功能、与工程的位置关系以及应达到的保护要求。

应给出电磁环境敏感目标的名称、功能、分布、数量、建筑物楼层、高度、与工程相对位置等情况。

应给出生态保护目标的名称、级别、审批情况、分布、规模、保护范围，说明与工程的位置关系，并附生态敏感区的功能区划图。

6.3.1.7 电磁环境影响评价的基本要求

（1）一级评价的基本要求。对于输电线路，其评价范围内具有代表性的敏感目标和典型线位的电磁环境现状应实测，对实测结果进行评价，并分析现有电磁源的构成及其对敏感目标的影响；电磁环境影响预测应采用类比监测和模式预测结合的方式。

对于变电站、换流站、开关站、串补站，其评价范围内邻近各侧站界的敏感目标和站界的电磁环境现状应实测，并对实测结果进行评价，分析现有电磁源的构成及其对敏感目标的影响；电磁环境影响预测应采用类比监测的方式。

（2）二级评价的基本要求。对于输电线路，其评价范围内具有代表性的敏感目标的电磁环境现状应实测，非敏感目标处的典型线位电磁环境现状可实测，也可利用评价范围内已有的最近3年内的监测资料，并对电磁环境现状进行评价。电磁环境影响预测应采用类比监测和模式预测结合的方式。

对于变电站、换流站、开关站、串补站，其评价范围内临近各侧站界的敏感目标的电磁环境现状应实测，站界电磁环境现状可实测，也可利用已有的最近3年内的电磁环境现状监测资料，并对电磁环境现状进行评价。电磁环境影响预测应采用类比监测的方式。

（3）三级评价的基本要求。对于输电线路，重点调查评价范围内主要敏感目标和典型线位的电磁环境现状，可利用评价范围内已有的最近3年内的监测资料；若无现状监测资料时应进行实测，并对电磁环境现状进行评价。电磁环境影响预测一般采用模式预测的方式。输电线路为地下电缆时，可采用类比监测的方式。

对于变电站、换流站、开关站、串补站，重点调查评价范围内主要敏感目标和站界的电磁环境现状，可利用评价范围内已有的最近3年内的电磁环境现状监测资料，若无现状监测资料时应进行实测，并对电磁环境现状进行评价。电磁环境影响预测可采用定性分析的方式。

6.3.1.8　监测点位及布点方法

监测点位包括电磁环境敏感目标、输电线路路径和站址。

（1）敏感目标的布点方法以定点监测为主；对于无电磁环境敏感目标的输电线路，需对沿线电磁环境现状进行监测，尽量沿线路路径均匀布点，兼顾行政区及环境特征的代表性；站址的布点方法以围墙四周均匀布点监测为主，如新建站址附近无其他电磁设施，则布点可简化，视情况在围墙四周布点或仅在站址中心布点监测。

（2）监测点位附近如有影响监测结果的其他源项存在时，应说明其存在情况并分析其对监测结果的影响。

（3）有竣工环境保护验收资料的变电站、换流站、开关站、串补站改扩建工程，可仅在扩建端补充测点；如竣工验收中扩建端已进行监测，则可不再设测点；若运行后尚未进行竣工环境保护验收，则应以围墙四周均匀布点监测为主，并在高压侧或距带电构架较近的围墙外侧以及间隔改扩建工程出线端适当增加监测点位，并给出已有工程的运行工况。

（4）给出监测布点图。

（5）对于线路沿线无电磁环境敏感目标时，线路电磁环境现状监测的点位数量要求见表6-4。

（6）分析监测布点的代表性。

表6-4 输电线路沿线电磁环境现状监测点位数量要求

线路路径长度（L）范围	L < 100 km	100 km ≤ L < 500 km	L ≥ 500 km
最少测点数量	2个	4个	6个

6.3.1.9 公众参与

（1）方法。调查公众意见的方法主要有问卷调查、访谈或者座谈会、论证会、听证会等。调查公众意见宜使用统一的调查问卷，以便于对调查对象的意见作统计分析。调查问卷应简洁明了，以选项为主，辅以必要的意见与建议的征询内容。

（2）样本数。调查样本总数一般不小于80份，单个变电站、换流站、开关站、串补站一般不少于30份；对于评价范围内电磁环境敏感目标数量少时，调查样本总数可适当减少。同时，调查样本中评价范围内的样本数不少于总数的60%。

（3）调查内容。调查内容应包括对工程实施的态度，还可包括：对工程的了解程度，对当地环境问题的认识与评价，对工程选线选址的态度，对工程主要环境影响（包括相关特征因子对自然环境、生态、电磁等因素的影响）的认识及态度，对工程采取环境保护措施的建议，对工程环境敏感目标的认识，不支持工程建设的原因等。

调查问卷中还应包含工程基本情况简介、调查对象的基本资料搜集（如姓名、年龄、性别、文化程度、职业、地址、联系电话、与工程的位置关系）、调查人员的联系方式等内容。

（4）调查结果。简述调查样本数、有效样本数、调查对象的数量、基本资料统计情况、相关团体及基层组织的数量、受调查的单位名称和数量等，可用统计表的形式表示。

统计调查对象对各调查内容表达意见的人数及其比例、提出意见和建议的情况。需注意有关调查表、纪要等需存档备查。

（5）公众参与结果。按有关单位意见、咨询专家意见、调查公众意见、公告反馈意见等进行归类与统计分析，并在归类分析的基础上进行综合评述。对每一类意见，均应进行认真分析、给出采纳或未采纳的建议并说明理由。对不支持工程建设的公众要进行回访，并给出原因分析和处理建议。

6.3.2 《建设项目竣工环境保护验收技术规范 输变电工程》（HJ 705—2014）要点概述

2014年，环境保护部发布了《建设项目竣工环境保护验收技术规范 输变电工程》（HJ 705—2014）。本标准为首次发布，填补了国内空白。本标准规定了输变电工程建设项目竣工环境保护验收调查的内容和方法。

本标准适用于110 kV及以上电压等级的交流输变电工程、±100 kV及以上电压等级的直流输电工程建设项目竣工环境保护验收调查工作。

6.3.2.1 验收工作程序

输变电工程竣工环境保护验收调查工作分为两个阶段：验收调查准备阶段、验收调查阶段。工作程序见图6-2。

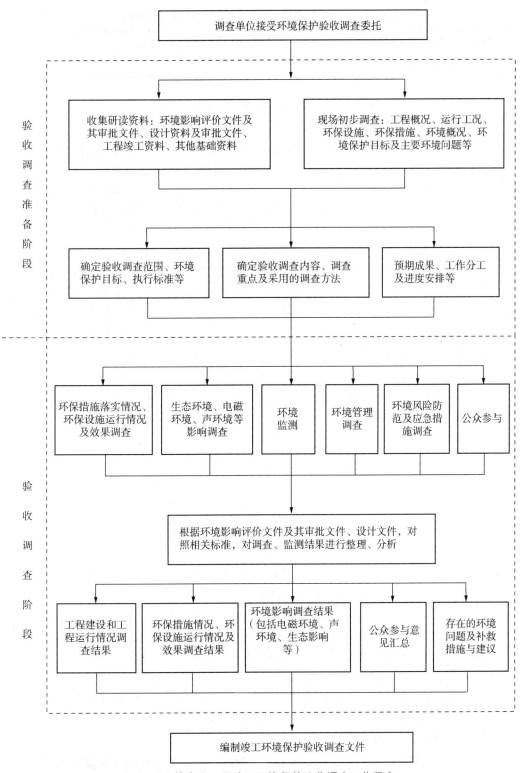

图 6-2 输变电工程竣工环境保护验收调查工作程序

（1）验收调查准备阶段。收集研读资料，包括环境影响评价文件及其审批文件、工程设计资料及其审批文件、工程施工期资料和竣工资料、其他基础资料等。

初步调查工程概况、运行工况、环保设施和措施、环境保护目标及主要环境问题等。

确定验收调查范围、环境保护目标和监测执行标准；确定验收调查内容、调查重点及采用的调查、监测方法；确定预期成果、工作分工及进度安排等。

（2）验收调查阶段。调查环保措施落实情况和环保设施运行情况及效果；调查工程的生态环境、电磁环境、声环境等影响，开展电磁环境和声环境监测；调查环境管理情况；调查环境风险防范及应急措施落实情况；公众参与情况。

根据环境影响评价文件及其审批文件、工程设计文件，对照相关标准，对调查结果进行整理、分析，针对存在的环境问题提出补救措施与建议。

6.3.2.2　验收调查的分类管理要求

根据《建设项目竣工环境保护验收管理办法》的规定，编制环境影响报告书的输变电工程应编制建设项目竣工环境保护验收调查报告；编制环境影响报告表的输变电工程应编制建设项目竣工环境保护验收调查表。

6.3.2.3　验收监测工况要求

输变电工程验收监测应在主体工程运行稳定、应运行的环境保护设施运行正常的条件下进行，对运行的环境保护设施和尚无污染负荷部分的环境保护设施，验收监测采取注明实际监测工况与检查相结合的方法进行。

验收监测期间，工程实际运行电压必须达到设计额定电压等级，主要噪声源设备均应正常运行。

验收监测期间，如工程运行负荷无法达到设计负荷，应注明实际电压、电流、有功功率等变化范围。

分期建设、分期投入运行的工程可分期开展验收调查工作。

6.3.2.4　验收调查的重点

（1）工程设计及环境影响评价文件中提出的造成环境影响的主要工程内容。

（2）核查实际工程内容、方案设计变更情况和造成的环境影响变化情况。

（3）环境保护目标基本情况及变更情况。

（4）环境影响评价制度及其他环境保护规章制度执行情况。

（5）环境保护设计文件、环境影响评价文件及其审批文件中提出的环境保护措施落实情况及其效果、环境风险防范与应急措施落实情况及其有效性。

（6）环境质量和环境监测因子达标情况。

（7）工程施工期和试运行期实际存在的及公众反映强烈的环境问题。

（8）工程环境保护投资落实情况。

6.3.2.5　环境监测因子

根据输变电工程施工期、试运行期和运行期环境影响特点，确定输变电工程竣工环境保护验收的环境监测因子，见表6-5。

表6-5 输变电工程竣工环境保护验收主要环境监测因子汇总

调查对象	环境监测因子	监测指标及单位
交流输电线路、变电站、开关站、串补站	（1）工频电场	工频电场强度，kV/m
	（2）工频磁场	工频磁感应强度，μT
	（3）噪声	昼间、夜间等效声级，L_{eq}，dB(A)
直流输电线路	（1）合成电场	合成电场强度，kV/m
	（2）噪声	昼间、夜间等效声级，L_{eq}，dB(A)
换流站	（1）合成电场	合成电场强度，kV/m
	（2）工频电场	工频电场强度，kV/m
	（3）工频磁场	工频磁感应强度，μT
	（4）噪声	昼间、夜间等效声级，L_{eq}，dB(A)

6.3.2.6 验收调查技术要求

（1）环境保护目标调查。环境保护目标调查包括：环境影响评价文件中确定的环境保护目标；环境影响评价审批文件中要求的环境保护目标，因工程建设发生变更而新增加的环境保护目标；环境影响评价文件未能全面反映出其实际影响的环境保护目标。

电磁环境敏感目标，应给出其名称、功能、分布、数量、建筑物楼层、高度、与工程相对位置、导线对地高度等。

生态保护目标，主要说明特殊生态敏感区和重要生态敏感区的名称、级别、审批情况、分布、规模、保护范围，说明与工程的位置关系，并附生态敏感区功能区划图。

列表对比验收调查阶段和环境影响评价阶段的环境保护目标变化情况，并说明环境保护目标变化原因。

（2）工程调查。

1）工程建设过程调查。检查工程核准（立项）、初步设计文件及批复文件和程序的完整性，调查工程审批部门和审批文号，调查初步设计完成及批复时间、核准时间、环境影响评价文件完成及审批时间、工程开工建设时间、完工投入试运行时间、工程变更备案时间、工程试运行申请及审批时间等，调查工程建设单位、设计单位、施工单位、环境监理单位和运行单位名称等。

2）工程概况调查。工程基本情况：包括工程性质、地理位置、工程内容、工程规模、占地规模、绿化面积、总平面布置、线路路径、主要技术经济指标等，附工程地理位置、总平面布置、线路路径示意图。

对于改建、扩建工程，应调查改建、扩建工程建设前原有工程的概况及环境保护审批情况，改建、扩建工程的设计内容等。

投资规模：包括工程概算总投资和环境保护投资，实际总投资和环境保护投资。

3）工程变更情况调查。工程建设过程中如发生变更，应重点说明其具体变更原因、变更内容及其他有关情况，包括发生变更的工程名称、地理位置、工程内容、规模、总平面布置、线路路径、环保设施和措施等。调查变更手续是否齐全。

（3）环境保护措施落实情况调查。调查工程各阶段所采取的减轻生态环境影响、污染影响、社会影响的环境保护措施，并对环境影响评价文件及其审批文件所提出的各项环境保护措施落实情况一一予以核实、说明。

生态环境影响的环境保护措施主要是针对生态敏感目标（水生、陆生）的保护措施，包括植被的保护与恢复措施、野生动物保护措施、水环境保护措施、临时占地等迹地恢复措施、自然保护区、风景名胜区、世界文化和自然遗产地、饮用水水源保护区等生态敏感区的保护措施等。

污染影响的环境保护措施主要是指针对电磁、声、水、固体废物等各类污染源所采取的保护措施。

减轻社会影响的环境保护措施主要是指文物古迹、人文遗迹等的保护措施。

对于分期建设、分期验收的工程，应调查各期工程环境保护措施之间的关系、后续工程中"以新带老"环境保护措施落实情况，说明分期验收环境保护审批情况。

根据调查结果，分析工程建设过程中环境保护"三同时"制度落实情况。

（4）电磁环境影响调查。

1）电磁环境影响源项调查。对于 330 kV 及以上电压等级的输电线路工程出现交叉跨越或并行情况，应考虑其对电磁环境敏感目标的综合影响；交叉或平行线路中心线间距小于 100 m 时，应调查相关输电线路工程名称、电压等级、与拟验收工程相对位置关系。

电磁环境影响防护措施调查。调查工程环境影响评价文件及其审批文件、设计文件要求的电磁环境影响防护措施落实情况。

2）电磁环境监测一般规定。验收调查范围内有电磁环境保护问题投诉的电磁环境敏感目标均应监测。

电磁环境敏感目标监测点选取：应考虑与环境影响评价阶段监测点的一致性。

监测频次：确定的各监测点位测量一次。

监测方法及仪器：工频电场、工频磁场的监测方法及仪器可按照 HJ 681 的规定。合成电场监测方法及仪器可参照 DL/T 1089 的规定。

3）变电站、换流站、开关站、串补站电磁环境监测：

变电站、换流站、开关站、串补站电磁环境监测包括电磁环境敏感目标监测和厂界监测。

变电站、换流站、开关站、串补站各侧围墙外的电磁环境敏感目标监测布点应具有代表性。

厂界监测一般在变电站、换流站、开关站、串补站围墙外 5 m 处布置监测点，如在其他位置测量，应说明监测点位与变电站、换流站、开关站、串补站相对位置关系及环境现状。

4）线路工程电磁环境监测。线路工程电磁环境监测包括电磁环境敏感目标监测和断面监测。

线路工程跨越的电磁环境敏感目标均应进行监测，其他电磁环境敏感目标按有代表性原则进行监测。

对于 330 kV 及以上电压等级的交叉跨越或并行输电线路工程，当线路中心线间距小于 100 m 且存在电磁环境敏感目标时，电磁环境监测布点应考虑线路对电磁环境敏感目标的综合影响。

交流线路断面监测布点方法按照 HJ 681 的规定，直流线路断面监测布点方法可参照 DL/T 1089 的规定。应按照电压等级、排列方式等选择代表性断面进行监测。对于跨省级行政区的线路工程，每个省级行政区内至少应选择一处断面进行监测。如不具备断面监测条件，应说明原因。

（5）公众参与。在输变电工程竣工环境保护验收调查中，调查单位应主动征求当地公众的意见，可以召开座谈会或公示等形式征求公众意见。

应对公众意见进行归类和统计分析，说明公众对工程环境保护工作的主要意见，对公众反映的环境问题提出解决建议。

（6）调查结论与建议。调查结论是全部调查工作的总结论，编写时需概括和总结全部工作。

总结工程环境影响评价文件及其审批文件要求的落实情况。

重点概括说明工程建成后产生的主要环境问题及现有环境保护措施的有效性，在此基础上提出改进措施和建议。

根据调查、监测和分析的结果，客观、明确地从技术角度论证工程是否符合建设项目竣工环境保护验收条件，包括：①建议通过竣工环境保护验收；②建议限期整改后，进行竣工环境保护验收。

（7）附件。与工程相关的一些资料、文件，包括工程竣工环境保护验收调查委托书、环境影响评价审批文件、扩建工程原有工程竣工环境保护验收审批文件、工程试运行环境保护审批文件、竣工环境保护验收监测报告、"三同时"验收登记表等。

6.3.2.7　验收调查、验收监测质量保证和质量控制

（1）验收调查、验收监测应由有相应资质的单位承担。

（2）验收调查技术人员应持有建设项目竣工环境保护验收监测或调查岗位培训合格证书。监测人员需持有相应资质部门颁发的相应监测项目的上岗考核合格证。承担环境保护部审批（包括委托审批）的输变电工程竣工环境保护验收调查单位应至少配备 1 名登记类别为竣工环境保护验收调查的环评工程师。

（3）验收调查、验收监测的质量保证和质量控制，按国家相关法规要求、监测技术规范和有关质量控制手册进行。监测仪器应符合国家标准、监测技术规范，经计量部门检定或校准合格，并在有效使用期内。

（4）验收监测数据处理和填报应按国家标准、监测技术规范要求和实验室质量手册规定进行，监测报告应进行三级审核。

（5）验收调查单位应对验收调查结论负责。环境监测单位应对其出具的监测结果负责。建设单位应对工程环境保护验收基础资料的真实性负责，并全面负责工程的环境保护工作。

参考文献:

[1] HJ 24—2014. 环境影响评价技术导则 输变电工程 [S]. 北京:中华人民共和国环境保护部,2014 (10).

[2] HJ 705—2014. 建设项目竣工环境保护验收技术规范 输变电工程 [S]. 北京:中华人民共和国环境保护部,2014 (10).

第7章 输变电工程建设项目分类管理

本章引入层次分析法，对输变电工程建设不同电压等级工程特点，一定距离范围内是否涉及电磁环境敏感目标、周围环境特征等因素，进行权重分析，然后引入"交通灯模型"，将输变电工程建设项目分为橙、黄、绿三类，依据分类将输变电工程建设项目的电磁环境影响评价和竣工环境保护验收调查工作划分为3个等级。

7.1 输变电工程建设项目环境影响分析

输变电工程建设项目对环境的影响涉及多方面，基本上可以从两个角度展开研究。一个是根据输电工程的时间进程去分析，另一个是根据输电工程的影响形式去分析。从时间进程的角度，输电工程对环境的影响见图7-1。图中虚线表示不同阶段之间的相互关联影响。

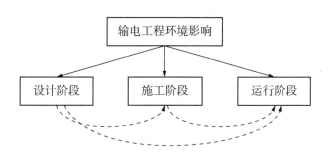

图7-1 输变电工程建设项目对环境影响分析（从时间角度）

根据影响的形式一般分为电磁环境和自然环境两种，见图7-2。电磁环境影响是运行线路的电磁场对人、畜产生暂态电击和长期暴露引起生态效应，以及伴随电晕放电产生的高频电磁环境对调幅广播和电视的干扰，包括可听噪声，这类影响在工程设计中采取适当的技术措施，均可控制在限值范围；另一类是线路建设占用土地、影响农耕砍树、拆房、破坏植被引起水土流失，甚至触发泥石流，给自然环境造成损害，影响社会生活。

对一项输电工程环保管理的综合评价，必须建立一套科学完善的评价模型。在评价模型中，最基本的是评价目标的设定。由于工程项目综合评价涉及的范围非常广泛，其指标体系难以有统一的标准。在设计输电工程环保评估的评价体系时，遵循以下原则：

图 7-2　输变电工程建设项目对环境影响的分析（从影响形式角度）

（1）科学性。应该充分遵循输电工程建设的客观规律，按照输电工程的环节及其带来的各类影响来研究对环境管理的综合影响水平，不主观臆断、不唯心地夸大或缩小影响水平。

（2）系统性。要多角度地考虑和分析诸影响因素及其相互关系，最终选择和设计的因素全面、系统。比如按照电磁环境影响和自然环境影响分析，按照设计阶段、勘测阶段、施工阶段、运行阶段分析等。

（3）实用性。要求选择的因素确实是受到各方关注并对实际工作有指导作用；同时有很强的操作性，即选择因素能够较好地定量化或者经专家评价的定型化，在科学领域和工程实践中无共识的因素不能选用。

（4）先进性。在分析和研究中，要注意及时反映科技的新发展、施工工艺的新方法、工程管理的新模式与策略。必要时，动态地改变已经明确的主要因素或其重要程度。

输电工程环境影响可细分为电磁环境影响、社会环境影响、生态环境影响三个方面、11 个子项。见图 7-3。

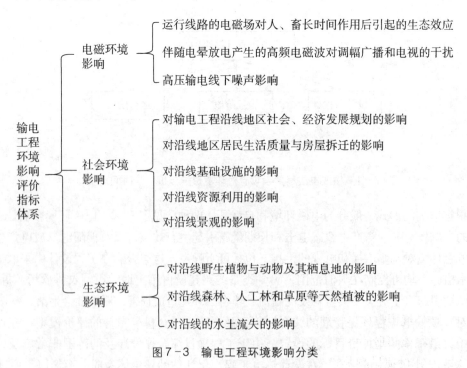

图 7-3　输电工程环境影响分类

7.2　输变电工程建设项目分类管理研究

　　输变电工程建设项目属于公众关注度高的项目，环境保护工作面临的社会舆论压力较大。当前我国环境影响评价和"三同时"验收制度均未按电压等级、周围环境等具体情况进行分类管理，确定不同的评价范围、评价重点等内容，按单一尺度、单一标准进行，提高了评价工作量和难度，已不能很好地满足环境保护管理的要求。输变电工程建设项目通过环境影响评价和"三同时"验收审批后，利益相关公众集体上访反对建设或监督性监测发现电磁场超标的情况不断增多，站群矛盾影响社会安定和谐。

　　因此，进行输变电工程建设项目分类管理的研究，根据不同电压等级、社会影响、周围环境等情况确定不同的环境影响评价范围、评价重点以及竣工环境保护验收调查内容、调查范围等，具有重要的学术价值和现实意义。

7.2.1　分类管理评价指标权重的分析

　　相对于其他建设项目，输变电工程建设项目有点线结合、距离较长、数量众多、环境影响范围呈带状的特点。

7.2.1.1　评价指标体系构建原则

　　（1）目标导向性原则。目标导向性原则是指评价指标应能构成一个体系，全面系统地反映输变电工程建设项目环境影响程度决定因素特征，并可应用于输变电工程建设项目环境保护分类。评价指标体系必须能够全面体现目标的指向和要求，评价应以目标为中心，全面合理地反映评价对象的本质特征。

　　（2）理论先进性原则。为了使指标体系结构清晰，易于使用，研究构建递阶层次结构，由宏观到微观，由抽象到具体。其研究层次为：大类指标层—中类指标层—小类单项指标层。必须在先进的、科学的理论指导下，建立评价指标体系。指标体系必须符合一致性、独立性、整体完备性原则，应避免指标间的相互隶属和相互重叠，保持各项指标的唯一性；各项指标概念应保持科学、精确的内涵和外延。在建立指标体系时，权重系数的确定以及数据的选取、计算与合成等要以公认的科学理论为依托。

　　（3）系统优化原则。所谓系统优化原则指设立指标变量的数量多少，指标体系的结构形式应以全面系统地反映评价目标为原则，从整体角度来设立评价指标体系。从众多的变量中依其重要性和对系统行为贡献率的大小顺序，筛选出数目足够少的但能表征该系统本质行为的主要成分变量，所设指标之间要具有较强的非相关性，相关系数较高的指标一般只选设其中最重要的，即设置互为独立性较强的指标，避免指标重复。指标体系应有若干统治指标组成，并形成系统结构，属于不同类型的指标不能相互合并，主要指标和伴随指标也不应并列。

（4）实用性原则。评价指标必须含义明确、繁简适中、简便易行。易于测量，能够通过科学方法聚合生成，围绕指标规定的内容要有足够的信息可供利用，同时还必须有一定的、切实可行的量化方法。评价指标所规定的要求应符合被评价对象的实际情况，及所规定的要求应适当。实用性还要求设立的指标要有层次；定性指标可进行量化，定量指标可直接度量。

7.2.1.2　评价指标体系框架构建

（1）指标体系类型选择。指标体系分为三类：第一类指标体系侧重于对基本情况描述的大型列表指标，此类指标数目过多，每个指标对数据的综合程度较低；第二类指标体系选择具有代表性的专题领域制定出相应的指标，在每个专题中对有关信息做出一定程度的综合分析；第三类指标体系是在一个确定的研究框架中，对大量有关信息加以综合与集成，从而形成一个共有明确含义的指标。指标体系目标在于针对一个复杂系统，识别出潜在的问题加以进一步分析，以找出该问题的特征，并予以解决。输变电工程建设项目环境影响程度决定因素繁多，单一性指标难以全面描述输变电工程建设项目环境影响状况，所以必须采用一系列指标对输变电工程建设项目环境影响程度决定因素的主要方面和主要层次进行全方位评定。

（2）AHP模型。在众多的综合评价方法中，层次分析法（analytic hiearrhcy process，AHP）是近年来得到广泛应用的定性和定量集合的多目标评价方法。AHP法改变了以往最优化技术只能处理定量分析问题的传统观念，而率先进入很多需要定性分析科学研究的领域。这一方法原本用于多目标决策的择优选择，而其择优过程的实质也是对各种评价内容进行排序，排序的结果就是确定多指标评价体系中各指标的权重。

层次分析法是美国运筹学家匹兹堡大学教授T. L. Saaty于20世纪70年代提出来的，它是一种对较为模糊或较为复杂的决策问题，使用定性和定量相结合、系统化、层次化的分析方法，特别是将决策者的经验判断给予量化。它将人们的思维过程层次化，逐层比较相关因素，逐层检验比较结果的合理性，基本思路与人对一个复杂决策问题的思维、判断过程大体上是一致的，由此提供较有说服力的依据。

层次分析法可以把定性分析和定量分析有机地结合起来，把复杂的系统分解成若干子系统，形成有序的递阶层次结构，把问题层次化。根据问题的性质和要达到的总目标将问题分解为不同的组成因素，并按因素间的相互关联影响以及隶属关系，将因素按不同层次聚集组合，形成一个多层次的分析结构模型。

层次分析法的基本原理：将一个复杂的无结构问题分解为各个组成部分，然后将这些组成部分再进行进一步细分，并整体呈一个树状递阶层次结构。对同一层的各个元素相对于上一个层次进行两两比较其相对重要性，并将这种重要性按1～9标度法数值化，最后综合这些判断，决定哪个元素有最大的权重和如何影响问题的最终结构。运用AHP解决实际问题，大体可以分为4个步骤：①建立问题的递阶层次结构；②构造两两比较判断矩阵；③判断矩阵计算被比较元素的相对权重；④计算各层元素的组合权重。

层次分析法不仅是一种决策的方法，同时也提供了3种研究方法：①一个系统的层次结构分析法；②用于两两元素比较的 1～9 标度法；③用于排序的权重生成法。3 种研究方法不但用于该指标体系的建立，更应用在了整个研究的各个环节。

（3）评价指标体系框架。输变电工程建设项目环境程度影响评价指标体系共分为三个层次。第一层次为输变电工程建设项目环境影响程度总体评价目标层，第二层为输变电工程建设项目环境影响程度评价准则层，第三层为输变电工程建设项目环境影响程度评价指标层。见表 7-1。

表 7-1　输变电工程建设项目环境影响程度评价指标体系

目　标　层	准　则　层	指　标　层
输变电工程建设项目环境影响程度评价	地理方位	住宅区/学校 50 m 范围内
		住宅区/学校 50 m 范围外
		其他敏感区
		非敏感区
	工程特征	户外站/架空线
		户内/地下站/地下电缆
	社会影响	群访/上级部门信访
		媒体关注
		一般投诉
		无投诉

注：距离以高压走廊或规划红线边界为起点计算。

7.2.1.3　评价指标体系权重

（1）评价指标体系权重的重要性。确定指标权重时，常采用专家评估法，少数采用问卷调查法。专家评估法往往由于专家们从纯粹的理论出发，不能充分、客观地反映具体输变电工程建设项目环境实际影响程度。由于学科的差异，专家们往往过多强调自己的专业领域，缺少对其他学科和问题的关注。问卷调查法虽能从利益相关方的实际情况出发，反映利益相关方的主观愿望，但由于利益相关方的要求和素质参差不齐，使得获取的资料难以统一，真实性也较低。

编者确定指标权重时采用完全定量化的组合赋权方法，得出具体输变电工程建设项目环境影响程度各因素权重大小。由此所得评价结果具体、清晰，易于比较不同输变电工程建设项目环境影响的差异。

1）权重系数对评分项目的总体调节作用。权重系数使得评价输变电工程建设项目环境影响程度在实际操作过程中，无论收集了哪些数据，评价了哪些子项目，通过权重系数的调节，最终都能得到一个综合得分来衡量具体项目的环境影响程度，这样不同的输变电工程建设项目之间就有了可比性。

2）权重系数与评价的主观性和科学性。权重系数反映的是各个评价指标在输变电工程建设环境影响程度分析中的重要性程度，权重系数数值的科学性对评估结果具有决定作用。

3）权重系数与评价体系和评价过程的复杂性。权重体系的复杂程度会直接影响评估体系的复杂性。复杂的权重体系可以使评估系统更加严谨，适用性更广，但也带来数据收集量大、评估过程复杂、评估费用变高等许多问题。

（2）调查问卷信度和有效性分析。调查研究一般都采用调查问卷的形式。调查问卷的结果给出往往过于草率，通常是在没有确保问卷和调查结果科学性、可靠性的基础上，就对其进行了总结，导致了结果的不科学性。编者先对相应的调查问卷及结果进行了可信度和有效性分析，再进行评价指标权重研究。

可信度分析包括调查问卷内部一致性的可信度分析和折半可信度分析。有效度的分析包括内容有效度分析、校标关联有效度分析和构架有效度分析。

1）调查问卷信度分析。调查问卷的可信度是指问卷调查结果所具有的一致性和稳定性的程度，评价指标是可信度系数。见表 7-2。理论上的表达是真实值方差和测量方差的比值。真实值和测量值之间的关系为：$X = T + E$，其中，X：测量值；T：真实值；E：测量随机误差。测量值的方差等于真实值的方差与随机误差的方差之和。所以，可信度系数的理论公式为：

$$R_X = \frac{\sigma^2 T}{\sigma^2 X} = 1 - \frac{\sigma^2 E}{\sigma^2 X} \qquad (7-1)$$

可信度利用 SPSS 软件直接算。

表 7-2　可信度分析调查问卷结果

问卷序号	评价内容及其序号									
	住宅/学校 50 m 内	住宅/学校 50 m 外	其他敏感区	非敏感区	户外站	户内/地下站	群访/上级部门信访	媒体关注	一般投诉	无投诉
1	5	4	4	2	4	3	5	5	3	1
2	5	5	4	2	5	3	5	4	2	1
3	4	4	3	1	3	2	4	3	1	1
4	5	3	3	1	3	1	4	4	2	1
5	5	4	4	1	3	1	4	4	2	1
6	5	4	3	1	2	2	5	4	3	1
7	4	4	4	1	4	3	5	5	3	1
8	5	4	5	1	4	2	4	3	2	1
9	5	4	4	2	3	2	4	5	2	1
10	4	4	3	1	4	3	4	4	3	1
11	4	4	4	1	4	2	4	4	3	1

续上表

问卷序号	评价内容及其序号									
	住宅/学校50 m内	住宅/学校50 m外	其他敏感区	非敏感区	户外站	户内/地下站	群访/上级部门信访	媒体关注	一般投诉	无投诉
12	5	3	3	2	3	2	4	3	2	1
13	5	4	3	1	3	3	5	3	2	1
14	4	3	3	1	5	3	5	3	2	1
15	5	3	3	1	4	2	4	4	1	1
16	5	4	4	2	4	1	5	5	2	1
17	4	4	3	1	3	3	5	3	2	1
18	5	4	3	1	2	2	5	4	3	1
19	5	4	4	1	4	2	5	5	3	1
20	4	4	4	1	4	2	4	4	3	1
21	4	3	3	2	3	2	4	3	2	1
22	5	4	3	1	3	3	5	3	2	1
23	5	4	4	1	4	2	4	4	3	1
24	4	3	3	2	3	2	4	3	2	1
25	5	4	3	1	3	3	5	3	2	1
26	5	3	3	1	5	3	5	3	2	1
27	5	5	4	2	5	3	5	4	2	1
28	4	4	3	1	3	2	4	3	1	1
29	5	4	4	2	4	1	5	5	2	1
30	4	4	3	1	3	3	5	3	2	1
31	5	4	3	1	2	2	5	4	3	1
32	4	4	4	1	4	3	5	5	3	1
33	5	5	4	2	4	1	5	5	2	1
34	5	5	3	1	3	3	5	3	2	1
35	5	4	3	1	2	2	5	4	3	1
36	4	3	3	1	3	1	4	4	2	1

利用 SPSS 软件进行可信度分析，结果如下。问卷内部一致性信度分析：内部一致性分析采用 Cronbach α 系数考核组成量表、领域或方面的条目同质性。F. R. DeVillis 和 J. C. Nunnally 认为 Cronbach α 系数的可接受标准是 $0.65 \sim 0.80$，如果 Cronbach α 系数在 $0.80 \sim 0.90$ 之间，可认为内部一致性很好。内部一致性信度分析结果见表 7-3。

表7-3　内部一致性信度分析结果

N of Cases = 36.0

Analysis of Variance

Source of Variation	Sum of Sq	DF	Mean Square	Chi - square Prob
Between People	50. 6615	25	2. 0265	
Witbin People	166. 2000	234	0. 8000	
Between	62. 9385	9	6. 9932	78. 6731　. 0000
Measures				
Residual	124. 2615	225	0. 5523	
Total	237. 8615	259	0. 9184	
Grand Mean	3. 8231			

Coeflicient of Concordance W = 0. 2646

Reliability Coefficients　10 items

Alpha = 0. 7070　　　Standardized item alpha = 0. 7275

　　由相关系数 α 等于0. 7275，标准化项目相关系数 α 为0. 7070，可以判定调查问卷内部一致性比较好。

　　折半信度分析原理是将问卷中的所有项目随机分为数量相同的两半，分别作为各自的复本，两半问卷的测量结果的积矩相关系数或秩相关系数为折半可信度，对问卷进行分拆时通常采用随机分半法或奇偶分半法。

　　利用SPSS软件进行折半信度分析结果见表7-4。

表7-4　折半信度分析

Intraclass Correlation Coefficient	
N of Cases = 36. 0	N of Items = 5
Correlation between forms = 0. 4992	
Equal - length Spearman - Brown = 0. 6659	
Guttman Split - half = 0. 6398	Unequal - length Spearman - Brown = 0. 6659
5 Items in part 1	5 Items in part 2
Alpha for part 1 = 0. 4940	Alpha for part 2 = 0. 6759

　　根据计算结果：两部分分析结果显示，两组数据的内部相关系数 α 分别为0. 494和0. 6759，两组数据都在0. 4～0. 75之间，可信度良好。

　　通过以上两项分析即调查问卷的内部一致性分析和折半信度分析，结果显示各项指标达到满意标准，输变电工程建设项目环境影响程度评价标准体系是科学的、实用的。

　　2）调查问卷有效度分析。调查问卷的有效度是指测量结果的正确程度，即测量结果与测量目标的接近程度，调查问卷能够在多大程度上反映所测量的利用概念。问卷的效度用效度系数来评价，效度系数是指目标值的方差在总测量值方差中所占的比例。效度系数为 V_X，它的计算公式为：

$$V_X = \frac{\sigma^2 T_X}{\sigma^2 X} = 1 - \frac{\sigma^2 T_O}{\sigma^2 E} \tag{7-2}$$

其中，$T = T_X + T_O$（T_X 为想要测量的目标值，T_O 为与测量目标不相关的系统性偏差）。

有效度检验是根据这个原理，利用 SPSS 软件直接算得的。

问卷结果效标关联有效度分析：效标关联有效度是指问卷测量结果和有效度标准（被假设或定义为有效的某种外在标准）之间的一致程度，根据有效度标准获取的时间可分为：同时有效度（concurrent validity）和预测有效度（predictive validity）。有效度指同时在研究对象中进行问卷和有效度标准测量得到的结果之间的相关程度，其有效度系数通常较低，多在 0.20~0.60 之间，很少超过 0.70，一般以 0.4~0.8 比较理想。

在效标关联有效度分析中分别对 Spearsman 系数和 Kendall's 系数进行了分析。本研究以输变电工程建设项目环境影响程度作为标准，考核同分类评价指标的相关性，在 0.4~0.6 之间。这个分析结果与对输变电工程建设项目环境影响管理实践和理论相一致。

区分效度主要考核各个评价指标对总体影响程度的贡献大小。对调研问卷进行主成分分析结果显示，居民区 50m 范围、户外站、群访/上级部门信访是输变电工程建设项目环境影响程度评价指标中的重要组成部分，其他因素影响相对较小。

（3）评价指标描述：

1）地理方位。高压输变电工程建设项目地理方位共分 4 种情况：住宅区/学校 50m 范围内、住宅区/学校 50m 范围外、其他敏感区、非敏感区。

住宅区/学校 50m 范围内距离居民楼较近，公众日常生活处于高压线和变电站电磁场暴露范围，公众活动区会出现较高水平的电磁场分布区域，对公众心理冲击较大，公众接受度最低，引发群体事件风险最高，环境影响评价获通过的可能性最低。

住宅区/学校 50m 范围外则与居民楼保持一定的安全距离，电磁场水平较低，公众心理接受度一般，引发群访事件风险较低。

其他敏感区如文教区、党政机关集中的办公地点、医院等，以及具有历史、文化、科学、民族意义的保护地等非公众居住区域，以及国家法律、法规、行政规章及规划确定或经县级以上人民政府批准的需要特殊保护的地区，如自然保护区、风景名胜区，生态敏感与脆弱区。由于远离公众，环境保护主要关注的是对工作时间内的人群，以及生态环境的影响。公众心理接受度一般，引发群访事件风险较低。

非敏感区远离公众和敏感环境保护目标，对环境影响低，公众接受度高，基本不会引发信访，环境风险极低。

2）工程特征。工程特征主要分为两类：户外站/架空线、户内/地下站/地下电缆。

变电站内的工频电场、工频磁场源主要是变压器、户外配电装置、高低压两侧母线，电压等级较高时还应考虑无功电源如电抗器、电容器等。户内站对/地下站因为主要电磁场源设备皆在室内，受到良好屏蔽，对周围环境影响小。

高压架空输电线因为直接在空间穿越，工频电场、工频磁场直接由源向空间传递，距离越近强度越大，对环境影响也越大。地下电缆位于电缆沟，工频电场受到建筑物屏蔽，对环境影响较小，工频磁场会有一定程度增大，但皆处于安全水平内，对公众心理造成的影响小，社会影响程度低。

3）社会影响。输变电工程建设项目的社会影响指标共分4种：群访/上级部门信访、媒体关注、一般投诉、无投诉。

输变电工程建设项目最大的风险是群访事件所致的社会影响，群访和上级部门信访是社会影响最大的评价指标。媒体关注是输变电工程建设项目社会影响必须重点考虑的指标，媒体的放大效应所造成的影响范围不局限于建设项目所在地理区域、环保领域等较窄的范围。

（4）利用层次分析法进行评价指标体系权重分析：

1）构建层次结构。应用AHP分析决策问题时，首先要把问题条理化、层次化，构造出一个有层次的结构模型。在这个模型下，复杂问题被分解为元素的组成部分，这些元素又按其属性及关系形成若干层次，上一层次的元素作为准则对下一层次的有关元素起支配作用。这些层次可以分为三类：①最高层（目标层），只有一个元素，一般是分析问题的预定目标或理想结果；②中间层（准则层），包括为实现目标所涉及的中间环节，它可以由若干个层次组成，包括所需要考虑的准则、子准则；③最底层（指标层），包括为实现目标可供选择的各种措施、决策方案等。

递阶层次结构的层次数与问题的复杂程度及需要分析的详尽程度有关。每一层次中各元素所支配的元素一般不要超过9个，这是因为支配的元素过多会给两两比较带来困难。一个好的层次结构对于解决问题是极为重要的，如果在层次划分和确定层次元素间的支配关系上无法确定，应重新分析问题，弄清元素间的相互关系，以确保建立一个合理的层次结构。递阶层次结构是AHP中最简单也是最实用的层次结构形式。当一个复杂问题用递阶层次结构难以表示时，可以采用更复杂的扩展形式，如内部依存的递阶层次结构、反馈层次结构等。见图7-4。

2）建立判断矩阵。在建立递阶层次结构以后，上下层元素间的隶属关系就被确定，下一步确定各层次元素的权重。对于大多数社会问题，特别是比较复杂的问题，元素的权重不容易直接获得，这时就需要通过适当的方法导出它们的权重，AHP法利用决策者给出判断矩阵的方法导出权重。记准则层元素C所支配的下一层次的元素为U_1、U_2、…、U_n。针对准则C，决策者比较两个元素U_i和U_j哪一个更重要，重要程度如何，并按表7-1定义的比例标度对重要性程度赋值，形成判断矩阵$A = (a_{ij}) n \times n$，其中a就是元素U_i与U_j相对于准则C的重要性比例标度。见表7-5。

判断矩阵A具有如下性质：① $a_{ij} > 0$；② $a_{ij} = \dfrac{1}{a_{ij}}$；③ $a_{ii} = 1$，称为正互反判断矩阵。根据判断矩阵的互反性，对于一个n个元素构成的判断矩阵，只需给出其上（或下）三角的判断即可。

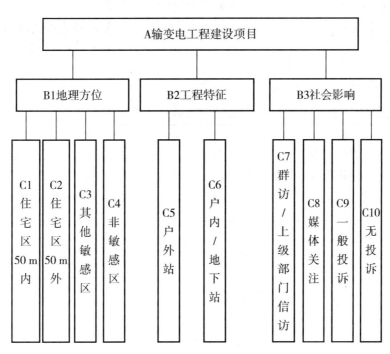

图 7-4 深圳市输变电工程建设项目环境影响程度评价指标层次结构

表 7-5 1～9 比例标度法

标 度	定 义	说 明
1	同样重要	两个元素对某一属性具有同样的重要性
3	稍微重要	两个元素相对于某一属性比较，一个元素比另一个元素稍微重要
5	明显重要	两个元素相对于某一属性比较，一个元素比另一个元素明显重要
7	特别重要	两个元素相对于某一属性比较，一个元素比另一个元素特别重要
9	极端重要	两个元素相对于某一属性比较，一个元素比另一个元极端重要
2，4，6，8	上述相邻判断的折中	表示需要在上述两个标度之间折中时的定量标度
以上各数倒数	反比较	若元素 i 与元素 j 相比较的判断为 a_{ij}，则元素 j 与元素 i 相比较的判断 $a_{ji} = 1/a_{ij}$

a. 构造 B 层判断矩阵，见表 7-6。

表7-6　B层判断矩阵

输变电工程建设项目	行　码	地理方位	工程特征	社会影响
列码	RxCx	C1	C2	C3
地理方位	R1	1	7	7
工程特征	R2	1/5	1	1/3
社会影响	R3	1/7	3	1

b. 构造 C 层判断矩阵。

·地理方位判断矩阵，见表7-7。

表7-7　地理方位判断矩阵

地 理 方 位　行　码		住宅区/学校 50 m 范围内	住宅区/学校 50 m 范围外	其他敏感区	非敏感区
列码	RxCx	C1	C2	C3	C4
住宅区/学校 50 m 范围内	R1	1	5	7	9
住宅区/学校 50 m 范围外	R2	1/5	1	5	7
其他敏感区	R3	1/7	1/5	1	5
非敏感区	R4	1/9	1/7	1/5	1

·工程特征判断矩阵，见表7-8。

表7-8　工程特征判断矩阵

工 程 特 征　行　码		户外站/架空线	户内/地下站/地下电缆
列码	RxCx	C1	C2
户外站/架空线	R1	1	5
户内/地下站/地下电缆	R2	1/5	1

·社会关注判断矩阵，见表7-9。

表7-9　社会关注判断矩阵

社 会 关 注　行　码		群访/上级部门信访	媒体关注	一般投诉	无投诉
列码	RxCx	C1	C2	C3	C4
群访/上级部门信访	R1	1	1	9	9
媒体关注	R2	1	1	7	9
一般投诉	R3	1/9	1/7	1	5
无投诉	R4	1/9	1/9	1/5	1

3）一致性检验。判断矩阵的一致性问题是 AHP 法的核心问题。若判断矩阵不具有一致性，则将判断矩阵导出权重作为决策依据的可靠性得不到保证。Saaty 提出用一致性比率 CR 来检验判断矩阵是否具有一致性，即若 $CR \leqslant 0.1$，则判断矩阵具有满意一致性；否则，该判断矩阵不具有满意一致性。到目前为止，用 CR 来检验判断矩阵的一致性应用最为广泛。

根据矩阵理论，判断矩阵在满足完全一致性条件下，可以从数学上证明，n 阶判断矩阵具有唯一非零，也是最大的特征根为 n。除此之外，其余的特征根均为零。当判断矩阵不能保证具有完全一致性时，则利用判断矩阵特征根的变化来检查判断矩阵的一致性程度，在 AHP 中引入判断矩阵的一致性指标来检查人们判断思维的一致性，一致性指标记为 CI，即：

$$CI = \frac{\lambda \max - n}{n - 1} \tag{7-3}$$

CI 值越大，表明判断矩阵偏离完全一致性程度越大；CI 越小，表明判断矩阵越接近于完全一致性。一般判断矩阵阶数 n 越大，认为造成偏离完全一致性的指标 CI 便越大；n 越小，认为造成的偏离越小。

对于多阶判断矩阵，还需要引入判断矩阵的平均随机一致性指标，可记为 RI。对于 $n = 1 \sim 9$ 阶判断矩阵的 RI 值，其数值如表 7-10 所示。

表 7-10　对于 $n = 1 \sim 9$ 阶判断矩阵的 RI 值

n	1	2	3	4	5	6	7	8	9
RI	0	0	0.52	0.89	1.12	1.26	1.36	1.41	1.46

当 n 小于 3 时，认为判断矩阵永远具有完全一致性。判断矩阵的一致性指标 CI 与同阶平均随机一致性指标 RI 之间的比值称为一致性比率，记为 CR，即：

$$CR = \frac{CI}{RI} \tag{7-4}$$

一般认为，当 $CR < 0.1$ 时，认为判断矩阵具有良好的一致性。否则需要重新调整判断矩阵，使其满足 $CR < 0.1$，从而具有满意的一致性。

当矩阵具有以下特点时，认为该矩阵是完全一致性的判断矩阵：①$b_{ii} = 1$；②$b_{ij} = 1/b_{ji}$；③$b_{ik} = 1/b_{jk}$（i, j, $k = 1, 2, \cdots, n$）。

以下是对输变电工程建设项目环境影响程度评价指标体系的判断矩阵进行一致性检验：

B 层的判断矩阵为：

$$\boldsymbol{B} = \begin{vmatrix} 1 & 5 & 7 \\ 1/5 & 1 & 1/3 \\ 1/7 & 3 & 1 \end{vmatrix}$$

矩阵 $\boldsymbol{B}$ 的特征方程为：

$$|\lambda E - A| = \begin{vmatrix} \lambda - 1 & -5 & -7 \\ -1/5 & \lambda - 1 & -1/3 \\ -1/7 & -3 & \lambda - 1 \end{vmatrix}$$

$\lambda \max = 3$，$RI = 0.52$，$CI = 0.002$，$CR = 0.003 < 0.1$，矩阵一致性良好。

经计算判断矩阵 B、矩阵 C 皆具有良好的一致性。

4）权重计算。利用和积法计算指标权重的方法用公式表示为：

$$W_i = \frac{1}{n}\sum_{j=1}^{n}\frac{b_{ij}}{\sum_{k=1}^{n}b_{kj}} \quad (i, j, k = 1, 2, \cdots, n) \tag{7-5}$$

其具体方法是，先将矩阵 B 按列相加归1，即将判断矩阵按列相加得到该列向量之和，然后将每个元素除以所在列的向量之和，这样得到一个按列归一后的新矩阵 B'。在将 B' 按行相加，得到一个列向量 B''。最后将 B'' 每个元素除以判断矩阵 B 的维数 n，即可得到各指标的权重。利用上述方法我们可以得到各层元素对其上层元素的权重。但是，我们最终要得到的是对于总目标的相对权重，这个过程也叫作层次的总排序。也就是将最底层的权重与各中间层的权重合成形成对总目标的权重。这一过程需要从层次结构的顶层开始，逐层向下合并。其计算过程见表7-11。

表7-11 权重计算

层次 C 对上层 权重层次 P	$C_1\ C_2\cdots C_n$ $a_1\ a_2\cdots a_n$	总排序结果
P_1	$W_1^{C1},\ W_1^{C2},\ \cdots,\ W_1^{Cm}$	
P_2	$W_2^{C1},\ W_2^{C2},\ \cdots,\ W_2^{Cm}$	
$\cdots$	$\cdots$	$\cdots$
P_n	$W_n^{C1},\ W_n^{C2},\ \cdots,\ W_n^{Cm}$	

其中，a_1，a_2，$\cdots$，a_m 是层次 C 对上层指标（B 层指标）的权重，W_1，W_2，$\cdots$，W_n 是 C 层下级指标 P_1，P_2，$\cdots$，P_n 对 C 层指标的权重。最后一栏得到的是 P 层指标对 B 层指标的权重。所以，P 层指标对 B 层指标的权重等于 P 层全部指标对 C 层全部指标的权重与 C 层全部指标对 B 层指标权重的乘积之和。

依照以上原理，对输变电工程建设项目评价指标体系进行指标权重计算。

a. B 层对 A 层的权重，见表7-12。

表7-12 B 层对 A 层的权重

输变电工程建设项目	地 理 方 位	工 程 特 征	社 会 影 响	权　　重
地理方位	1.0000	7.0000	7.0000	0.7514
工程特征	0.1429	1.0000	0.3333	0.0807
社会影响	0.1429	3.0000	1.0000	0.1780

续上表

输变电工程建设项目	地 理 方 位	工 程 特 征	社 会 影 响	权　　重
加总	1.2858	11	8.3333	
归一	0.7778	0.6364	0.8401	2.2541
	0.1112	0.0910	0.0400	0.2421
	0.1112	0.2728	0.1201	0.5039

b. C 层对 B_1 层的权重，见表 7 – 13。

表 7 – 13　地理方位判断矩阵

地 理 方 位	住宅区/学校 50 m 范围内	住宅区/学校 50 m 范围外	其他敏感区	非敏感区	权　　重
住宅区/学校 50 m 范围内	1.0000	5.0000	7.0000	9.0000	0.5224
住宅区/学校 50 m 范围外	0.2000	1.0000	5.0000	7.0000	0.2276
其他敏感区	0.1429	0.2000	1.0000	5.0000	0.0647
非敏感区	0.1111	0.1429	0.2000	1.0000	0.0303
加总	1.3429	6.2	13	21	
归一	0.7447	0.8065	0.5385	0.6924	2.0896
	0.1489	0.1613	0.6001	0.8401	0.9103
	0.1065	0.0323	0.1201	0.6001	0.2587
	0.0828	0.0231	0.0154	0.0477	0.1212

c. C 层对 B_2 层的权重，见表 7 – 14：

表 7 – 14　工程特征判断矩阵

工 程 特 征	户外站/架空线	户内/地下站/地下电缆	权　　重
户外站/架空线	1.0000	5.0000	0.8333
户内/地下站/地下电缆	0.2000	1.0000	0.7200
加总	1.2000	6.0000	
归一	0.8333	0.8333	1.6667
	0.2400	1.2000	1.4400

d. C 层对 B_3 层的权重，见表 7-15：

表 7-15　社会关注判断矩阵

社会关注	群访/上级部门信访	媒体关注	一般投诉	无投诉	权重
群访/上级部门信访	1.0000	1.0000	9.0000	9.0000	0.3319
媒体关注	1.0000	1.0000	7.0000	9.0000	0.3688
一般投诉	0.1110	0.1429	1.0000	5.0000	0.149
无投诉	0.1110	0.1111	0.2000	1.0000	0.0291
加总	2.1110	2.1429	17.0000	23.0000	
归一	0.4738	0.1613	0.6924	0.6924	1.3274
	0.1489	0.1613	0.8401	1.0801	1.4751
	0.0526	0.0231	0.1201	0.6001	0.1957
	0.0526	0.0519	0.0118	0.0435	0.1162

e. 指标底层对目标层的权重，见表 7-16：

表 7-16　各指标权重表

B 层指标	地理方位	工程特征	社会影响	总权重/%
B 层对 A 层权重	0.7514	0.0807	0.1780	
住宅区/学校 50 m 范围内	0.5224	0	0	39.55
住宅区/学校 50 m 范围外	0.2276	0	0	17.80
其他敏感区	0.0647	0	0	5.96
非敏感区	0.0303	0	0	2.88
户外站/架空线	0	0.8333	0	8.72
户内/地下站/地下电缆	0	0.7200	0	4.99
群访/上级部门信访	0	0	0.3319	9.91
媒体关注	0	0	0.3688	7.26
一般投诉	0	0	0.049	0.93
无投诉	0	0	0.0291	0.89

输变电工程建设项目环境影响程度评价指标准则层地理方位的权重最大（0.7514），远大于工程特征和社会影响，社会影响比工程特征权重大。指标层权重顺序为：住宅区/学校 50 m 范围内、住宅区/学校 50 m 范围外、户外站/架空线、媒体关注、群访/上级部门信访、户内/地下站/地下电缆、其他敏感区、非敏感区、一般投诉，无投诉。见图 7-5。

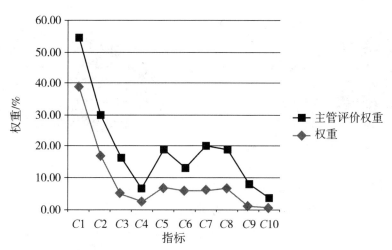

图 7-5　评价指标主管权重与权重趋势比较曲线

注：1—10 代表，$C1$—$C10$ 指标。

由图 7-5 可知，专家问卷调查的输变电工程建设项目环境影响程度评价指标主管权重与层次分析法指标权重趋势吻合，评价指标能够真实地评价人对输变电工程建设项目环境影响的认知、感受和评价。

7.2.2　变电站和输电线路分类管理研究

在现代城市，红、黄、绿三色的交通信号灯广泛使用，发挥了极其重要的作用。城市中的交通信号灯，是由铁路信号灯演变而来的。早在 1868 年，一个叫奈特的铁路信号工程师发明了一种交通信号装置，被安装在英国威斯敏斯特的议会大楼外面，有信号杆和供夜里使用的红、绿两色的煤气灯。

1918 年，三色灯率先出现在美国纽约，不过颜色是红、绿、琥珀三色。1925 年，英国伦敦街头出现了自动交通管理色灯。1931 年 6 月 23 日，美国纽约第五大道竖起一盏新的青铜制造的红绿灯，这与现代的交通信号灯已经没有多少差距。目前，全世界的交通管理色灯一律采用了红、黄、绿 3 种颜色。

随着经济社会的全面发展，红、黄、绿三色模型从交通指挥领域，扩展到气象等自然灾害预警、消防、经济管理、卫生领域的药品使用和临床病情管理、纪检监察、治安、民政等各个领域，发挥着极其重要的作用，指导社会生活的各个方面以实现公共管理决策的最优化。

编者在输变电工程建设项目电磁环境管理领域引入英国电磁环境管理的"交通灯模型"，见图 7-6，对输变电工程建设项目环境管理进行分级，实现分类管理。在具体应用中，根据我国输变电工程行业特点和行政管理的习惯，将红色修改为橙色。

"交通灯模型"见图 7-7。

本节以变电站为例，详细介绍变电站橙、黄、绿三色分类方法。下面分别列出评为绿色、黄色和橙色站点的典型案例。

图 7-6　1938 年英国伦敦街头交通灯

图 7-7　交通灯模型

7.2.2.1　评为绿色的变电站

属于典型的绿色站点：站点选址远离居民区、学校等非敏感区，占用工业用地，在高速公路或主要的公路旁；或者距离敏感区 100 m 以上，并且为户内或地下设计，公众接受度高的变电站。评为绿色表明该站点基本不会对公众造成电磁场暴露，一般不需要与公众进行风险沟通，只需按照环境保护管理法律法规和标准规定，取得合法程序。

7.2.2.2　评为黄色的站点

属于典型的黄色站点：选址不紧邻住宅区，但是位于住商混合区等区域，具有潜在社会风险和公众健康风险，公众尚未投诉或者环评阶段的投诉，但是接受度低的变电站。

7.2.2.3　评为橙色的站点

属于典型的橙色站点：选址居民区 50 m 范围内，紧邻学校、幼儿园、古迹等，或引发群访/省级政府部门信访，或受到媒体广泛关注，公众接受度较低的变电站。评为橙色的变电站站点需要大量公众宣传、咨询和沟通工作；在适当时间向当地环保部门、"两代表一委员"团体，以及其他关键利益相关者开展变电站的电磁场监测交流和科普宣传以帮助减轻担忧等。

根据输变电工程建设项目环境影响程度，评价指标权重顺序为：住宅区/学校 50 m 范围内（权重 39.55%）、住宅区/学校 50 m 范围外（权重 17.80%）、群访/上级部门信访（权重 9.91%）、媒体关注（权重 8.72%）、户外站/架空线（权重 6.99%）、其他敏感区（权重 5.96%）、户内/地下站/地下电缆（权重 4.99%）、非敏感区（权重 2.88%）、一般投诉（权重 0.93%），无投诉（权重 0.89%）。若以 0～99 分为分值，对各指标权重进行取整，则指标的评分见表 7-17。

表 7-17　输变电工程建设项目环境影响程度评价指标分值

评价指标	住宅区/学校 50 m 范围内	住宅区/学校 50 m 范围外	户外站/架空线	媒体关注	群访/上级部门信访	户内/地下站/地下电缆	其他敏感区	非敏感区	一般投诉	无投诉
分值	40	18	7	8	10	5	6	3	3	1

注：①权重取整，小于 1% 四舍五入。
②输电线路若采用地下电缆工程，则距离指标不计入评分。

"交通灯模型"为每一类输变电工程建设项目环境影响评价提供指导，但是需要注意的是利益相关者和社区的意见，受供电部门的决定和行动所影响，也受其他关键人物，包括政府和媒体的影响，因此需要对分类评估结果进行持续检查，特别是评估为黄色和橙色的站点。见表 7 - 18、表 7 - 19。

表 7 - 18　输变电工程建设项目分类表

分类指标 项目分类	分值≥30	25≤分值≤30	分值＜25	媒体关注	群访/上级 部门信访
橙色	√			√	√
黄色		√			
绿色			√		

表 7 - 19　某市典型输变电工程建设项目"交通灯模型"分类举例

输变电建设项目名称	环境影响程度评价指标分析	分　类
变 电 站		
110 kV 白某变电站	群访，造成巨大的社会影响；引起国内外媒体关注；距居民区 200 m，紧邻 3 个幼儿园和 1 个小学，多个住宅小区	橙色变电站
110 kV 洪某变电站	住宅区/学校 50 m 范围内，被多个居民小区环绕；群访，造成较大社会影响；引起南方都市报等主流媒体关注	橙色变电站
220 kV 贤某变电站	距住宅区/学校 350 m，小区居民集体上访，造成工程中断，站群矛盾激化，且为户外站设计，竣工验收调查应按橙色站处理	橙色变电站
110 kV 八某岭变电站	住宅区/学校 50 m 范围外，距离办公楼等敏感区 50 m 内，但是为户内站设计	黄色变电站
220 kV 腾某变电站	住宅区/学校 50 m 范围外，进出线无线电干扰超标，但处于工业区	黄色变电站
110 kV 湖某变电工程	住宅区/学校 50 m 范围外，半户内设计，处于非敏感区，无投诉	绿色变电站
110 kV 华某变电站工程	住宅区/学校 50 m 范围外，位于商业区和交通干线旁，采用地下电缆设计，无投诉	绿色变电站

续上表

输变电建设项目名称	环境影响程度评价指标分析	分 类
输 电 线 路		
220 kV 梅某甲乙线	跨越某区机关第一幼儿园，引发群访，工频电场超标	橙色线路
110 kV 硅某Ⅱ线	输电线路走廊内建有居民楼，工频电场水平较高	橙色线路
110 kV 梅某线	距离居民楼 100 m 内，采用高压架空线设计，但是受高大树木遮挡，屏蔽	黄色线路
110 kV 清某线	地下电缆，位于人口稠密区人行道，埋地深度 1 m	黄色线路
110 kV 香某Ⅲ线	位于城市干道绿化带，采用地下电缆设计	绿色线路
110 kV 公某Ⅱ回线路	架空线，处于非敏感区	绿色线路

参考文献：

［1］DEVILLIS F R. Scale development：theory and application［M］. Neberry，CA：Sage，1991：26.

［2］NUNNALLY J C. Psychometric，2NDEDN［M］. New York：McGraw-Hill Inc，1978.

［3］SAATY T. The analytic hierarchy process［M］. NewYork：McGraw-Hill Inc，1980.

［4］顾培亮. 系统分析与协调［M］. 天津：天津大学出版社，1998：177－181.

［5］许树柏. 实用决策方法——层次分析法原理［M］. 天津：天津大学出版社，1998.

［6］朱建军. 层次分析法的若干问题研究及应用［D］. 沈阳：东北大学，2005.

第8章 输变电工程建设项目环境保护公众参与

目前，输变电工程建设项目严格按照《中华人民共和国环境影响评价法》（2016）开展环境影响评价工作。在建设项目环境影响评价（environmental impact assessment, EIA）过程中都开展了不同程度的公众参与，在环境影响报告文件中也附有公众参与篇章，但各地区及各环评机构在具体操作时，公众参与的深度和广度存在较大差异，普遍存在公众参与渠道单一，公众意见反馈机制不完善等问题，在一定程度上影响了公众参与的有效性。各地不同程度地出现输变电工程建设项目通过环境影响评价审查，但开工建设时遭遇利益相关公众的群体反对，并对项目的环境影响评价报告文件提出质疑，甚至提起行政诉讼。本章对国内外输变电工程建设项目环境保护公众参与现状、公众参与有效性及公众参与量化指标进行研究，为输变电工程建设项目环境保护公众参与提供参考。

8.1 我国输变电工程建设项目环境保护公众参与现状与问题

我国建设项目环境保护公众参与起步较晚，1998 年国务院发布的《建设项目环境保护管理条例》对公众参与环境影响评价仅作了原则规定。2003 年实施的《中华人民共和国环境影响评价法》对环境影响评价中的公众参与提出了明确要求，其中第 5 条指出，国家鼓励有关单位、专家和公众以适当方式参与环境影响评价；第 21 条规定，除国家规定需要保密的情形外，对环境可能造成重大影响、应当编制环境影响报告书的建设项目，建设单位应当在报批建设项目环境影响报告书前，举行论证会、听证会，或者采取其他形式，征求有关单位、专家和公众的意见。建设单位报批的环境影响报告书应当附具对有关单位、专家和公众的意见采纳或者不采纳的说明。2006 年，原国家环境保护总局发布了《环境影响评价公众参与暂行办法》，对环评中公众参与的范围、程序和组织形式等内容提出了原则性要求，指出公众参与环境影响评价的技术性规范，由《环境影响评价技术导则　公众参与》规定。2016 年《中华人民共和国环境影响评价法》重新修订，未对公众参与内容做实质性的修改。以上法律法规的实施对输变电工程建设项目环境影响评价公众参与提供了法制上的保障和约束。

但输变电工程建设项目具有点线结合、距离较长、数量众多、投运时间紧迫、环境影响范围呈带状的特点，公众参与工作仍存在很多问题。

2014年，环境保护部发布了《环境影响评价技术导则 输变电工程》（HJ 24—2014）。本标准是对《500 kV 超高压送变电工程电磁辐射环境影响评价技术规范》（HJ/T 24—1998）的修订，极大地弥补了 HJ/T 24—1998 的不足，完善了输变电工程环境管理的标准体系，根据电压等级和工程特征确定不同评价等级，具有重大进步。但新标准也存在公众参与内容规定较笼统的不足，与广东省现有规定无明显差异、不够完善。

（1）公众参与法律保障不完善。迄今为止，我国尚未制定一部公众参与法律，多是一些部门规章。如《环境影响评价公众参与暂行办法》侧重于规范环评中公众参与的范围、程序和组织形式等内容，条款多限于一些原则性的规定，没有从法律机制、经费保障和操作程序上加以细致立法，对公众参与的具体细节和操作方法规定不明确，可操作性不满足实际需求，无法为公众参与提供强有力的法律保障。公民参与环评的人数、领域、深度及影响力仍然非常有限。

当前迫切需要以法律的形式进一步明确公众参与环评的方式与渠道，明确参与的方向与界限，保障环保组织或公民进行环境公益诉讼的权利，使公民的各项环境权益在立法中得以具体化和程序化，使公民的环境知情权和环境救济权得到切实保证。

（2）信息不对称，信息公开不充分。普通公众无法获得足够的项目基本情况和环境保护资料，建设单位、环评单位等对项目信息公开不重视。据了解，建设单位为使输变电工程建设项目获得通过，环境影响评价信息的公开，流于形式。

互联网因其开放性、即时性，不受时间、区域的限制等特点，成为公开环境影响信息的有效途径和首选形式。但由于我国各地区经济发展不均衡，公众对互联网使用程度不一致，且互联网海量信息容易造成信息淹没、法律法规未明确规定公示的网站，建设单位为了方便和低成本，基本只在单位网站低关注度的栏目公示，而未将环境影响评价报告书在当地主流网站公布，使得输变电工程建设项目网上公示未能发挥应有的公众参与效果。

8.1.1　参与对象选取不合理，公众参与广度不够

一般来说，广义上的公众应包括：受建设项目直接影响的单位和个人、受建设项目间接影响的单位和个人、环境行政主管部门、其他相关行政主管部门、建设单位和受委托的环评单位以外的社会团体或个人以及其他感兴趣的团体或个人等。通俗的理解即直接受影响、间接受影响以及其他感兴趣的团体或个人。目前，中国 EIA 中公众参与的对象选取多数仅限于直接或间接受影响的团体或个人，自愿参与 EIA 的团体或个人微乎其微，且未考虑对象背景。公众参与对象的选取要求具有较高的代表性，而目前中国公众参与对象选取随机性强，未考虑到公众的背景，如环境意识、思想文化素质、法制观念等，参与对象代表性不高。

《环境影响评价公众参与暂行办法》仅对公众参与听证会的人数限制为不少于15

人，对其他公众参与环节中公众参与人数并没有明确的规定。HJ24—2014 对公参人数做了简单规定。在公众参与中把不可能受影响区域内的公众都作为调查对象进行调查，公众参与环境影响评价人数过少，易导致公众所提出的有关建设项目环境影响问题覆盖面不够广泛，在项目建设过程中不断出现环境矛盾。

我国广大的社团、绿色民间组织等 NGO 机构未发挥它们应有的作用，缺席输变电工程建设项目公众参与工作。密切联系群众的"两代表一委员"群体，基本不被纳入建设项目环境影响评价和竣工环境保护验收公众参与的对象范围。在输变电工程建设项目完成环境保护审批手续，运行较长时间之后，"两代表一委员"群体才代表公众向政府提出环保权益诉求。

8.1.2　参与形式单一，公众参与深度不够

《环境影响评价公众参与暂行办法》推荐了如下几种公众参与形式：采取问卷调查方式征求公众意见，咨询专家意见，召开座谈会、论证会和听证会等。编者对某市 116 个项目环境影响评价报告及竣工验收调查报告的分析发现，项目中几乎 95% 以上的公众参与形式仅采用问卷调查。问卷调查是一个很好的方式，简单易行、低成本，但有效调查应建立在如下几个条件的基础上：一是在评价范围内，要有足够的公众样本数；二是建设项目的受影响者必须参与调查；三是问卷设计合理，应简单、通俗、明确、易懂，避免设计可能对公众产生明显诱导的问题。

公众参与度不足表现在公众参与介入的时间短，被动参与多，主动参与少。据了解，不少环评单位为抢时间，或代替公众填写问卷，或复制问卷（即以一个问卷为模板，复制同样的答卷数份），而统计结果与实际情形相差甚远。

8.1.3　调查内容设置不科学

用科学的分析方法整理科学的调查内容才能得出科学的结果。而现有的公众参与调查内容存在指导性差、针对性差等问题。

指导性差。有些公众参与的调查内容设置不够全面、专业性过强，无法给公众有效的指导，造成公众无法有效地回答调查问题。

针对性差。部分环评单位为了工作方便，在不同的项目环评中应用相同的调查问卷，而不是有针对性地设计调查问卷，这势必会导致环评结果的偏差。

8.1.4　调查结果、结论模式化

建设单位对公众参与章节不够重视，调查结果分析往往千篇一律，没有针对该建设项目的环境质量状况、公众的意见着手调查结果分析，从而提出当地公众具体和明确的观点，不能起到公众参与应有的作用。

公众意见的整理分析方法多为简单的等权统计归纳法。此方法没有考虑到公众意见的权重问题，因为不同背景的公众对项目的关注程度不同，关心的问题有偏差，这些都应列为公众意见整理分析应考虑的影响因素。另外，公众意见经统计整理后，分析工作流于形式，简单的陈述并不能为决策者提供完整的决策依据。

8.2 国外和境外环境影响评价公众参与情况介绍

8.2.1 美国

美国是世界上最早开展环境影响评价的国家。20 世纪 60 年代末，美国的《国家环境政策法》颁布实施，其中第二篇第五节第 1 条规定，环评中应征求相关机构、部门、地方政府的意见，并明文规定环境影响报告书及相关机关的意见，应当依照《情报自由法》的规定对外公开。然而，对于是否征求公众意见却没有进行明确规定。为了弥补这一不足，美国环境影响评价的主管部门环境质量委员会于 1978 年发布了《环境影响评价实施细则》，对公众参与的程序作了详细规定，包括参与阶段、参与范围、参与人员、参与效果以及参与的限制等。如信息公开的时间一般为 45 ～ 90 天，公众可以查阅环评文件，并可提交关于项目的书面评论，开发建设单位和有关行政主管部门必须对公众意见做出反应；当存在较大争议或公众要求召开听证会时，应举行听证；公众有权了解做出最后决策的理由，原则上相关行政主管部门应在公众参与后 30 天内告知决策结果及其依据；公众可以进一步质疑决策的合理性等。

8.2.2 日本

日本的《环境影响评价法》第 8 条第 1 款规定：从环境保护的角度出发，如果有人对评价大纲有意见，可以在从文件公布之日起到文件审查结束之日后两周内向业主提交其意见。

日本《环境影响评价法》也对公众的知情权和参与权作了较为明确、具体的规定。例如，关于评价大纲的公布、公开复审和意见提交，该法第 7 条规定："为了征求意见，从环境保护的角度出发，关于环境影响评价所需考虑的事项和所要采用的调查、预测和评价方法，根据总理府规定，项目业主应当公布范围文件的有关内容，可以在范围文件公布之日后的一个月内对评价大纲进行公开复审。"

关于环境影响评价报告草稿的公告、说明会以及意见提交，该法第 16 条规定，项目业主应当在向有关政府机构或长官提交相关材料后，公告环评报告书草案和其他有关材料，并且自公告之日起，接受公众为期一个月的公开审查；第 17 条规定，在公开审查期间，项目业主应当在相关地区举行说明会以使公众了解环评草稿，并且至少在举行说明会一周前公告其时间、地点，如果项目业主因法定事由无法举行说明会，应当尽力使公众了解环评草稿的内容；凡对环评草稿有意见的人，均可在从草稿公布之日起到公开审查结束之日后两周内，以书面形式向项目业主提交意见。

8.2.3　澳大利亚

澳大利亚法律规定，所有环境影响评价均要求开展不同程度的公众参与。目前，多数情况下采用公众咨询的形式，而公众参与决策过程的情况比较少。

澳大利亚的环评制度中包括一个筛选过程，即通过初步评价确定是否有必要开展详细的环境影响评价。对于没有开展详细环评的工程，当公众提出质疑时，环境主管部门必须在 3 个月内做出解释。对于开展了详细环评的工程，环境主管部门审核环境影响报告书后，应在报请部长批示前将环评报告书向公众公开，并告知公众哪些公众意见被采纳了。

在新南威尔士，环境影响报告书完成后应该公示至少 30 天。公众意见要报给市政规划部门，后者在 21 天内确定有关主管部门在进行决策时应采纳哪些意见。公众可以申请召开听证会，但市政规划部门的部长有权决定是否召开。听证会的所有意见都要向公众公开。所有项目审批结束后，审批部门都要就在审批过程中如何考虑公众意见的情况写一份报告。

8.2.4　中国香港地区

中国香港特别行政区政府在 20 世纪 80 年代初已采用行政手段要求进行环境影响评价，但其环境影响评价立法则直到 1997 年 1 月才获通过。香港的环境影响评价制度深受其普通法系传统影响，对适用环境影响评价制度的指定工程项目通过名录作了明确的列举，并通过环境许可证制度保障环境影响评价制度的实施，特别是在公众参与力一面，香港的立法较内地详尽，具有很强的可操作性。

根据 1998 年开始在香港实施的"环境影响评价条例"，公众可以通过多种途径对 EIA 报告提出意见。而且有几种措施：将公众参与的时间提前，即在项目倡议人提出工程概要时就将其内容公开，使公众可在 EIA 的初期就对研究的内容提出意见，有助于及早了解 EIA 的重点；EIA 的概要及最后报告可在指定的政府部门和互联网页上查阅；政府会定期公布正在进行 EIA 的细节，让公众了解。互联网的 EIA 网页同时提供了法规、"技术备忘录"、已通过了的 EIA 报告、"环境许可证"的详情、后审监督结果等。当 EIA 报告提交给主管当局后，当局便要在指定的时间内做出最后决策，不得拖延。环境保护署署长须根据公众意见和环境问题咨询委员会下属"环境影响评价分会"的建议做出最后决定，签发环境许可证；项目申请人若有不同意见，可向完全独立的"上诉委员会"提出上诉。

在香港的 EIA 制度中，对公众的知情权充分保障。公众可自由索阅 EIA 报告（包括 EIA 的研究概要、报告摘要及最后报告）；在报告得到研究管理小组的通过后，政府必须向公众公布；公众也有权在 EIA 报告发布后 1 个月内向环境保护署提交意见；有关 EIA 的论证程序和公开 EIA 报告的安排，均在法律中有明确的规定。

公众也可通过不同的途径提出意见，包括地区议会（通过民政事务专员向研究小组或向环境影响评价分会汇报）和环境问题咨询委员会（由环境影响评价分会负责审议 EIA 报告）等。某些项目（填海、道路等）必须在"宪报"刊登，公众在看到通报后可提出反对，而政府在做出调停或裁决时，会先考虑环境影响评价分会的意见。在香港，政府项目向立法议会财务委员会申请拨款，议员也会考虑环境问题咨询委员会环境影响评价分会的意见。

另外，香港环境 NGO 开展了大量推进公众参与建设项目环境保护的工作：开展环境知识宣传，提高公众环境意识；举办各种活动，为公众提供参与建设项目环境保护的机会；争取环保基金资助方面。

香港的 EIA 制度的优点是允许公众通过多种渠道评论地区性和全局性的环境问题，也能同时兼顾专家和公众的意见。在香港的 EIA 制度下公众可以在不同过程中参与 EIA 的咨询，向项目倡议人和 EIA 顾问不断地提出意见，直到环境监测和审计。香港的 EIA 制度有助于及早提出问题，及早纠正。

8.3　环境影响评价公众参与有效性研究

从社会学角度讲，所谓"公众参与"是指社会群体、社会组织、单位或个人作为主体在权利、义务范围内所从事的有目的社会行动。环境影响评价中的公众参与是指项目方或项目方委托的环评工作组与公众之间的双向交流，其目的是使项目能够被公众充分认可，并在项目实施过程中不对公众利益构成危害或威胁，以取得经济效益、社会效益、环境效益三者的协调统一。环境影响评价中的公众是指一个或更多的自然人或法人。通常广义上的公众应包括：受建设项目直接影响的单位和个人、受建设项目间接影响的单位和个人、关注建设项目的单位和个人、有关专家、建设项目的投资单位和个人、建设项目的设计单位、建设项目的环境影响评价单位、环境行政主管部门、其他相关行政主管部门。狭义上的公众应包括：受建设项目直接影响的单位和个人、受建设项目间接影响的单位和个人、关注建设项目的单位和个人、有关专家。因此，在选择参与者时首先应当考虑的是利益相关方，优先选择相关性高的群体进行公众参与。环境影响评价中公众参与的方法，程序及评价指标的选取均会对公众参与有效性产生影响。

John Clayton Thomas 教授在 *Public Participation in Public Decisions：New Skills and Strategies for Public Managers* 一书中提出了一种随机性的分析模型——公民参与的有效决策模型（effective decision model of public involvement）。在该模型中，公共管理者需要回答 7 个问题，以切实明确公共决策的要求，并理性地思考政策制定和执行过程中各利益

相关者的边界，见图 8 - 1。

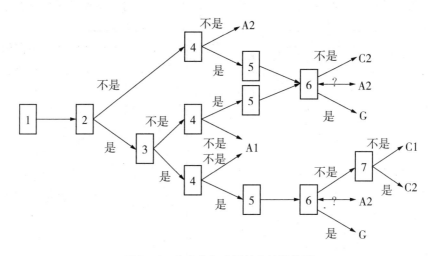

图 8 - 1 公众参与决策的有效性模型

注：A1 表示自主式管理决策；A2 表示改良的自主式管理决策；C1 表示分散式的公众协商；C2 表示整体式的公众协商；G 表示公共决策。1 表示决策的质量要求是什么？2 表示政府有充足的信息吗？3 表示问题是否被结构化了？4 表示公众接受性是决策执行时必需的吗？5 表示谁是相关公众？6 表示相关公众参与管理者的目标是否一致？7 表示在选择解决方案时，相关公众存在冲突吗？

8.3.1 公众参与的方法和程序

环境影响评价中的公众参与一般有以下几种方法。环境影响评价中公众参与工作程序见图 8 - 2。

8.3.1.1 媒体广告法

由项目实施单位通过广播、电视、报纸、网络等传播媒体以及新闻发布会、通报会等形式进行新闻发布，向有关政府机构、非政府组织、社会团体、各界知名人士及社区公众介绍项目的概况、预期的环境影响和防治措施等。这种方法适用于区域性大型项目的开发，具有广泛的社会影响，但媒体发布费用较高。

8.3.1.2 召开专家咨询或审查会

由政府环境保护管理部门和项目实施单位召开专家咨询会或审查会，对评价单位所编制的环境影响评价大纲和最终编制的环境影响报告书进行咨询或审查，参加会议的有政府环境保护管理部门、建设单位、设计单位、环评单位以及被邀请的有关专家和技术人员。专家咨询或审查会已成为建设项目环境影响评价工作的必经程序和关键环节，也是认定环评工作质量的主要手段。

8.3.1.3 举行公众座谈会

由政府环境保护管理部门、项目实施单位和环评单位共同组织召开公众座谈会，参加会议的有项目所在地区的社会团体、人大代表、政协委员、民主党派人士、受影响地

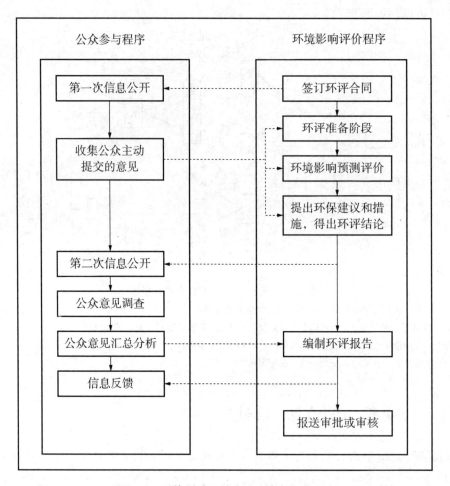

图 8-2　环境影响评价中公众参与工作程序

区的公众等。该方法适用于大中型工业建设项目的环境影响评价，效果好，费用低。

8.3.1.4　公众意见调查

一般可采用发放公众意见调查表或登门走访的调查方法。调查对象应以项目所在地受影响的公众和法人单位为主，以及相关的当地行政管理部门、社会团体和专家学者。该方法简捷，便于实施，费用低，已经成为环评工作广泛采用的方法。

8.3.1.5　举行公众听证会

由政府环境保护职能部门组织相关单位和部门及公众代表召开听证会。公众代表可通过公开报名等方式确定听证陈述人和听证旁听人。听证会首先要确定听证的事项，如专项规划和建设项目的环境影响评价报告书草案、审批部门的批复意见等。随后由听证陈述人及听证旁听人围绕听证主题分别进行评述，相关职能部门要围绕公众提出的内容与听证陈述人展开平等辩论。

8.3.1.6　接受公众来信、来访、诉讼

通过建立信息中心，如设立公众热线电话 12345 或 12369、公众咨询窗口、公众信

箱及公众咨询网站等形式，让直接受到项目不利影响的公众反映自己的观点、建议或通过公众来信、来访、诉讼等形式发表自己的意见。这些意见一般都会转交当地环境保护部门，由环境保护部门进行行政干预，或与建设单位交换意见，予以协调解决。

在我国环境影响评价中实施公众参与分为 5 个步骤：信息发布、信息收集、信息汇总分析、公众信息交流、协商研究解决方案。见图 8-2。

8.3.2　公众参与有效性的评价指标及影响因素

从环境影响评价的角度，公众参与的有效性体现在以下五个方面：

第一，建设单位、审批机关、公众三方信息交流渠道畅通并明确，公众参与环评时与建设单位、审批机关之间联系紧密。

第二，公众调查问题设置合理，具有可操作性，公众参与意识高，素质强，没有就一个问题反复质疑或不明确。

第三，建设单位能及时、清楚地解答公众的质询，公众没有反映建设单位未能向他们提供足够的相关信息。

第四，关注环评的团体（非政府组织，特别是环保 NGO）能参与环评，提出意见，并能得到的重视和答复。

第五，公众参与的意见及时得到反馈和处理。通过公众的参与，建设单位及环保管理部门能及时响应公众参与的意见，提出相应措施、办法。

8.3.2.1　公众参与有效性的评价指标

（1）参与评价的公众类别。参与评价的公众类别可以分为主动参与和被动参与两大类。主动参与的公众可以由无组织的个人、有组织的团体、对项目感兴趣的公众组成；被动参与的公众应包括与项目有关的公众、计划向其收集资料的公众等。种类越多，其有效性就越大。

（2）公众在评价及决策过程中赋予权重。在公众能合理利用权力的情况下，权重越大。其有效性就越大。

（3）公众参与评价的过程。参与时间越早，越能保证其有效性；如能全过程参与，则有效性越大。在评价程序中各可分阶段组织公众参与。

（4）调解矛盾的能力。调解矛盾的能力可以划分为以下六个方面：项目方基于法律文件的鼓励行为，项目方可以预料到矛盾产生的能力，项目方尽力避免矛盾产生的能力，项目方尽力解决矛盾的能力，项目方可能加剧矛盾的可能性，矛盾最终被解决并达成一致意见的可能性。方式越灵活，有效性越大。

8.3.2.2　公众参与有效性的影响因素

（1）公众的选取。公众选取时应考虑公众的环境意识、法制观念、思想文化素质等，否则会影响公众参与环境影响评价的有效性。公众参与的对象选择，对公众参与的有效性影响很大，每个人都有自己特定的生活社会、自然环境，处在不同年龄层次、文化程度、职业、经济收入以及环境意识的强弱、对拟建项目的了解程度等都将对同一个问题的看法产生很大差异。而在选择时如果产生偏差，则不能真实地反映公众对建设项目的信息；处在与拟建项目不同区域位置的公众对项目与自身距离的远近态度会有较大的差别。

（2）公众被赋予的权力。公众参与是一个双向的交流，那么公众对项目评价和决策的影响力，与他们的权力大小就有着密切的关系。公众如果被赋予较大的权力，且能很合理地利用权力，则对项目的环境合理性和社会可接受性的提高有很大益处，从而对提升整个 EIA 的有效性有着重大意义。

（3）公众参与的时间选择。在国外，公众参与从 EIA 的划定范围到环境影响报告书的审批阶段，甚至到得出结论之后还进行一段时间的公示，以征求意见。但我国由于国情的特殊性，公众参与只是在编制环评大纲和环评报告书评审阶段进行，这无疑会影响公众参与的有效性。

（4）解决矛盾的能力。公众参与的主要目的之一是提供一个"安全阀"的作用，使公众有合理、有效地提出建议的途径，避免项目方和公众之间的冲突。有效避免冲突的产生和灵活地解决矛盾可以增强公众参与的有效性。如果公众发现在参与 EIA 之后，自己反映的问题没有得到解决，就会更加对项目产生抵触情绪，这样使公众对项目方、环评单位甚至环保管理部门产生信任危机，使问题更加尖锐化，因而违背了公众参与的目的和意义。

（5）公众参与形式的选择及内容的设计。对于不同地区、不同居民特征的公众，采取何种形式参与以及调查内容的设计，都将对公众参与的有效性有着很大的影响。

（6）EIA 公参工作组的职业素质。由于国情因素，大部分公众的环保素质有限，在公众参与之前，公众接受的有关项目信息是由 EIA 公参工作组发出的，而 EIA 公参工作组对涉及项目的信息有事实上的垄断，所以在公布信息时可能有不准确甚至隐瞒信息等情况的发生。在公众参与中，EIA 公参工作组职业素质的高低也是影响公众参与有效性的一个重要因素。

8.3.3 公众参与对象抽样调查

公众的代表性是影响环评中公众参与有效性的重要因素。广泛的代表性有利于吸取多方面意见，便于综合权衡。调查研究期望对环境影响评价涉及的公众总体进行描述和研究，获得最为全面的公众意见，但输变电工程建设项目环境影响涉及的范围比较广，公众样本量比较大，对其全部进行调查所需要付出的代价太高，不符合最优化原则。

研究总体中的一部分个体，所得到的结果渗透、折射、体现总体情况。如何选择能够代表总体的一部分个体，即进行抽样调查，成为公众参与问卷调查必须解决的主要问题之一。公众参与的代表应当有一定的群众基础，能够代表某一方面居民的利益；具有环境保护的基本常识并自愿为公众服务；有一定的调查研究、分析问题和语言表达能力。

抽样调查也称为抽查，是指从调研总体中抽选出一部分要素作为样本，对样本进行调查，并运用数理统计的原理，根据抽样所得指标（实际观察数值）来推断总体指标，以达到对总体的认识的一种专门性的调查活动。简言之,抽样调查就是从总体中抽取一定数量的样本来推断总体情况的一种研究方法,是一种被广泛使用的有效方法。

8.3.3.1　抽样调查的基本概念

(1) 总体。总体通常与构成它的元素共同定义。总体是构成它的所有元素的集合,而元素则是构成总体的最基本单位。在调查研究中,最常见的总体是由社会中的某些个人组成的,这些个人便是构成总体的元素。

(2) 研究总体。研究总体指的是从中抽出样本的全体要素的总和。但在实际操作中,很难保证定义所要求的每一要素都有同等机会被抽到。即使有了以抽样为目的的要素名单,这些名单通常或多或少是不完整的。通常研究人员会更严格地限制研究总体。

(3) 样本。样本是由总体中抽取的部分个体构成。一个被抽到的个体或单位,就是一个样本。在社会研究中,资料的收集工作往往是在样本中完成的。

(4) 抽样。抽样指的是从组成某个总体的所有元素的集合中,按一定的方式选择或抽取一部分元素(即抽取总体的一个子集)的过程,或者说,抽样是从总体中按一定的方式选择或抽取样本的过程。

(5) 抽样单位。为了便于实现随机抽样(也称概率抽样),常常将总体划分为若干互不重叠的部分,每个部分都叫作一个抽样单元。在简单的一阶抽样中,抽样单位即要素本身,也可能就是分析的单位。在更复杂的抽样中,需要采用不同层次的抽样单位。

(6) 抽样框。抽样框又称作抽样范围。它指的是一次直接抽样时总体中所有抽样单位的名单。样本或某些阶段的样本从抽样框中选取。

(7) 统计值。统计值则是关于调查样本中某一变量的综合描述,或者说是样本中所有元素的某种特征的综合数表现。样本值是从样本的所有元素中计算出来的,它是相应总体值的估计值。

8.3.3.2　抽样调查的基本程序

抽样调查的基本程序见图 8-3。

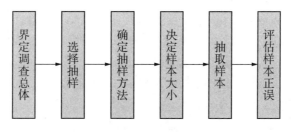

图 8-3　抽样调查的基本程序

(1) 界定调查总体。界定调查总体就是在具体抽样前,首先对从中抽取样本总体的范围与界限作明确的界定,清楚地说明研究对象的范围(时间、地点、人物)。界定调查总体是由抽样的目的所决定。因为抽样虽然只对总体中的一部分个体实施,但其目的却是为了描述和认识总体的状况与特征,是为了发现总体中存在的规律性,因此必须事先明确总体的范围;另外,界定总体也是达到良好抽样效果的前提条件。如果不清楚明确界定的总体范围与界限，那么即使采用严格的抽样方法，也可能抽出对总体严重缺乏代表性的样本来。

一个定义明确的总体包括以下五个方面：①构成分析的单位是什么；②抽样的单位是什么；③什么内容指定包括在内；④时限怎么样，即要获取的信息属于哪一段时间；⑤空间限制如何，是哪些地区，是否限于城市或城市的繁华街区。

（2）选择抽样框。选择抽样框就是依据已经明确界定的总体范围，收集总体中全部抽样单位的名单，并通过对名单进行统一编号来建立抽样使用的抽样框。当抽样是分几个阶段、在几个不同的抽样层次上进行时，则要分别建立起几个不同的抽样框。

在抽样领域，形成一个适当的抽样框经常是调查者面临的最有挑战性的问题之一。准确的抽样框包括两个含义：完整性与不重复性。完整性，是指不遗漏总体中的任何一个个体；不重复性，是指任何一个个体不能被重复列入抽样框。

（3）确定抽样方法。各种不同的抽样方法都有其自身的特点和适用范围。对于具有不同研究目的、不同范围、不同对象和不同客观条件的社会研究来说，所适用的抽样方法也不同。在具体实施抽样之前，依据目的要求、各种抽样方法的特点，以及其他有关因素来决定具体采用哪种抽样方法。

（4）决定样本大小。样本大小又称样本容量，指的是样本所含个体数量的多少。样本的大小不仅影响其自身的代表性，而且还直接影响调查的费用。

确定样本大小，一般应考虑的因素：精确度要求、总体的性质、抽样的方法、客观制约（如人力、财力之不同）。样本需满足资料分析要求，另外，样本的大小与抽样的误差成反比，与研究代价成正比。应该依据"代价小，代表性高"的原则来确定样本的大小。对同质性强的总体，其差异不大，选择样本可以小。而对于异质性高的总体来说，则要选择大一些的样本。

（5）抽取样本。实际抽取样本的工作就是在上述几个步骤的基础上，严格按照所选定的抽样方法，从抽样框中抽取单个的抽样单位，构成样本。依据抽样方法的不同，依据抽样框是否可以事先得到等因素，实际的抽样工作可能是在调查研究者到达实地之前就完成，或者到达实地后才能完成。实际工作中可能是先抽好样本，然后进行调查或研究；也可能是抽取样本就同步开始调查或研究，当研究的总体规模较大，且抽样是采取多阶段方式进行时，就采取边抽样边调查的方法。

（6）评估样本的正误。完整的抽样过程包括：样本抽出、样本评估。所谓样本评估，就是对样本的质量、代表性、偏差等进行初步检验和衡量，其目的是防止由于样本的偏差过大而导致失误。

评估样本的基本方法：将可得到的反映总体中某些重要特征及其分布的资料，与样本中同类指标的资料进行对比。若二者之间的差别很小，则认为样本的质量较高，代表性较大；反之，若二者之间的差别较大，则样本的质量和代表性就一定不高。

8.3.3.3　公众参与对象的抽样方法

根据抽取对象的具体方式，抽样分为各种不同的类型。从大的方面看，各种抽样都可以归为概率抽样和非概率抽样两大类。

概率抽样是依据概率论的基本原理，按照随机原则进行抽样，可避免抽样过程中的人为误差，保证样本的代表性。

非概率抽样主要是依据研究者的主观愿望、判断或是否方便等因素来抽取对象，它不考虑抽样中的等概率原则，因而往往容易产生较大的误差，难以保证样本的代表性。

公众抽样的具体过程见图 8-4：

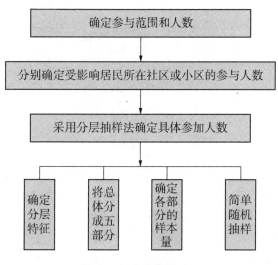

图 8-4　公众抽样过程

（1）确定参与范围和人数。问卷的发放范围应当与专项规划或者建设项目的影响范围相一致。一般来讲，样本量越大越能全面、客观地反映建设项目环境影响的公众认识情况。由于具体操作中的经济性原则和时间性要求，应当根据建设项目具体情况，综合考虑影响范围、影响程度、社会反应程度以及进行公众参与工作所需的人力和物力资源，确定适宜的问卷发放数量。根据《环境影响评价技术导则　输变电工程》（HJ 24—2014），调查样本总数一般不少于 80 份，单个变电站、换流站、开关站、串补站一般不少于 30 份；对于评价范围内电磁环境敏感目标数量少时，调查样本总数可适当减少。同时，调查样本中评价范围内的样本数不少于总数的 60%。

（2）分别确定受影响居民所在村落或社区的参与人数。环境影响评价公众参与时，项目所在地周围居民所在民房或社区都要列入参与范围内。将这些民房或社区排列起来，分别写出它们的规模，计算它们在总体规模中所占的比例。为实现概率抽样，每个民房或社区参与环境影响评价公众的比例与此比例相同，由此再确定整个村落或社区的参与人数。

（3）采用分层抽样法确定具体参加人数。分层抽样又称类型抽样，它是先将总体所有单位按某一重要标志进行分类（层），然后在各类（层）中采取简单随机抽样或等距抽样方式抽取样本单位的一种抽样方式。若按某种与建设项目有关的标志将总体分成若干个层次，这种标志在一个层次之间是接近均质的。在层与层之间则不同质，然后在每层按同一比例抽取个体，这就是分层抽样的基本思路。

在公众参与环境影响评价中，分层抽样的基本过程见图 8-5：

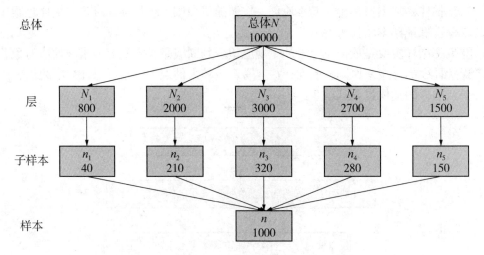

图 8-5　分层抽样图示

第一，确定分层的特征，如学历、年龄、家庭收入等。

第二，将总体（N）分成 5 个互不重叠的部分（分别用 N_1，N_2，N_3，N_4，N_5 表示），每一部分叫一层，每一个层也是一个子总体。

第三，根据一定的方式（如各层单元占总体的比例）确定各层应抽取的样本量。

第四，分别采用简单随机抽样的方法，从各层中抽取相应的样本，分别为 n_1，n_2，n_3，…，n_k，这些样本就作为参与公众的样本。

为了使分层抽样更合理、科学，在具体实施过程中可采取非比例抽样法进行。非比例抽样法又称为分层最佳抽样法，它不是按各层中单位数占总体单位的比例分配样本单位，而是根据其他因素（如各层平均数的大小，抽取样本工作量和费用大小，各层构成的发展趋势等），调整各层的样本单位数。

8.3.4　公众参与调查问卷的设计

问卷调查法是公众参与的一种非常有效且较容易操作的形式，通过设计好的问卷可以客观、详细地从不同层次、角度获取广泛的第一手数据。

采用问卷调查是国际通行的一种作业方式，也是我国近年来最流行的一种调查手段。调查问卷是为了达到调查目的和收集必要的数据，而设计出的由一系列问题、备选答案及说明等组成的向被调查者收集资料的工具，是收集来自于受访者信息的正式的一览表，具有客观性、简明性、真实性和反馈快的特点。一份优秀的调查问卷需具有以下特点：提供必要的决策信息，适合调查对象，问题精简，具有较高的信度和效度，便于编辑和数据处理。

8.3.4.1　调查问卷设计的一般程序

在调查研究中，每个项目都有各自的特点，但是问卷设计并非无规律可循，多数问卷设计遵循一定的程序。问卷设计的程序大体上包括准备阶段、初步设计、试答和修改、定稿印刷这几个阶段。每一阶段都有其特定的工作内容，来保证问卷设计工作有秩序地进行，减少盲目性。

8.3.4.2　调查问卷的题型

调查问卷中的问题形式是多种多样的，不仅询问的方式是很丰富的，而且答案设计的类型也是各具特色的。调查问卷设计的步骤见图 8-6。

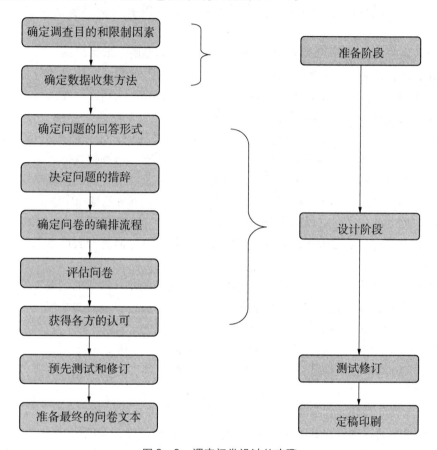

图 8-6　调查问卷设计的步骤

（1）直接性回答题、间接性回答题和假设性回答题。

1）直接性回答题。直接性回答题是指在问卷中能够通过直接提问的方式得到答案的问答题。直接性回答题通常给受访者一个明确的范围，所问的是个人基本情况或意见。这种提问方式对统计分析比较方便，但遇到一些敏感性问题时，或是涉及态度、动机方面的问题时，可能无法得到所需要的答案。

2）间接性回答题。间接性回答题是指那些不宜于直接询问，而采用间接的提问方式得到所需答案的问答题。通常是指那些受访者因对所需回答的问答题产生顾虑，不敢或不愿真实地表达意见的问答题。此时，如果采用间接询问的方式，使受访者认为很多意见已被其他人提出来了，他所要做的只不过是对这些意见加以评价罢了，这样就能消除调查人员和受访者之间的某些障碍，使受访者有可能对已得到的结论提出自己不带掩

245

饰的意见。采用这种提问方式会比直接提问收集到更多的信息。

3）假设性回答题。假设性回答题是指通过假设某一情景或现象存在而向受访者提出的问答题。

（2）开放性问答题和封闭性问答题。

1）开放式问答题。开放式问答题是一种只提问题，不给具体答案，要求被调查者根据自身实际情况自由作答的问题类型，也就是说，没有对应答者的选择进行任何限制。

开放式问答题的优点：可以使应答者给出他们对问题的一般性反应，充分表达自己的意见和看法；为调查人员提供大量、丰富的信息；对开放式问题回答的分析也能作为解释封闭式问题的工具，在封闭式反应模式后进行这种分析，经常可在动机或态度方面有出乎意料的发现；为封闭式问题提出额外的选项。

开放式问题的缺点：标准化程度低，调查结果不易处理，无法深入进行定量分析；要求受访者有一定文字表达能力，否则无法正常进行调查；回答率较低，需占用较多调查时间；编辑和分析效率低；可能导致向外向性格、善于表达自己的应答者倾斜。

2）封闭式问题。封闭式问题是一种需要应答者从一系列应答选项中做出选择的问题。

封闭式问题的优点：可以减少调查人员的记录误差；标准化程度高，编码与数据录入过程被大大简化；受访者无需对有关主体进行解释，避免向善于表达自己意思的人偏斜的倾向；对文化程度低的人也可以适用；回答效率高。

封闭式问题的缺点：调查人员必须花费较多时间来设计一系列可能的答案；选项范围可能带来误差，选项的排列范围可能带来误差，在其他选项不变的情况下，应答者一般对排在前面和最后的答案有优先选择的倾向。

（3）事实性问答题、行为性问答题、动机性问答题、态度性问答题。

1）事实性问答题。这是要求受访者回答一些有关事实性的问题，主要目的是为了获得事实性资料。

2）行为性问答题。这是对回答者的行为特征进行调查的问题。

3）动机性问答题。这是了解受访者行为的原因或动机的问答题。

4）态度性问答题。这是关于受访者的态度、评价、意见等的问答题。

以上四类问题之间的区别，在于它们收集的资料分别属于"是什么""怎么样""为什么"。事实性、行为性问句问的是什么情况，态度性问句询问的是意见怎么样，而动机性问句询问的是理由或动机。在实际调查问卷中，针对不同的调查目的而选用不同的询问方式。

8.3.4.3 调查问卷设计的准备工作

（1）采用调查问卷法开展公众参与的前提是信息充分公开。在开展公众参与之前，建设单位需将项目概况及可能潜在的有利或不良影响等信息进行描述说明，并将此信息以一种或多种及时的、能被与规划或项目有关联公众接到的有效方式进行发布，使公众能够全面、深入地获知所发布的信息，以更加了解规划和项目的基本概况。只有在了解的基础上，公众才能更好地表达自己的愿望和要求，从而提高公众参与环境影响评价的有效性。

（2）对建设项目影响区域进行现场勘查。做问卷调查前需进行建设项目影响区域的现场勘察。现场勘察主要包括：项目建设的自然环境情况，如项目所处地理位置、地形地貌、气象特征、地质、河流水文、土壤与动植物分布情况等；社会环境，如项目直接或间接影响的行政区划、人口规模和文化程度结构、经济结构、产业结构等；项目建设所涉及的敏感社会目标，如输电线路所经学校、医院与线路路径的相对位置及其特征等；建设项目所涉及的敏感环境目标，如项目影响的居民区、学校、饮用水源、重点保护文物、自然保护区等的特征，勘察建设项目可能引起的重大环境问题，尤其是潜在的环境问题等。

（3）明确调查的目的和内容，这是调查问卷设计的基础。在调查问卷设计中，首先必须明确调查目的和内容，这是问卷设计的前提和基础。环境影响评价中的公众参与是指项目方或项目方委托的环评工作组同公众之间的双向交流，其目的是使项目能够被公众充分认可，了解公众的意见，并在项目实施过程中不对公众利益构成危害或威胁，以取得经济效益、社会效益、环境效益三者的协调统一。

根据环境影响评价中公众参与的目的，问卷设计的指导思想是：提高公众对环境保护机构如何调查、解决环境问题的过程和机制的认识，使公众对拟议的过程、项目情况和公共政策有充分的了解；同时环境保护主管机构积极听取相关的公众对建设方案以及各种决策的任何意见、建议和要求。根据调查问卷设计的总体思想，在调查问卷设计中进行具体的细化和文本化，以确定调查问卷题目的具体内容。

（4）了解调查对象的基本情况。在设计调查问卷之前，对问卷所要面对的各种对象基本情况进行了解。特别是对有关被调查者总体的年龄结构、性别结构、文化程度分布、职业结构等社会特征方面的情况做大概的了解。如果条件允许，还可以对被调查对象所生活的社区及该社区中人们的生活方式、风俗习惯、价值标准、社会心理等做调查。这对于设计具体的问卷，特别是对问卷中问题的形式、提问的方式、所用的语言等的作用较大。

（5）确定所需要的信息范围。社会调查通常主要围绕某种特定的问题，正是这种特定的问题决定了调查所需要的信息范围。公众参与的主题是发布项目建设信息，介绍相关环保措施，使项目能够被公众充分认可，同时环境保护主管部门听取相关公众对资源的利用和开发、环境管理战略方案以及各种决策的意见、建议和要求。在设计问卷以前，应围绕此主题对相关文献（包括环境影响报告、可行性研究报告、相关法律及环境标准）进行必要的阅读分析。确定所需信息范围时所应遵循的总原则是"先宽后窄，先松后紧"。即在问卷设计初期，先扩大相关问题的范围，尽量覆盖所测量概念或所调查主题的外延，即将凡是与这一概念或主题相关的问题都写进来。然后到了问卷设计的后期，再严格地一一审查，删除相关度低、多余的问题，留下与目标信息密切相关的问题。

8.3.4.4　调查问卷设计的基本方法

（1）问卷引言的设计。引言是对问卷情况的简要说明，其目的在于引起被调查者对填答问卷的重视和兴趣，争取他们对调查给予积极支持和合作。引言一般放在问卷的开头，篇幅不宜过长，一般以一页或半页为好。环境影响评价公众参与调查问卷的引言应包括对项目概况、环境影响的说明和明确调查的目的和意义及保密措施。

（2）问题设计的方法。环境影响评价中公众参与问卷调查，主要是研究建设项目所在地周围可能受影响的居民、非政府环境组织、少数民族代表等对项目建设的意见，需要在问卷中反映公众的环境意识，对项目建设可能产生的各种影响的看法及意见，并用以改进环保部门的决策和企业的环境行为。

公众参与调查问卷主要包括下列内容：

1）个人基本信息。相关的内容有：被调查者的姓名、单位、家庭住址、性别、年龄、民族、文化程度、职业、职务、家庭年收入、居住时间、环境意识等。

2）项目的影响情况。主要为公众对项目建设可能产生的各种影响的意见，包括项目在环境方面的影响，建设项目对人群健康影响、经济影响、社会影响、资源影响等方面的内容。其评价因子体系见表 8-1：

表 8-1　输变电工程建设项目环境影响评价公众参与指标体系

目　标　层	准　则　层	指　标　层
输变电工程建设项目环境影响评价公众参与	环境质量影响	评价范围
		电磁环境
		声环境
		生态环境
		水环境
		环境保护措施
	人群健康影响	居住环境
		工作环境
	经济影响	经济发展
		财税收入
	社会影响	公共基础设施
		文物景观

3）其他建议。主要采用开放式问题，使被调查者可以对问卷中没有提到的对项目建设环保方面的其他意见或建议加以补充，起查疏补漏的作用。

8.3.5　提高环境影响评价中公众参与有效性的措施

8.3.5.1　健全公众参与环境影响评价的法律法规

在立法方面，进一步明确我国公民的环境权益，划定其权利和义务的界限；注意在实体法和程序法方面，明确公众参与环境保护的途径、形式和具体程序，解决公众参与的可操作性技术规范问题，建立论证会、听证会的公众会议程序，确定公众的样本数。在执法方面，要加强对执法部门的约束和控制，严格根据保护环境的要求，确保公众的参与行为依法受到保护，防止法律制度因执行不力而出现流于形式的现象。另外，在环境影响评价的公众参与中引入环境诉讼，建立独立于政府的环境仲裁机构，对环境纠纷进行仲裁；建立举证倒置制度，降低公众参与的成本。

8.3.5.2　完善 EIA 公众参与的技术环节

（1）选择合理的公众。公众的代表性是影响环评中公众参与有效性的重要因素。广泛的代表性有利于吸取多方面意见，便于综合权衡。

公众参与者除《环境影响评价法》中规定的"单位、专家和公众"外，直接受影响的人群，包括预期要获得收益的人、承担风险的团体、利益相关团体；受影响人群的公共代表，包括地方官员、地方机构、私营企业代表；其他感兴趣的团体，包括所在地区人大代表、政协委员、学术团体、群众团体或居委会代表。见图 8-7。

具体工作中，从受影响区域内的公众或单位选取一定数量的调查样本，作为调查对象进行调查，对评价范围内不同区域的人群赋予不同的权重，用加权平均法等方法，来保证公众参与意见的客观公正。对于在建设项目环境影响评价中公众参与权重的设置，可以采取不同的赋值原则，既可以根据被调查人群环保意识来确定不同权重的等级，也可以以实际公众的自身情况如年龄结构、文化程度、职业、经济收入、距离项目远近等指标分成不同类别，赋予不同权重，以确保得到的信息能较好地代表项目评价范围内群众的意见。特别是要重视受影响较大人群的意见，尤其是邻近项目建设区域的居民或单位。

（2）选择科学的参与环评的时间。在国外，公众参与的时间贯穿了立项到环境评价结束的全过程。其程序大体包括对拟建项目的初审、范围界定、环境影响报告书的制作、接受公众审查以及环境影响报告书的审批等阶段，各阶段均设置了公众参与的内容。如何合理地选择公众参与程序的问题，国外许多学者已经形成了共识，就是越早越好。公众越早地介入环境影响评价程序，则对该决策程序产生的影响越合理、越科学。见图 8-8。

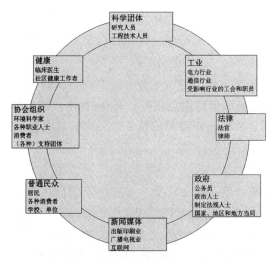

图 8-7　电磁场问题关键利益相关者

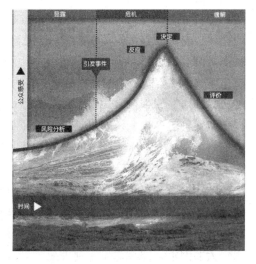

图 8-8　环境风险感受的存在周期

（3）确定合理的参与形式。环境影响评价中公众参与具体采取的形式要根据项目的大小、敏感程度及公众参与的目标等来确定。目前，我国常用的公众参与的方法为公众座谈会和社会调查。社会调查有调查表和访谈两种形式。访谈法中，访谈双方都是直接互动的，整个访谈过程灵活可控，这种方式适用于被调查人数较少的情况。调查问卷是项目方或评价单位把问题制成表格征求意见，这种方式可以使更多的人参与调查活动，但其信息的反馈不如座谈会直接。在具体的环境影响评价中，对项目规模小、影响轻微的环评项目，可考虑采用座谈会的方式；对规模大、环境影响大的环评项目，可考虑综合使用座谈会和调查问卷的形式，组织一些素质高、有代表性的公众代表参与座谈，其他大部分群体可采取下发调查问卷的方法，两者可同时进行。

（4）科学设计公众调查问卷。科学设计公众调查问卷，应注重做好以下五个方面：

1）做好现场调查工作。在环评初期做好现场勘察工作，是保证调查问卷科学、合理的前提和基础。如果不进行现场勘察，由于信息的不对称性，评价单位对建设项目的理解片面，不能科学地对建设项目的污染进行预测，因而所做出的结论也是不完整和不确切的。

2）科学设计调查问卷的内容。根据项目的特点，要对调查问卷的内容统筹安排、科学设定，将询问内容设置和调查题目类型方式进行合理搭配。

3）调查问题通俗、精简、有效。由于国情决定，公众环保专业知识比较匮乏，甚至一些民众的文化素质还很低下，因此，在调查问卷的内容描述上，为保证公众对调查问题的准确理解，要尽量避免使用专业化术语。

4）疏通公众参与的信息渠道。

5）认真处理公众反馈信息。

8.3.5.3 加强环境保护宣传教育

环境意识，特别是环保参与意识的提高是预防及解决环境问题、保证公众参与环保活动积极性的最重要方面。环境教育是提高全民族环境意识的基本手段之一，加强我国的环境教育，是提高公众参与有效性的根本途径。提高公民的环境意识，宣传是把"钥匙"，国家要通过广泛的环保宣传来促进公众环境意识的提高，鼓励公众参与，提高公众参与的有效性。

8.3.5.4 发挥环境保护 NGO 的作用

在环境影响评价过程中，环保 NGO 团体成员不仅环保意识强、环保知识丰富、参与环境保护的热情高，对本地情况也十分了解，作为公众参与的重要组成部分将会极大地提高公众参与的有效性。

8.3.5.5 完善 EIA 公参的职业准则

在环评工作中，EIA 公参工作者的职业素质、道德操守等决定着对建设项目环境影响判断的准确性和公正性，直接影响环评单位向公众提供有关项目信息的准确性，最终影响公众对建设项目做出判断的科学性、合理性。如工作组的人员能否筛选出对环境影响较大的因子，能否提供客观准确的背景信息等都将对公众参与的有效性有重要影响。另外，EIA 工作组实施公众参与调查虽具有一定的客观性，但由于现有 EIA 工作经费制度，EIA 工作组能否站在一个中立、公正的角度就项目本身对环境的影响进行理性地判断，就会从根本上影响公众参与的有效性。

公正的职业准则可以使公众参与在和谐的氛围中进行，从而得出合理的决策，使环境影响评价中的公众参与更加有效。

8.4　环境影响评价公众参与量化指标研究

目前，输变电工程建设项目环境影响评价在公众调查表内容设置缺乏系统性、逻辑性，重点不突出，目标导向性不强等问题。环境影响评价报告对公众参与意见的分析，仅限于简单地对各问题持不同态度的公众意见进行百分比统计，重点说明所有公众支持态度，对反对意见采取回避的方式或者简单进行不采纳说明，未对公众调查所获得的公众意见做深入的数据挖掘，从宏观、整体的角度进行分析不够深入。

为更准确、科学地开展输变电工程建设项目环境影响评价公众参与工作，编者提出了对公众调查问卷进行量化分析的初步构想，引入公众认可度和认可等级及其计算公式，对具体输变电工程建设项目公众意见进行量化分析，采用量化的方式对公众中整体意见进行数据挖掘，对公众参与的定量方法进行有益的探讨，为环境保护决策提供更科学、更可靠的支持。

8.4.1　环境影响评价公众参与指标权重分析

本节采用层次分析法对输变电工程建设项目环境影响评价公众参与指标进行权重研究，确定各指标在公众参与中的权重顺序。见表 8-2。运用层次分析法建模，大体上可按下面四个步骤进行：

（1）建立问题的递阶层次结构。
（2）构造两两比较判断矩阵。
（3）判断矩阵计算被比较元素的相对权重。
（4）计算各层元素的组合权重。

表 8-2　输变电工程建设项目环境影响评价公众参与指标体系

指 标 类 型	指 标 名 称
环境质量影响 A	与工程距离 P1
	电磁环境 P2
	声环境 P3
	生态环境 P4
	水环境 P5
	环境保护措施 P6

续上表

指 标 类 型	指 标 名 称
人群健康影响 B	居住环境 P7
	工作环境 P8
经济影响 C	经济发展 P9
	财税收入 P10
社会影响 D	公共基础设施 P11
	文物景观 P12

8.4.1.1 构建判断矩阵

（1）准则层判断矩阵见表 8-3。

表 8-3 B 层判断矩阵

指 标 类 型	环境质量影响	人群健康影响	经 济 影 响	社 会 影 响
环境质量影响	1	2	9	2
人群健康影响	1/2	1	7	2
经济影响	1/9	1/7	1	1/3
社会影响	1/2	1/2	3	1

（2）A-P 的判断矩阵见表 8-4。

表 8-4 A-P 的判断矩阵

环境质量影响	P1	P2	P3	P4	P5	P6
P1	1	2	3	3	3	1/4
P2	1/2	1	5	5	5	2
P3	1/3	1/5	1	1/3	1/2	1/2
P4	1/3	1/5	3	1	2	1/3
P5	1/3	1/5	2	1/2	1	1/3
P6	4	1/2	2	3	3	1

（3）B-P 的判断矩阵见表 8-5。

表 8-5 B-P 的判断矩阵

人群健康影响	P7	P8
P7	1	5
P8	1/5	1

（4）C-P的判断矩阵，见表8-6。

表8-6 C-P的判断矩阵

经 济 影 响	P9	P10
P9	1	2
P10	1/2	1

（5）D-P的判断矩阵，见表8-7。

表8-7 D-P的判断矩阵

社 会 影 响	P11	P12
P11	1	5
P12	1/5	1

8.4.1.2 一致性检验

对各判断矩阵进行一致性检验，得到一致性比率，见表8-8。

表8-8 各层一致性比率

指 标	准 则 层	A-P	B-P	C-P	D-P
$\lambda\max$	4.054	6.856	2.001	2.001	2.001
CR	0.033	0.049	0.051	0.009	0.036

从表8-8中可以看到CR都小于0.1，即均可通过一致性检验。

8.4.1.3 权重计算

输变电工程建设项目环境影响程度评价公众参与准则层的权重顺序为：环境质量、人群健康、社会影响、经济影响。指标层具体指标权重顺序为：居住环境P7、工作环境P8、公共基础设施P11、电磁环境P2、文物景观P12、环境保护措施P6、与工程距离P1、生态环境P4、经济发展P9、水环境P5、声环境P3、财税收入P10。见表8-9。

表8-9 B层对A层的权重

准 则	指 标	A	B	C	D	总排序权重
准则层权重		0.409	0.328	0.054	0.162	
指标层 单排序权重	P1	0.222				0.091
	P2	0.304				0.124
	P3	0.057				0.023
	P4	0.097				0.04
	P5	0.069				0.028
	P6	0.255				0.104

续上表

准　则	指　标	A	B	C	D	总排序
准则层权重		0.409	0.328	0.054	0.162	权重
指标层 单排序权重	P7		0.833			0.273
	P8		0.720			0.236
	P9			0.667		0.036
	P10			0.333		0.018
	P11				0.833	0.135
	P12				0.720	0.117

由此可见，在设计公众参与社会调查问卷时环境质量和经济指标应给予优先考虑，公众最关心的是输变电工程建设项目对环境质量和对人群健康的影响，输变电工程建设项目对环境影响最大的也是电磁环境的改变，这是目前公众关注度焦点问题，如果建设项目对环境影响较小，对人群健康没有影响则公众支持度高。在具体的问题设计时，应按照居住环境、工作环境、公共基础设施、电磁环境等方面的优先顺序设置问题，并提高重视程度，生态环境、水环境、声环境等指标调查权重较低，可减少问题或不进行问题设置。

8.4.2　环境影响评价公众参与量化研究

8.4.2.1　公众参与结果量化权重

输变电工程建设项目环境影响评价中公众参与的权重，可依具体项目的主要污染因子，对不同位置人群影响的大小采取不同赋值原则；也可根据被调查人群环保意识的差距来制定不同的权重等级。权重赋值可采取专家咨询、德尔菲法等。

8.4.2.2　公众认可度和认可等级分析

公众认可度 S 表示公众对某项目持赞成、支持意见的程度，其计算公式为：

$$S = \left(K_a \sum_{i=1}^{n} A_i/N_a + K_b \sum_{i=1}^{n} B_i/N_b + K_c \sum_{i=1}^{n} C_i/N_c + \cdots + K_z \sum_{i=1}^{n} Z_i/N_z\right)/(m \times n)$$

其中，S 为公众认可度；K_a，K_b，K_c，$\cdots$，K_z 是不同类型的权重；A_i，B_i，C_i，$\cdots$，Z_i 是不同权重等级在各答题所得的分值之和，$A_i = \sum Q_i P_i$。

其中，i 为分值的梯度个数；P 为做出第 i 种选择的人数，Q 为第 i 种选择的分值（$0 \leqslant Q \leqslant 1$）；$N_a$，$N_b$，$N_c$，$\cdots$，$N_z$ 代表对应权重等级样本量；m 代表权重类型数；n 代表问题个数。

认可等级依不同案例权重赋值和分配情况，计算出 Smax（极大值），在（0，Smax）以不同比例分为四档，见表 8-10。

表 8-10 认可等级划分

认 可 等 级	说 明	分 级 范 围
一级	非常认同	$0.9\,Smax \leqslant S \leqslant 1.0\,Smax$
二级	比较认同	$0.7\,Smax \leqslant S \leqslant 0.9\,Smax$
三级	不太认同	$0.4\,Smax \leqslant S \leqslant 0.7\,Smax$
四级	不认同	$0.1\,Smax \leqslant S \leqslant 0.4\,Smax$

为了进一步分析公式的合理性，本研究结合具体的输变电工程（广东省 500 kV 某核电接入系统工程建设项目，已通过环评批复）环境影响评价公众参与调查问卷进行公众认可度分析。该项目公众参与个人 89 份，团体 9 份，总共 98 份。见表 8-11。

表 8-11 500 kV 某核电接入系统工程建设项目公众参与问卷结果统计

题 目	选 项	$L \leqslant 50$ m	$L \leqslant 100$ m	$L \leqslant 500$ m	$L \geqslant 500$ m	总数/份
		41	22	22	13	98
对当地需特殊保护目标的了解	有	0	1	0	0	1
	没有	20	21	9	2	53
	不知道	11	7	19	8	46
对本项目的了解	很了解	43	15	12	0	70
	基本了解	0	6	3	0	9
	不了解	0	2	7	10	19
项目对当地产生较大影响的环境类型	电磁环境	23	36	0	0	59
	噪声扰民	13	12	1	0	26
	不清楚	0	6	7	0	13
工程对居住/工作环境是否产生影响	会	11	5	5	0	21
	不会	9	21	3	3	36
	不确定	8	5	13	15	41
采取环保措施，达标后对项目所持态度	支持	33	28	6	19	86
	无所谓	0	6	3	0	9
	不支持	3	0	0	0	3

注：L 表示公众与项目距离。

本例权重拟采用：$L \leqslant 50$ m 为 1.0，$L \leqslant 100$ m 为 0.9，$L \leqslant 500$ m 为 0.6，$L \geqslant 500$ m 为 0.3。那么该项目收回的调查问卷权重为 1.0 的有 41 份，权重为 0.9 的有 22 份，权重为 0.6 的有 22 份，权重为 0.3 的有 13 份。

$m = 4$，$n = 5$，Q 设为 1.0，0.5，0。

$K_a = 1.0$，$K_b = 0.9$，$K_c = 0.6$，$K_d = 0.3$；$N_a = 41$，$N_b = 22$，$N_c = 22$，$N_d = 13$。

$A_1 = 10$，$A_2 = 43$，$A_3 = 29.5$，$A_4 = 15.5$，$A_5 = 33$。

$\sum_{i=1}^{5} A_i = 131$，同理求得 $\sum_{i=1}^{5} B_i = 129$，$\sum_{i=1}^{5} C_i = 43$，$\sum_{i=1}^{5} D_i = 23.5$。

$$S = (K_a \sum_{i=1}^{5} A_i / N_a + K_b \sum_{i=1}^{5} B_i / N_b + K_c \sum_{i=1}^{5} C_i / N_c + K_d \sum_{i=1}^{5} D_i / N_d) / m \times n = 0.498。$$

$Smax = 0.7$。

本项目认可等级具体见表8-12：

表8-12 500 kV 某核电接入系统工程建设项目公众参与认可等级

认 可 等 级	说 明	分 级 范 围	500 kV 某核电接入系统认可度
一级	非常认同	$0.63 \leqslant S \leqslant 0.7$	
二级	比较认同	$0.49 \leqslant S \leqslant 0.63$	√
三级	不太认同	$0.28 \leqslant S \leqslant 0.49$	
四级	不认同	$0.07 \leqslant S \leqslant 0.28$	

即本例的公众认可等级为二级，比较认同。距离变电站500 m 范围内的公众，因担心建设项目对居住/工作环境造成影响，特别是对电磁环境和噪声扰民两种环境影响产生担忧，对项目本身有排斥，直接导致该项目认可程度的降低，为二级较低水平，属公众尚可接受的范围。若加强对输变电设施环境影响的科普宣传，促进公众科学认识工频电场、工频磁场，全面了解变电站施工管理和电气设备噪声水平，可以极大地提高公众对输变电设施的接受程度，更好地实现既保障公众健康，又促进电力行业快速发展。

参考文献：

[1] CALDWELL L K. Understanding impact analysis: technical process, administration, reform, policy principle, in Barlett, Rv (ed), Policy through Impact Assessment. Greenwood Press, 1989. P9.

[2] GAYLE WOOD D. Public management and public participation [J]. Canada：Lake Simcoe Region Conservation Authority Presentation, 1999, 1-25.

[3] The World Bank Public Involvement in Environmental Assessment. Requirements, Opportunities and Issues [M]. Washington D C, U. S. A：The World Bank, 1993.

[4] WORLD HEALTH ORGANIZATION. Establishing a dialogue on risks from electromagnetic fields [M]//GENEVA, SWITZERLAND. 2002.27. 杨新村，等，译. WHO 关于电磁场风险沟通的建议——建立有关电磁场风险的对话. 北京：中国电力出版社，2009：22.

[5] WORLD HEALTH ORGANIZATION. Establishing a dialogue on risks from electromagnetic fields [M]//GENEVA, 2002：31. 杨新村，等，译. WHO 关于电磁场风险沟通的建议——建立有关电磁场风险的对话. 北京：中国电力出版社，2009：26.

［6］董明伟. 问卷设计手册［M］. 北京：中国时代经济出版社，2004：2 – 3.

［7］风笑天. 社会学研究方法［M］. 北京：中国人民大学出版社，2001：78 – 103.

［8］高水生. 输变电工程电磁波环境影响评价中公众参与存在的问题及改进措施［J］. 科技创业月刊，2010（12）：78 – 79.

［9］耿修林，张琳. 管理统计［M］. 北京：科学出版社，2003：232 – 233.

［10］国家环保总局监督管理司. 中国环境影响评价［M］. 北京：化学工业出版社，2000.

［11］李晓巍. 我国环境影响评价中公众参与有效性问题研究［D］. 长春：吉林大学，2007.

［12］李艳芳. 公众参与环境影响评价制度研究［M］. 北京：中国人民大学出版社，2004：181.

［13］李艳琴. 我国环境影响评价中公众参与有效性问题研究［D］. 济南：山东大学，2007.

［14］林健枝. 香港环境影响评价的公众参与及咨询工作［J］. 中国环境科学，2000，（S1）：20 – 24.

［15］刘春华. 内地与香港环境影响评价制度比较［J］. 环境保护，2001（4）：23 – 26.

［16］刘年丰，胡春华，李丽珍，等. 环境影响评价 EIA 中公众参与定量评价初探［J］. 数理医药学杂志，2001（6）：487 – 488.

［17］骆克任. 社会经济定量研究与 SPSS 和 SAS 的应用［M］. 北京：电子工业出版社，2002：159 – 160.

［18］［美］约翰·克莱顿·托马斯. 公共决策中的公民参与：公共管理者的新技能与新策略［M］. 孙柏瑛，等，译. 北京：中国人民大学出版社，2005.

［19］日本. 环境影响评价法［EB/OL］. 1997. http://www.ivy5.epa.gov.tw/epalaw/construe/japan03.doc.

［20］王肖邦. 论我国政府立法中的公众参与——以香港公众咨询制度为视角［J］. 法制与社会，2011，（16）：155 – 156.

［21］王志刚，陈炳禄，陈新庚. 环境影响评价中公众参与机制与有效性［J］. 环境导报，2000（3）：1 – 3.

［22］曾宝强，曾丽璇. 香港环境 NGO 的工作对推进内地公众参与环境保护的借鉴［J］. 环境保护，2005（6）：75 – 78.

［23］郑铭. 环境影响评价导论［M］. 北京：化学工业出版社，2003：45 – 59.

［24］中国香港. 环境影响评价条例［EB/OL］. 1998. http://sc.enb.gov.hk/gb/www.enb.gov.hk/sc/access_information/index.html.

第9章 工频电磁环境的测量

9.1 电磁环境评价量

美国国家环境卫生科学研究所（NIEHS）工作组认为，用于定义家庭与工作环境中暴露的重要的暴露量可以是最大强度、平均强度或是某一水平以上的累计暴露时间。实际研究中对电场、磁场暴露最广泛使用的测量是时间加权的平均磁场水平。

交流输变电工程电磁环境的评价因子为工频电场和工频磁场，监测指标分别为工频电场强度和工频磁感应强度（或磁感应强度）。输变电工程建设项目电磁环境监测中，度量工频电场强度的物理量为电场强度，其单位为伏特/米（V/m），工程上常用千伏/米（kV/m）；度量工频磁场强度物理量用磁感应强度或磁场强度，其单位分别为特斯拉（T）和安培/米（A/m），工程上磁感应强度单位常用微特斯拉（μT）。

9.2 工频电磁环境的监测仪器和条件

9.2.1 工频电磁环境的监测仪器

工频电场和磁场的监测应使用专用的探头或工频电场、磁场监测仪器。工频电场监测仪器和工频磁场监测仪器可以是单独的探头，也可以是将两者合成的仪器。工频电场和磁场监测仪器的探头可为一维或三维。一维探头一次只能监测空间某点一个方向的电场或磁感应强度；三维探头可以同时测出空间某一点 3 个相互垂直方向（x，y，z）的电场、磁感应强度分量。

探头通过光纤与主机（手持机）连接时，光纤长度不应小于 2.5 m。监测仪器应用电池供电。

工频电场监测仪器探头支架应采用不易受潮的非导电材质。

监测仪器的监测结果应选用仪器的方均根值读数。

工频电场测量探头一般采用悬浮体型探头，利用上下两极板之间的电容和取样电阻形成的回路，测量极板之间的电压，通过校准获得电压和场强的对应关系。仪器应经计量部门检定，且在检定有效期内才能用于测量。目前所使用的工频电场测量仪器有几种类型，见图9－1。

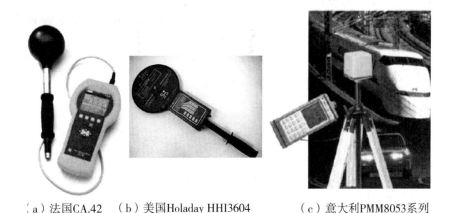

（a）法国CA.42　　（b）美国Holaday HHI3604　　（c）意大利PMM8053系列

图9－1　常用的工频电磁环境监测仪器

9.2.2　工频电磁环境的监测条件

工频电磁环境的监测条件如下：
（1）环境条件应符合仪器的使用要求。
（2）监测工作应在无雨、无雾、无雪的天气下进行。
（3）监测时环境湿度应在80%以下，避免监测仪器支架泄漏电流等影响。

9.3　工频电磁环境的测量方法

9.3.1　现场布点原则

9.3.1.1　环境背景值监测

工频电磁环境背景值监测多应用在输变电工程新建项目工程环评阶段。点位主要选取拟建变电站站址、拟建线路沿线居民点。

9.3.1.2　输变电设施周围电磁环境监测

如图9－2所示，接地的观察者高度1.8 m（站立，臂在两边），探头的高度为1.4 m，1.6 m和1.8 m时，一近似均匀场在探头处畸变，实线为近似均匀电场的理论值，在输电线下面得到的测量值由数据点示出。例如，当观察者距离探头位置约2 m，探头位置高于地面1.4 m时产生3%的邻近效应。实际场强畸变取决于观察者、探头与输电线三者组合的几何形状。

259

　　当探头置于高度更高处进行测量时，观察者邻近效应可能较小，由于有泄漏电阻和对地电容，通常观察者的电位近似于零。图9-2中所示邻近效应可以视作典型。观察者应站在电场强度最低的区域，以将探头处的电场畸变降到最小（试探性测量可能要求定出最低场强区域的位置）。

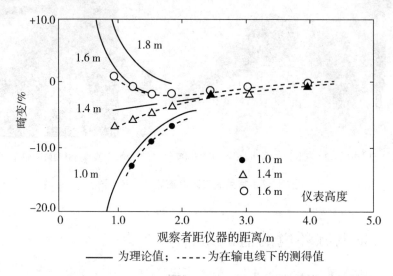

图9-2　由1.8 m的接地观察者引起的畸变与仪器
和观察者距离、仪器在地面上的高度关系

　　因此，布点时测量地点应选在地势平坦，远离树木，没有其他电力线路、通信线路、广播线路及多余物体的空地上。

　　监测仪器的探头应架设在地面（或立足平面）上1.5 m处。也可根据需要在其他高度监测，应在监测报告中注明。

　　工频电场监测时，测量人员应离测量仪表的探头足够远，一般情况下至少要2.5 m，避免在仪表处产生较大的电场畸变；采用一维探头监测工频磁场时，应调整探头使其位置在监测最大值的方向。监测仪器探头与固定物体的距离应不小于1 m。测量仪表的尺寸应满足：当仪表介入电场中测量时，产生电场的边界面（带电或接地表面）上的电荷分布没有明显畸变。测量探头放入区域的电场应均匀或近似均匀。

9.3.2　房屋敏感点和地下电缆布点

9.3.2.1　房屋敏感点监测

　　根据"基础篇"第三章3.2节研究可知：输电线路走廊邻近房屋时工频电场会发生较大畸变，靠近高压线一侧的工频电场水平较高。房屋表面的畸变电场幅值较大的区域通常是房屋顶部及阳台护栏的棱角处。多层和高层建筑邻近高压走廊时，各层工频电场强度差别较大。

　　建（构）筑物内测量：点位应在距离墙壁和其他固定物体1.5 m外的区域内，若建

（构）筑物为 3 层以上的，除了首层外还应选择有代表性的楼层进行布点。如不能满足上述与墙面距离的要求，则在房屋空间平面中心布置监测点位，并说明相关点位与周边固定物体的距离情况。测量时应远离供电电缆井，尤其是工频磁场的测量。

建（构）筑物阳台或楼顶平台测量：应在距离墙壁或其他固定物体（如护栏、女儿墙、突出物等）1.5 m 外的区域布点；若阳台或楼顶平台的几何尺寸不满足建（构）筑物内测量点布置要求，则应在阳台或楼顶平台立足平面中心位置布置监测点位。

建（构）筑物外测量：应在变电站或输电线路侧距离建（构）筑物墙壁或其他固定物体 1.5 m 处布置监测点位并测出最大值，并在建（构）筑物门口至少布置一个监测点位。

9.3.2.2　地下电缆监测

根据"基础篇"第三章 3.4 节研究可知：随电流值的增加磁感应强度正比增强；随着电缆敷设深度的增加，相间距离的缩小，磁感应强度减小。

按照 HJ 618—2013 规定：断面监测路径是以地下输电电缆线路中心正上方的地面为起点，沿垂直于线路方向进行，测点间距为 1 m，顺序测至电缆管廊两侧边缘各外延 5 m 为止。城市地下电缆大部分铺设在人行道，人行道的宽度大部分在 3～6 m。绝大部分地下电缆不满足 HJ 618—2013 规定的监测条件，因此建议监测方法规定为：断面监测路径是以地下输电电缆线路中心正上方的地面为起点，沿垂直于线路方向进行，测点间距为 1 m，顺序测至电缆管廊两侧边缘各外延 5 m 为止。无条件时，应记录监测点距离方位信息。

9.4　工频电磁环境的监测数据处理

9.4.1　监测数据记录与处理

在输变电工程正常运行时间内进行监测，每个监测点连续测 5 次，每次监测时间不小于 15 s，并读取稳定状态的最大值。若仪器读数起伏较大时，应适当延长监测时间。

求出每个监测位置的 5 次读数的算术平均值作为监测结果。

9.4.2　异常情况处理

首先对测量数据进行初步评估，确定大概范围。

现场负责人应对每个测量数据及时复核，对异常数据应立即查找原因，并记录下原因。

可能的因素：项目工况是否正常，仪器是否正常，天气是否合适，周围有无其他辐射源影响，人员位置是否恰当，仪器设置、操作是否正确等。

对于非仪器造成的，应严格按照规范重新测量；对不明原因造成的，应择日重新测量。

9.5　监测报告

监测报告应至少包括以下内容：

（1）输变电工程建设项目概况、工程运行工况。

（2）监测方法和依据。

（3）监测仪器的生产厂家、型号、编号、监测范围和误差。

（4）监测仪器的校准证书编号、有效期，不确定度。

（5）监测布点图和监测位点描述。

（6）监测日期、监测时间和监测者姓名。

（7）监测温度、湿度、风向、风速、气压和天气状况。

（8）监测点位的电场强度、磁感应强度，无线电干扰强度。

（9）评价结论。

（10）编写、审核、签批人员签名。

（11）报告编号、监测项目名称、委托方、报告日期、监测机构（封面盖章及骑缝章）。

9.6　质量保证

质量保证包括以下内容：

（1）监测机构应通过计量认证。

（2）监测前制订监测方案或实施计划，监测点位的布置应具有代表性。

（3）监测仪器应定期校准，校准有效期内使用，且每次监测前后均检查仪器性能，确保仪器在正常工作状态。

（4）监测人员经业务培训，取得经环境保护业务主管部门认可的岗位合格证书。

（5）现场监测工作须不少于 2 名及以上监测人员才能进行。

（6）对同一输变电工程建设项目电磁环境分组监测时，监测前应开展比对监测，确保监测结果的准确性，并在监测报告中给出比对结果。

（7）监测中异常数据的取舍以及监测结果的数据处理应按统计学原则处理。

（8）监测时尽可能排除干扰因素，包括人为干扰因素和环境干扰因素。

（9）监测报告的编写、审核、签发等过程进行质量控制。

（10）监测全流程应建立完整的监测文件档案。

参考文献：

环境保护部 . HJ 681—2013 交流输变电工程电磁环境监测方法（试行）［S］. 2013 – 11 – 22.

第10章 输变电工程建设项目的评价与管理

10.1 输变电工程建设项目电磁环境保护对策

输变电工程建设项目电磁环境影响和防护工作，是一个需要统筹考虑的复杂问题，涉及物理学、生物医学、经济学、社会学等学科的综合平衡。如果将输变电工程建设项目电磁环境降到不必要的低水平，会大大增加电网建设费用，不利于节约型社会的建设；过度采用防护措施反而会增加人民群众的疑虑，不利于电网建设与公众居住环境的和谐发展。如果不考虑变电站、输电线等电力设施工频电场、工频磁场对周围环境和公众影响，将对生态环境、公众健康造成伤害。

输变电工程电磁环境水平的影响因素是相互联系的，并不是孤立存在的。电网建设中一定要根据具体情况，抓住主要矛盾，因地制宜地灵活运用各种改善措施。采取科学合理的电磁环境保护对策，对更好地实现既促进电网建设有序发展，又保护环境，保障公众健康，具有重要的现实意义。

10.1.1 变电站工频电场、磁场水平的降低

变电站内部高低压设备较多，布置较复杂，对变电站电磁场水平研究时只关注对工频电场、工频磁场影响较大的设备（设施）。

变电站工频电场源有变电站高压进线产生的电场、户外布置式和户外设备户内布置式变电站内的高压母线、设备连接线产生的电场、高压设备（断路器、电流互感器等）产生的工频电场。变电站工频磁场源：典型设计的220 kV变电站的工频磁场源主要是流过大电流的导体和设备。其中无屏蔽的重载流母线、进出线、空心电抗器等对周围磁场的影响最大。

因此，采用户外设备户内布置、GIS变电站设计，或者地下布置设计可有效地降低工频电场、磁场水平。

10.1.2 高压输电线工频电场、磁场水平的降低

影响输电线路周围工频电场、工频磁场无线电干扰强度及空间分布的因素主要包

括：电压等级、电流强度、导线对地高度、排列方式及相间距、线路回数及布置、导线截面积与分裂导线数、屏蔽线、线路下方或附近其他高压输电线、建筑物和植被情况、线路所在地区地形地质气象条件等。因此，可以针对性地采取不同的环保措施，降低高压输电线的电磁场水平。

10.1.2.1　提高输电线路对地高度以降低地面工频电场和磁场

提高输电线路对地高度是最直接、最明显的降低地面电磁墙水平的措施。在输电线路下方，工频电场强度和磁感应强度均随线路对地高度的增加而显著减小。

10.1.2.1　同塔多回路架设时通过相序排列降低电磁场

采用同塔多回线路架设方式，可以有效地利用日益稀缺的输电走廊，不同的相序排列方式对工频电场强度和磁感应强度有很大的影响。对于双（多）回线路，通过合理的导线布置方式和相序排列来有效降低线路下方电场强度。例如，逆相序布置、倒三角形非对称排列时，地面场强最小。

10.1.3　电磁屏蔽技术

严格的电磁屏蔽是用导电或导磁的物体构成封闭面，将其内外两侧空间进行电磁性隔离。对于输变电设施周边的工频电场、磁场，采取严格的屏蔽措施无经济可行性和正当性。日常所居住的房屋对电场的屏蔽作用可使电场降低到较低水平。对于公众日常活动频繁、场强又不能满足要求的区域（如靠近输电线路的阳台），可采用增设屏蔽线来降低电场强度。

10.1.3.1　房屋对工频电场、磁场的屏蔽作用

通过对线路周边建筑物室内外工频电场、工频磁场的监测，对于水泥结构建筑，室内屏蔽效果工频电场为90%左右，磁感应强度为不超过15%；对砖瓦结构建筑，室内屏蔽效果工频电场为85%左右，磁感应强度为不超过15%。橙砖、土坯砖、普通瓦及石棉瓦材料对于工频电场均有很好的屏蔽效果，上述材料所构建空间内部的电场，仅相当于外部未畸变电场的0.4%和0.65%。

10.1.3.2　增设屏蔽线以降低局部工频电场强度

目前在高压输电线路设计阶段就将电磁环境作为最严格的控制指标，所采用的塔型和导线高度都须严格计算。提高杆塔高度，即提高导线对地高度是控制交流高压输电线路地面电场的主要方式之一；由于高压输电线跨越距离长，若大范围地提高杆塔高度，将较大幅度地增加工程成本。在某些特殊区域的电场强度难以满足要求，特别是对已架设运行的线路，采取架设接地屏蔽线的方法，可有效地降低地面场强，见图10-1。

国网武汉高压研究院在某500 kV输电线路下进行过屏蔽线模拟试验，图10-2为试验布置示意图，图10-3为试验现场照片。500 kV线路的三相导线呈三角形排列，边相导线对地高度23 m。屏蔽线采用宽15 mm、厚1.5 mm的铜编织带，架设在边相导线外水平距离2 m处，对地高度11 m。

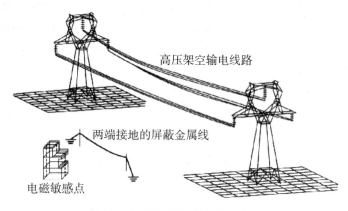

图 10-1　接地屏蔽线架设示意图

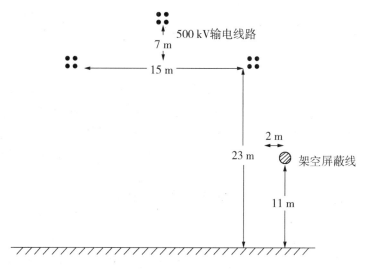

图 10-2　输电线路增设屏蔽线模拟试验布置

图 10-3　架设屏蔽线的输电线路

图 10-4 给出了架设屏蔽线前后电场的理论计算值，零点为中相导线对地投影。图 10-5 给出了架设屏蔽线前后的电场强度实测值。架设屏蔽线后场强最大值降低了 35% 左右，测量结果和理论计算结果吻合较好。

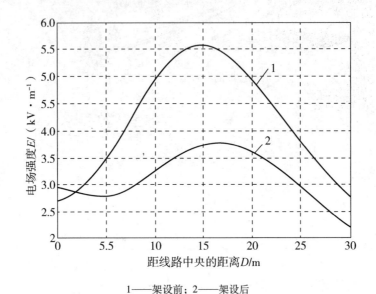

1——架设前；2——架设后

图 10-4　屏蔽线架设前后地面电场强度仿真

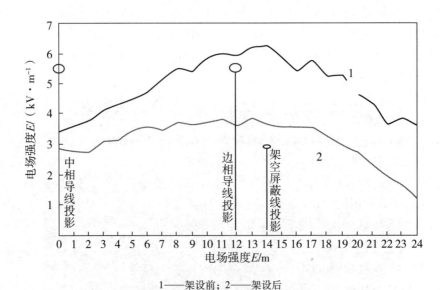

1——架设前；2——架设后

图 10-5　屏蔽线架设前后地面电场强度测量值

在居民房屋楼顶或阳台等地点发现电场强度超标现象，可在此类平台边缘架设接地金属围栏来降低平台上的电场强度。屏蔽设施只要经过科学设计，就可以起到降低场强，美化住宅外观的作用。图 10-6 为某居民楼的接地金属围栏设计效果图。

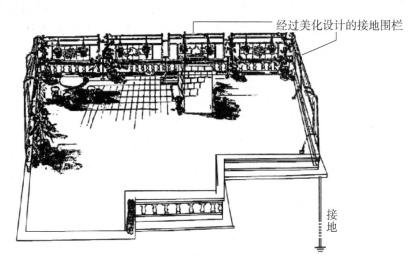

图 10-6　某居民楼平台的接地金属围栏设计效果图

平台靠线路的一侧架 1 根高 3 m 的屏蔽线后，电场强度的垂直分量全部降到 4 kV/m 以下，场强降低的幅度在 30%～73% 之间。平台靠线路的一侧架起第 2 根屏蔽线，高 2.2 m，与第 1 根屏蔽线距离 0.8 m，平台靠线路一侧的场强降低的幅值均在 50% 以上，达到了非常好的屏蔽效果。

10.1.3.3　同塔架设多回不同电压线路减小地面电场强度

同塔架设不同电压线路，将较低电压等级的输电线路架设在下层，可提高高电压线路的架设高度，低电压等级线路对高电压线路电场起到一定的屏蔽作用。

10.1.3.4　种植适宜的植物以屏蔽电场

对于高压输电线路跨越道路，临近敏感保护目标，可采用种植适宜的植物来减少输电线路产生的电场强度。在夏季时，树干和灌木枝有显著的导电性，3～4 m 高的植物可将地面 1.8 m 高处的电场强度降低到 1/3～1/4，改善输电线附近的环境状况。当线路附近有机动车道时，可以通过在机动车道两边植树来限制地面电场强度。具体实施应事先经过计算或试验，以确保当人接触超高压和特高压导线下的车辆时的安全。图 10-7 为树木屏蔽作用的分析示例，道路处在线路边相导线下方，线路的中相导线对地投影为电场强度和感应电流的零点，电场强和感应电流都有降低，树木的屏蔽作用明显。

10.1.3.5　对工频磁场的屏蔽

工频磁场是由导线中的电流产生的，它取决于磁场闭合环路中各种介质的导磁能力。

工频磁场屏蔽主要有铁磁屏蔽和涡流屏蔽两种类型。铁磁屏蔽的基本原理是利用高导磁材料作为屏蔽体，将磁力线约束在屏蔽体中从而削弱被保护区内的磁场。常用高导磁材料有坡莫合金、镍钢、冷轧硅钢和电工软铁等。当相对磁导率 μ_r 非常大时，可近似处理为理想导磁材料（perfect magnetic conductor，PMC）。涡流屏蔽是利用高导电材

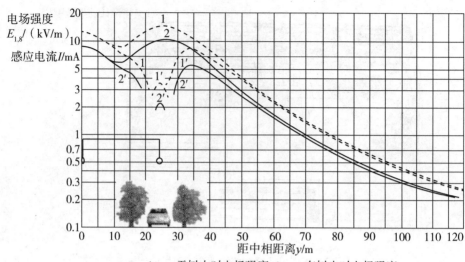

1——无树木时电场强度　2——有树木时电场强度
1'——无树木时感应电流分布　2'——有树木时感应电流分布

图 10 - 7　树木屏蔽作用的分析

料为屏蔽体，在外界交变磁场激励下屏蔽体中产生涡流，形成与原磁场相抵消的磁场，从而起到屏蔽的作用。铝、铜等材料是常用的良导电材料。当电导率 σ 非常大时，可近似处理为对于理想导电材料（perfect electric conductor, PEC）。

高压输电线平行排列时地面工频磁场比较大，以下对该类型线路进行磁场屏蔽，屏蔽系统仿真模型见图 10 - 8。设线路电流有效值

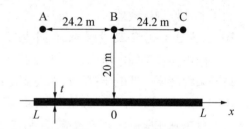

图 10 - 8　三相平行排列输电线屏蔽系统

2000 A，屏蔽材料特性参数见表 10 - 1。根据边界条件，Aluminum 和 Fair Rite 可分别当作 PEC 和 PMC 材料处理，Ni - Fe 为一般合金。

表 10 - 1　材料特性

材 料 名 称	$\sigma/(\text{S}\cdot\text{m}^{-1})$	μ_r
Aluminum	3.05×10^7	1
Fair Rite Type 76 Ferrite Material	200	10000
48% Ni - Fe mu - metal	2.08×10^6	3415
80% Ni - Fe mu - metal	1.64×10^6	15120

设屏蔽板宽度为 $2L$（$L=20$ m）、厚度为 t（$t=20$ mm $>\delta$），屏蔽区域内的观测点位于屏蔽板下 1 m，见图 10 - 9。

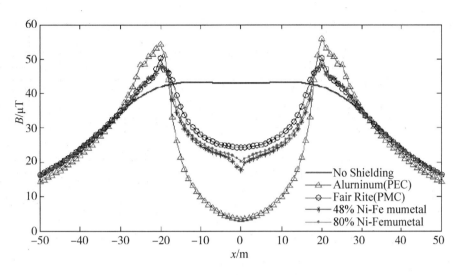

图 10-9 屏蔽区磁场

无论采用哪种性质的材料，在有限宽屏蔽板投影下方的屏蔽区域内，工频磁场都被削弱。其中，屏蔽板几何中心之下的磁场最小；对应屏蔽板边缘处，磁场发生畸变，相比未屏蔽时的磁场有所增大；屏蔽板投影面之外的区域，在设置屏蔽板前后的磁场基本相等。

10.2 输变电工程建设项目环境影响评价

10.2.1 评价标准和法律法规

评价标准和法律法规如下：

（1）《环境影响评价技术导则　总纲》HJ 2.1—2011。

（2）《环境影响评价技术导则　大气环境》HJ 2.2—2008。

（3）《环境影响评价技术导则　地面水环境》HJ/T 2.3—1993。

（4）《环境影响评价技术导则　声环境》HJ 2.4—2009。

（5）《环境影响评价技术导则　生态影响》HJ 19—2011。

（6）《电磁环境控制限值》（GB 8702—2014）。

（7）《环境影响评价技术导则　输变电工程》（HJ 24—2014）。

（8）《建筑施工场界环境噪声排放标准》（GB 12523—2011）。

（9）《工业企业厂界环境噪声排放标准》（GB 12348—2008）。

（10）《声环境质量标准》（GB 3096—2008）。

（11）《中华人民共和国环境保护法》2015 年 1 月 1 日起执行。

（12）《中华人民共和国环境影响评价法》中华人民共和国主席令第 48 号，2016 年 1 月 1 日起施行。

（13）《建设项目环境保护管理条例》国务院令第 253 号，1998 年 11 月起施行。

10.2.2　评价的主要内容

输变电工程建设项目环境影响报告书（表）编制章节安排可参照《环境影响评价技术导则　输变电工程》（HJ 24—2014）的规定。

（1）输变电工程环境影响评价应包括施工期和运行期，并覆盖施工与运营的全部过程、范围和活动。

（2）输变电工程施工期和运行期的环境影响评价一般应考虑电磁、声、废水、固体废物，以及生态等方面的内容。

（3）在进行输变电工程环境影响评价时，应按评价工作程序对工程推荐方案进行评价，从环境保护的角度论证工程选线选址、架设方式、设备选型与布局，以及建设方案的环境可行性。

（4）当工程穿越已建成或规划的居住区、文教区或自然保护区、风景名胜区、世界文化和自然遗产地、饮用水水源保护区等环境敏感区时，报告书中需增加线路方案比选及替代方案的环境可行性论证的内容。通过工程造价、环保投资、土地利用等方面的综合对比，进行规划符合性、环境合理性、工程可行性分析，必要时提出替代方案，并进行替代方案环境影响评价。

（5）输变电工程环境影响报告文件应说明电网规划环境影响报告文件（如有）审查意见及其落实情况，并根据规划环评的审查意见进行工程方案的符合性分析。

（6）改扩建输变电工程环境影响评价应按评价工作程序的基本要求，说明本期工程与已有工程的关系。环评报告文件应包括前期工程的环境问题、影响程度、环保措施及实施效果，以及主要评价结论等回顾性分析的内容。若前期工程已通过建设项目竣工环境保护验收，还应包括最近一期工程竣工环境保护验收的主要结论。

（7）输变电工程环境影响报告书文件总结论是全部评价工作的结论，需概括和总结全部评价工作，可包括环境正面影响（如架空线路改造为地下电缆时电磁影响降低）的评价内容。

（8）包含在已批复的规划环评中的输变电工程，在进行工程环评时可依据规划环评及其审查意见适当简化环境影响评价的内容。

10.2.3　评价应注意的问题

10.2.3.1　评价应注意的总体问题

（1）明确环境保护目标。通常应列表说明各保护目标对应输电线路或变电站、换流站等设施的方位、距离，保护目标所属行政区域（省、市、县、镇或村），涉及户数、面积等居民住宅情况；邻近的风景区、自然保护区、林场、文物保护区及涉及的无线电台（站）设施也应标注距离和方位。明确各保护目标的评价因子，并在最后的评价结论中认为大于评价标准限值时提出达标的环保措施，其费用列入环保投资。

（2）立足于环境保护国策，论述输变电工程中选线或选站方案的优化、线路形式（单回架设或同塔多回）选定的可行性。应附相关部门同意线路路径或选站站址的认定文件，见图 10－10。

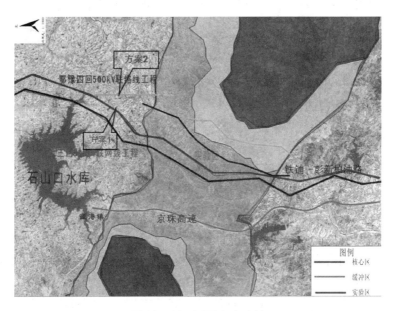

图 10－10 不同方案比较

（3）明确输电线路塔基、变电站或换流站站址用地是否占用基本农田。如有占用，应提出补偿措施，并附相关申报或批准文件。

（4）明确所使用测量仪表的型号及主要电气性能指标，检定有效时间，测量实施单位及其资质说明。

（5）现状监测点及类比测量点分布的说明，对于环境复杂和测试数据异常的测点应用简图表示。

（6）对于选定的类比线路或站，尽量用列表形式说明与工程在设备、电气指标、运行工况等方面的可比性。详细分析因类比条件的差异对工程类比结果的影响。

（7）预测计算模式的说明，进行工程线路典型导线离地高度（如通过居民区、非居民区的设计高度，为避免拆迁大于 4 kV/m 的民房而拟采取符合限值要求的架设高度）、不同距离的预测值的计算，说明工频电场强度或合成电场强度限值点与线路中心（或边导线地面投影）的距离。

（8）预测工程典型架线高度及挡距时工频电场强度或合成电场强度限值在挡距间随与塔基不同距离情况下对应的离线路中心（或边相导线地面投影）距离，绘制限值的等值边界线。由于挡距中点是线路弧垂最大处，离地最低，因此对应此点的达标距离最远,而随着靠近塔基导线对地高度逐渐增高,要求达标的距离会减小,所以限值的边界线是一条弯向线路的鼓形曲线。可以以此为依据来划定出于环境保护的考虑而拆迁的民房范围。图10-11为某县联民乡抱龙村三、四组输电线路路径修改示意图。

图10-11 某县联民乡抱龙村三、四组输电线路路径修改示意图

(9) 避免发生扰民情况,避免邻近工程的民众生活质量显著降低,慎重处理邻近工程的民宅环保拆迁事宜。

目前,已通过环境影响评价且已建成的输变电工程建设项目出现的扰民情况主要有三种:邻近项目的民众在工频电场强度低于4 kV/m限值区域内遭遇暂态电击(特别是阴雨天气);在低于《声环境质量标准》(GB 3096—2008)相关功能区限值时,仍受到"纯音"的昼夜连续干扰;在低于无线电干扰限值时,干扰电视信号接收的情况时有发生。此外,还有民宅被两行高压线路近距离包夹的情况。如此情形,使一些民众的生活环境突然恶化,生活质量显著降低。该情况又在目前标准内容中缺乏明示,致使其难以评价。因此,在项目环评中,应要求在临近民宅时适当提高线路架设高度或以个案处理民宅环保拆迁事宜。

(10) 明确环境保护治理措施和安置措施。目前的治理措施主要有两种:①对工频电场或磁场超标民房进行拆迁;②提高线路架设高度使超标民房达标。报告书应明确采用哪种方法。如采用拆迁方法,应明确拆迁民房数量(如面积、户数)、所属地域及安置措施。如采用提高架线架设高度,应明确该段线路的起讫点,并从技术和经济上论述其可行性,必要时应提出实施该措施的条件,如采用拆迁措施,拆迁数量须大于某一数量时才能实施等。

(11) 关于公众参与调查结果的分析。公众参与篇章中,应附具征求公众意见活动工作方案和征求公众意见活动情景照片,说明实施过程,详细说明公众参与内容是否符合《环境影响评价公众参与暂行办法》（环发〔2006〕28 号）、《环境影响评价技术导则 输变电工程》（HJ 24—2014）中关于公开环境信息、征求公众意见的时间、方式、内容等方面的要求，以及项目投诉说明。

按有关单位、咨询专家意见、调查公众意见、公告反馈意见等进行归类与统计分析，应列出公众参与对象的名单及其基本情况，分析调查样本的代表性，并在归类分析的基础上进行综合评述。对每一类意见，均应进行认真分析、给出采纳或未采纳的建议并说明理由。对公众不支持工程建设的，须给出原因分析，并给出处理建议。

10.2.3.2 生态环境敏感区的影响评价

（1）输变电工程生态环境影响评价的一般原则。输变电工程是由点（如变电站）和线型工程（如输电线路）组成的建设项目，跨越的地域广、面广（线长）点多，但单点工程量较小，因而其生态环境影响评价须遵循如下基本原则。

1）点线结合，以点为主。点是指工程点，以变电站为主，一是指选址的环境合理性、环境影响和环保措施须逐一评价、落实；二是指环境点，一般为输电线路所经过或涉及的环境点段，可分为一般和重要两类。敏感目标，都是环境保护的重点，须逐一评价影响和采取相应的保护措施。

2）注意一般性影响评价，关注特殊性问题的解决。一般性问题指区域性客观存在的生态系统类型、基本结构与状态，主要区域性环境问题等。环评中须做调查与概述，给出总轮廓和总体特征描述。

特殊性问题指线路选线路径上的具体生态系统类型、结构、状态以及区划的生态功能，存在的主要生态环境问题，以及输变电线路与各种生态系统的相互关系等。需要评价项目建设的真实影响和给出有针对性的保护措施。当涉及环境敏感目标时，这些区域更成为评价的重点。

3）关注城乡环保的不同要求，重视景观美学影响评价。电磁场影响和景观影响，都是城市地区评价的重点。输变电线路因其体量高大、造型难以融入自然、跨越区域多，因而很难从视野中隐藏，其景观影响普遍而深刻。随着公众环境意识的提高，对自然景观保护和对人工建筑的美学要求亦越来越高，近年来已多次出现居民与过境输变电线路发生矛盾的问题，而景观影响则是其关注的主要问题之一。这为环评和输变电工程的规划和建设提出了新问题。

（2）生态环境影响评价的一般课题。

1）评价范围。评价范围取决于评价的目的和环境特点，以能够阐明相关问题为原则。一般来说，阐明生态环境概况须包含较大的调查范围，而线路影响评价的范围一般限定在线路走廊边界或变电站周边 300 m 范围内，当线路经过环境敏感区（敏感目标），不论是穿越还是靠近，都须将敏感目标全部或一部分纳入评价范围，说明其保护边界、环境功能分区和保护要求、保护对象以及建设项目的关系等。

开展景观影响评价时，评价范围可按近景（400 m 以内）、中景（400～800 m）和远景（800～1600 m）考虑，一般情况按近景设置评价范围（400 m）；有景观保护要求的地段可按中景设置评价范围（800 m），遇有景观敏感目标时须按远景确定评价范围，应达到 1600 m 左右。

2）评价工作等级。输变电项目生态环境影响的"总和"虽然不小，但影响一般分散在较大的区域内，其影响作用易被生态环境"消纳"，一般不会产生严重的生态环境后果。因此，一般变电站和送电线路可按三级确定生态环境影响评价工作等级。

3）评价指标与标准。输变电工程生态环境影响评价指标与标准取决于生态系统类型、生态环境功能、规划目标指标以及环评所采用的方法等。

a. 已进行生态功能区划与规划的地区，以其区划或规划的功能目标和指标为评价指标与标准，或根据规划的功能表征要求确定。

b. 自然生态系统，以其所在区域具有代表性且自然性较高的同类型生态系统为标准（自然本底）评价其现状，指标可取生物量或生产力、森林覆盖率、植被盖度、土壤侵蚀模数等。

c. 自然生态系统和农业生态系统，可以现状质量为标准评价影响和评价环保措施的功效。指标可取生产力、土壤侵蚀模数等。

d. 城市生态环境影响评价以城市规划的生态保护与建设指标（如生态城市指标）为评价指标和标准。

e. 景观美学影响评价以景观敏感度和景观视觉（景观美感度）为评价指标，以保护自然景观和不造成不良景观为主要评判标准。

4）评价因子。生态环境影响评价因子依据评价对象（如生态系统类型、敏感目标）、评价目的（如施工期管理）以及评价方法的差异而有不同的选择和表征、称谓。其具有层次性。

生态环境影响评价因子一般在下述因子中选择：

a. 区域生态：生态功能区划、生态系统类型与分布、组成与结构、环境问题。

b. 植被：植被盖度、森林覆盖率、生产力或生物量、物种多样性、林木砍伐量（株）、林木再植量（面积或株数）。

c. 土地利用：土地类别、面积、分布，永久占地、临时占地。

d. 土壤侵蚀：土壤类型、侵蚀模数、侵蚀面积、侵蚀量。

e. 农业生态：占地类型与面积、占基本农田的数量、农业生产力。

f. 城市生态：城市规划目标、功能分区、城市环保规划、城市景观与绿化。

g. 湿地生态：面积、补水排水、生态功能、物种多样性。

h. 景观：景观敏感性指标、景观美感度指标。

i. 环境敏感区：类型、主要功能或保护对象、保护级别、面积与分布。

j. 生态脆弱性：地形地貌、植被盖度、土壤侵蚀、气候因素（风、水）、温度热量、人为干扰。

（3）景观影响评价。景观，系指美学意义的景观，亦称视觉景观。景观影响评价系指景观美学影响评价，亦称视觉景观影响评价。

景观影响是输变电工程建设项目的主要环境影响之一。这种影响在城市规划区、风景名胜区和公众关注区（如人口密集区、文教区、党政机关集中办公地）更为显著。

景观影响评价主要是做景观敏感性（度）评价和景观美感性（度）评价，并根据具体影响采取针对性保护措施。景观影响评价还须针对景观敏感目标和景观保护目标逐个分别进行评价。

　　1）景观敏感性评价。

　　a. 敏感性（度）的含义。景观敏感性是指景观被注意到的程度，一是指输变电工程建设项目（如站场、塔架、输电线）的敏感性；二是指工程周围环境的敏感性。

　　环境的敏感性评价可参照《生态功能区划暂行规程》（环境保护部）推荐的方法进行；具有较高景观美学要求的环境区或环境保护就是后面将要述及的景观敏感保护目标。

　　输变电工程建设项目的敏感性既取决于自身的工程特征、电压等级等因素，又取决于其所处的位置。任何置于景观敏感性高的环境点段上的工程都是敏感性高的工程，都会受到更多的关注和评判。

　　b. 景观影响评价的一般程序。

　　一是确定视点。明确主要观景者的位置，明确从什么角度、方位来观察景观。一般的视点可能是集中的居民区、城市的街道或广场、文教区和政府机关集中办公区、公路和水路等交通线、风景名胜区景区和景点等，总之是有较集中的观景人群的地方。

　　二是景观敏感性识别与评价。凡识别或评价为敏感景观者，无论其美与不美，都是重要的。

　　三是景观美感性和景观阈值评价，凡敏感性和美感性都高的景观目标，就是景观保护的重点目标；凡敏感性高而美感性很差的，就是需要改善的景观对象。

　　四是景观影响评价。主要评价工程对景观影响的形式、程度等。

　　五是研究和提出景观环境保护措施。

　　c. 景观敏感度（性）评价。景观敏感度评价可采用多指标综合评价法或（单）指标判断法，主要评价指标如下：

　　一是视角或相对坡度。测度景观表面相对于观景者的视角，视角越大，景观越敏感。一般视角或视线坡度达 20°～30° 为中等敏感，30°～45° 为很敏感，45° 以上为极敏感。

　　二是相对距离。景观与观景者越靠近，景观被看到的细部越多、越清晰，景观敏感度就越高。一般 400 m 以内的景观为极敏感，400～800 m 为很敏感，800～1600 m 为中等敏感。

　　三是视见频率。景观在一定的距离或时间内能被看到的概率越高或持续的时间越长，其敏感性越高。一般视见时间延续大于 30 s 为极敏感；视见时间延续 10～30 s 为很敏感；视见时间延续 5～10 s 为中敏感。视见频率可用于景点步道上的行进者、公路水路等动态观景者。

　　四是景观醒目程度。指景观与周边环境的对比度，对比度越强烈则景观敏感性越高。对比度包括以下三个方面：

　　一是色彩，这是人眼分辨率最高的，色彩对比越强则敏感性越高。

二是形体，如高差对比、大小对比等。

三是线条，如山体天际线、河湖水岸线、城市廓线、岩体边缘、林带边缘等，都与周围环境有明显或较明显的区分。区分越明显者，敏感性越高。

2）景观阈值评价。景观阈值是指某景观对象对外界干扰的耐受能力、同化能力和恢复能力。

景观阈值与植被关系密切。一般森林的景观阈值较高，草地次之，裸地更低。但当周围全是裸地或荒漠时，也形成另一种高阈值景观。

a. 森林对输电线路的视觉冲击具有较高的吸收能力，虽然输电廊道上的高树被砍伐，但只要低树和灌木覆盖度高，其绿色景观特征基本不改变；输电线路铁塔在高大的林木环境中也比较容易掩饰而变得不太显眼。

b. 农田和草地对于输电线路和铁塔，因高差对比大，景观敏感性较高；开阔的农田和草地对输电线路具有一定耐受能力，因为工程基本不改变环境背景，但景观阈值不是很高，影响是存在的。

c. 户外式变电站占地面积大，色彩鲜明，无论放在林地还是农地上，其景观影响都不能为环境所吸收，其景观影响较大，宜隐不宜显。

3）景观美感性评价。景观美包括景观实体的客观美学评价和观景者的主观观感两个方面。景观美与不美主要指环境而言。

a. 对特定景观对象的客观美学评价可按不同的层次进行，如单体美、群体美或景点美、景区美等。

b. 对具体的景观实体（单体）做评价时，主要指标是形象、色彩、质地、功能重要性以及代表性、稀有性、新颖性、奇特性等。评价可分为极美、很美、美（中等美）、一般、较差（丑）等。

c. 对几个景观实体组成的景观体如景区，其评价指标应增加空间格局和组合关系，如单纯齐一、对称均衡、比例和谐、节奏韵律、多样性统一等，同样亦有代表性、稀有性、新颖性、奇特性等指标。其评价也可分为极美、很美直至较差（丑）等级别。

在美与不美的判别中，"生态美"是居于首位的判别标准，凡景观符合生态规律、自然完整、生物多样性高、生态功能重要等，就具有较高的美学价值。这是与传统审美学重要的不同之处，传统审美以人工建筑美（可体现人的力量和智慧）为主，较少从生态美的角度进行审美和评价。

4）景观影响评价。输变电工程建设项目的景观影响有破坏植被、挖毁山体等直接影响，也有高大铁塔和输电线形成的不良景观，还有因横亘于重要的和敏感的景观保护目标前而形成的阻隔、干扰等不良影响。

景观敏感保护目标是景观保护的重点，也是景观影响评价的重点。这类景观敏感保护目标有的有明确的法律地位和保护要求，如风景名胜区，评价时首先须依法评价、依法管理；还有大量的景观敏感保护目标需要在评价中调查、分析、认定和进行影响评价。

5）景观保护措施。

a. 合理选址选线。针对景观敏感保护目标采取合理的变电站选址和输电线路选线，是最重要的"预防为主"的保护措施。合理选址选线包括避让景观敏感保护目标、选择非景观敏感点，如线路走低或选择隐蔽的线路等。

b. 采取景观友好的设计方案。在景观要求高的城市、市区或其他景观敏感区，变电站采取户内形式，地下、半地下形式，输电线路采用电缆形式，可以基本消除其景观影响。采用同塔多回路性输电线路较之传统的数条输电线路，其景观影响亦可大大降低。在设计中，采取与环境协调的色彩也是一种减轻环境影响的方法。

c. 景观恢复与植被重建。对变电站、场址、施工道路和输电线路塔架地基施工中毁损的地貌地表进行适当修复，对地表重新覆盖土壤并进行再植被，对毁损的林木进行再植，并从景观美化出发进行绿化美化，可以在很大程度上改善工程的景观面貌。绿化美化除考虑视觉景观以外，还应考虑增强其保持水土的功能和综合的生态环境功能。

d. 改善不良景观。对于工程涉及的不良景观，应进行景观改善，主要方法包括：①直接改善不良景观，如对裸地、荒坡进行绿化。②遮掩不良景观，如在景观视线上植树阻挡对输变电工程的视见。③对工程进行美化，如在变电站周边植树墙，将变电站掩蔽在绿色环境中，或改变工程的色彩，使之与周围环境相协调等，或进行工程美化设计，使其造型与周围环境相协调等。在观景点附近或观景线路两侧种植高乔木，阻挡游客对输电线路与塔架的视线，降低其景观敏感性。

10.2.4　案例

江苏田湾核电站三期 500 kV 送出工程

1　前言

1.1　工程建设的特点及必要性

1.1.1　工程建设的特点

本期输变电工程建设的环境影响主要表现为施工期和运行期。施工期的环境影响主要为线路塔基占地、导线架设对周围生态环境影响，由于线路占地为"点—（架空）线"方式，占地面积小，土地扰动面积小，对生态环境影响较小。本期变电站间隔扩建工程在原场地内建设，对周围生态环境没有影响。

本工程 500 kV 输电线路中有部分 220 kV 线路升压 500 kV 线路，升压线路不会产生施工期的环境影响。

本工程运行期不产生生产废水、生产废物及生产废气，对周围大气环境、水环境没有影响；运行期产生工频电场、工频磁场及噪声对周围电磁环境、声环有一定影响。本期变电站间隔扩建工程不新增运行人员，对周围水环境没有影响。

1.1.2　工程建设的必要性（略）

1.2　本工程建设概况

江苏田湾核电站三期 500 kV 送出工程组成详见表 1。本工程地理位置示意图见图 1。

表1　江苏田湾核电站三期500 kV 送出工程一览

序号	工程名称	建设性质	建设规模
1	姚湖500 kV 变电站间隔扩建工程	扩建	本期扩建至田湾核电站 2 个 500 kV 出线间隔，本期在 500 kV 姚湖变电站低压侧新增 4 组 60 Mvar 低压并联电抗器
2	艾塘500 kV 变电站间隔扩建工程	扩建	本期扩建至田湾核电站 1 个 500 kV 出线间隔，在艾塘 500 kV 变电站的低压侧扩建 1 组 60 Mvar 低压并联电抗器
3	田湾核电站——姚湖500 kV 双回输电线路工程	新建	新建 500 kV 输电线路工程、220 kV 线路升压 500 kV 线路工程。其中新建 500 kV 输电线路路径长约 56.5 km，利用 220 kV 升压 500 kV 线路路径长约 58.5 km，均按同塔双回架设。本工程新建 500 kV 输电线路为减小走廊宽度、减少房屋拆迁量，直线塔悬垂串采用"V串"布置方式，拆除 220 kV 姚湖—包庄线路路径全长约 1 km
4	田湾核电站——艾塘500 kV 输电线路工程	新建	新建 500 kV 输电线路路径长约 42.2 km，按同塔双回架设，新建同塔四回混压 500 kV/110 kV 线路路径长约 2.8 km，本工程新建 500 kV 输电线路为减小走廊宽度、减少房屋拆迁量，直线塔悬垂串采用"V串"布置方式

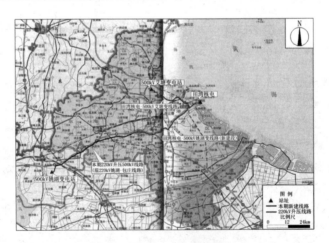

图1　本工程地理位置示意图

1.3　评价指导思想与评价重点（略）

1.4　评价实施过程（略）

本工程环境影响评价信息于 2015 年 6 月 26 日至 2015 年 7 月 13 日在"江苏环保公众网（http://www.jshbgz.cn/hpgs/）"网站上进行了环评信息的第二次公示，同时将本工程环境影响报告书简写本在网站上进行链接。在公示期间，环评单位及建设单位未收到有关对本工程环境保护方面的反馈意见。此外，我们以公众调查表的形式进行了本工程的公众参与调查，以了解工程所在地区居民的意见及建议，从环境保护的角度论证工程的可行性，于 2015 年 9 月完成了《江苏田湾核电三期 500 kV 送出工程环境影响报告书》。

1.5　环评关注主要环境问题

本工程关注的主要环境问题包括：施工期产生的扬尘、噪声、废水、固体废物对周围环境的影响；施工对生态环境的影响（如景观、植被破坏、土地占用、水土流失）；运行期产生的工频电场、工频磁场及噪声对周围环境的影响。

1.6　评价结论

（1）本工程符合《产业结构调整指导目录（2013 年修订版）》中"第一类鼓励类"中的"500 kV 及以上交、直流输变电"鼓励类项目，符合国家产业政策。

（2）本工程线路路径取得当地规划部门、国土部门同意；本工程为江苏电网"十二五"发展规划中建设项目，符合城乡规划和电网规划。新建 500 kV 输电线路经过云台山风景名胜区已取得江苏省住房和城乡建设厅原则同意。

（3）本工程新建 500 kV 输电线路经过云台山风景名胜区全长约 11 km，涉及云台山风景名胜区土地类型为林地、耕地，采用相应治理措施，可降低对云台山风景名胜区的影响。

（4）本工程经过地区环境保护目标处的工频电场强度、工频磁感应强度及噪声现状监测结果满足相应的标准。

（5）由预测结果分析，本工程 500 kV 输电线路投运后产生的工频电场强度、工频磁感应强度对周围环境保护目标的影响均小于控制限值 4000 V/m、100 μT。

姚湖 500 kV 变电站间隔扩建工程（本期 + 在建）投运后产生的厂界环境噪声排放与厂界环境噪声排放现状值叠加昼间均满足《工业企业厂界环境噪声排放标准》（GB 12348—2008）2 类标准，夜间除东北侧中部区域外，均满足 2 类标准，超标量为 6.5 dB（A）。根据预测结果分析，本期扩建的 4 组低压电抗器对厂界环境噪声排放贡献值影响不大，变电站厂界环境噪声排放超标主要原因是前期扩建#7 主变运行噪声所致。本期扩建工程与前期工程投运产生变电站噪声贡献值与变电站周围环境保护目标处声环境背景值叠加后，噪声预测值昼间、夜间均满足《声环境质量标准》2 类标准［即昼间 60 dB（A）、夜间 50 dB（A）］。

艾塘 500 kV 变电站间隔扩建工程（本期 + 在建）投运后产生的厂界环境噪声排放与厂界环境噪声排放现状值叠加昼间、夜间均满足《工业企业厂界环境噪声排放标准》（GB 12348—2008）2 类标准。本期扩建工程变电站噪声贡献值与周围环境保护目标处的声环境现状值叠加后昼间、夜间均满足《声环境质量标准》2 类标准。

本工程 220 kV 线路升压 500 kV 线路及新建 500 kV 输电线路运行产生的噪声对周围环境保护目标影响满足《声环境质量标准》（GB 3096—2008）中相应声功能区要求。

（6）本期变电站间隔扩建工程不新增生活污水排放量，对周围水体没有影响。

（7）本工程建设对当地生态环境的影响较小，由此造成的损失是可逆的。本工程在加强生态保护和管理措施后，从生态保护的角度考虑是可行的。

（8）经过电话回访后，个人公众参与调查中有94.6%持支持意见，5.4%（10人）持不支持意见；团体意见中有78.6%的调查对象支持本工程建设，有21.4%的调查对象（3个团体）不支持本工程建设。

本工程在实施本报告中提出的各项措施和要求后，从环境保护角度分析是可行的。

2　总则

2.1　编制依据

2.1.1　国家法律及法规（略）

2.1.2　部委规章（略）

2.1.3　地方法规（略）

2.1.4　标准、技术规范及规定（略）

2.2　评价因子、评价等级、评价标准与评价范围

输变电工程建设项目的主要环境影响分为施工期、运行期。

2.2.1　评价因子（略）

2.2.2　评价标准

根据江苏省连云港环境保护局（连环函〔2015〕51号）、江苏省徐州市环境保护局对本工程环境影响评价执行标准的批复，具体如下：

（1）厂界环境噪声排放标准。艾塘500 kV变电站厂界环境噪声排放执行《工业企业厂界环境噪声排放标准》（GB 12348—2008）2类标准［昼间60 dB（A）、夜间50 dB（A）］。

姚湖500 kV变电站厂界环境噪声排放执行《工业企业厂界环境噪声排放标准》（GB 12348—2008）2类标准。

施工期噪声执行《建筑施工场界环境噪声排放标准》（GB 12523—2011）中有关规定。

（2）声环境质量标准。

1）变电站。艾塘500 kV变电站评价范围内声环境质量执行《声环境质量标准》（GB 3096—2008）2类标准［昼间60 dB（A）、夜间50 dB（A）］。

姚湖500 kV变电站评价范围内的声环境质量执行《声环境质量标准》（GB 3096—2008）2类标准。

2）输电线路。500 kV输电线路经过地区的声环境质量执行《声环境质量标准》（GB 3096—2008）中相应标准，其中经过村庄的声环境质量执行1类标准，经过的集镇（居住、商业、工业混杂区域）声环境质量执行2类标准，在主要交通干道两侧一定距离（参考GB/T 15190第8.3条规定）内的噪声敏感建筑物执行4a类标准。

（3）工频电场、工频磁场。依据《电磁环境控制限值》（GB 8702—2014）"公众暴露控制限值"规定，为控制本工程工频电场、工频磁场所致公众暴露，环境中电场强度控制限值为4000 V/m，架空输电线路线下的耕地、园地、牧草地、畜禽饲养场、养殖水面、道路等场所，其频率50 Hz的电场强度小于10 kV/m，且应给出警示和防护指示标志；磁感应强度控制限值为100 μT。

（4）污水排放。变电站生活污水经污水处理装置处理后进行绿化，无法利用部分定期清理，不外排。

本期变电站间隔扩建工程不新增生活污水排放量，对周围水体没有影响；线路运行不产生污水排放，对附近水体没有影响。

2.3　评价工作等级

按照《环境影响评价技术导则　输变电工程》（HJ 24—2014）、《环境影响评价技术导则》（HJ 2.1—2011、HJ 2.2—2008、HJ/T 2.3—1993）、《环境影响评价技术导则　声环境》（HJ 2.4—2009）和《环境影响评价技术导则　生态影响》（HJ 19—2011）确定本次评价工作的等级。

2.3.1　电磁环境影响评价工作等级

按照《环境影响评价技术导则　输变电工程》（HJ 24—2014）规定，电磁环境影响评价工作等级的划分见表 2。

表 2　输变电工程电磁环境影响评价工作等级

分　类	电压等级	工　程	条　件	评价工作等级
交流	500 kV	变电站	户内式、地下式	二级
			户外	一级
		输电线路	边导线地面投影两侧各 20 m 范围内无电磁环境敏感目标的架空线	二级
			边导线地面投影两侧各 20 m 范围内有电磁环境敏感目标的架空线	一级

根据现场踏勘，本工程 500 kV 变电站为户外布置，500 kV 输电线路边导线投影外两侧 20 m 范围内有电磁环境敏感目标。

根据表 2 分析，本工程电磁环境影响评价工作等级为一级。

2.3.2　生态环境影响评价工作等级

根据《环境影响评价技术导则　生态环境》（HJ 19—2011）："依据项目影响区域的生态敏感性和评价项目的工程占地范围，包括永久占地和临时占地，划分生态影响评价工作等级"，划分原则见表 3。

表 3　本工程生态评价工作等级划分依据

生态评价工作等级划分标准			
环境区域生态敏感性	长度≥100 km 或面积≥20 km²	长度 50～100 km 或面积 2～20 km²	长度≤50 km 或面积≤2 km²
特殊生态敏感区	一级	一级	一级
重要生态敏感区	一级	二级	三级
一般区域	二级	三级	三级

本期 500 kV 输变电工程为"点—（架空）线"工程，不砍伐线路通道，工程实际扰动区为点状分布，本工程建设地点大部分属于一般区域。

本工程新建 500 kV 输电线路永久占地面积约为 0.57 hm² （0.0057 km²）、临时占地面积约 17.941 hm² （0.17941 km²），共计占地面积约 18.511 hm² （0.18511 km²），小于 2 km²。

本工程新建 500 kV 输电线路经过云台山风景名胜区景观协调区，属于重要生态敏感区，新建 500 kV 输电线路经过云台山风景名胜区景观协调区全长约 11 km，线路长度小于 50 km。

考虑到本工程具有塔基间隔占地，不会造成生态阻隔，占地面积及造成的生物量损失占评价范围内土地及生物量的比例很小，运行期无"三废"污染物排放等特点，根据《环境影响评价技术导则 生态环境》（HJ 19—2011）"专项评价的工作等级可根据建设项目所处区域环境敏感程度、工程污染或生态影响特征及其他特殊要求等情况进行适当调整，但调整的幅度不超过一级"。

因此，本工程生态环境的评价工作等级确定为三级。

2.3.3 声环境影响评价工作等级（略）

2.3.4 地表水环境影响评价工作等级（略）

2.4 评价范围

本次环境影响评价框图见图1。

2.4.1 电磁环境影响评价范围

电磁环境影响评价范围见表4。

表4 输变电工程电磁环境评价范围

分 类	电 压 等 级	评 价 范 围	
		变电站	架空线路
交流	500 kV 及以上	站界外 50 m	边导线地面投影外两侧各 50 m

2.4.2 生态环境影响评价范围

本工程变电站生态环境影响评价范围为围墙外 500 m 范围，500 kV 输电线路生态环境评价范围为线路边导线地面投影外两侧各 300 m 带状区域。

新建 500 kV 线路路径经过云台山风景名胜区约 11 km，本段新建 500 kV 线路涉及云台山风景名胜区生态环境评价范围为线路边导线地面投影外两侧各 1000 m 带状区域。

2.4.3 声环境影响评价范围（略）

2.5 环境保护目标

输电线路路径选择时，对线路沿线的规划部门进行了资料收集，并根据有关部门的意见对输电线路路径进行了优化，新建 500 kV 输电线路经过云台山风景名胜区景观协调区。

通过收集资料及现场踏勘表明，评价范围内环境保护目标为变电站和输电线路附近区域的民宅，主要保护对象为人群。

经现场踏勘，本工程环境保护目标为 500 kV 变电站和 500 kV 输电线路评价范围内居民。本工程评价范围内环境保护目标情况见表 5 至表 10，周围情况示意图见图 2。

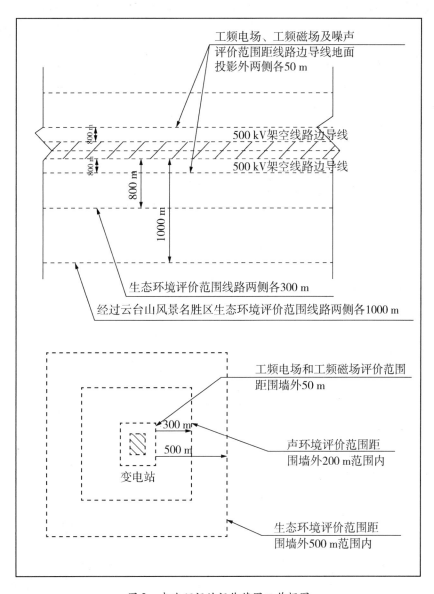

图 2　本次环评的评价范围工作框图

表5　艾塘 500 kV 变电站环境保护目标一览

名　称	功　能	分　布	数量	建筑物楼层	高　度	与工程的位置关系	环境影响因子
连云港市赣榆区墩尚镇朝阳村	民房（无人居住）	零星分布	2 间	一层平顶/尖顶民房	3～4 m	变电站西北侧约135 m	N
	看鱼临时民房	零星分布	1 户/约 2 人	一层平顶房	3～4 m	变电站北侧约120 m	N
	民房（无人居住）	零星分布	约 3 间	一层尖顶民房	3～4 m	变电站东北侧约45 m	N，E，B
连云港市赣榆区墩尚镇河疃村	看鱼临时民房	零星分布	1 户/1 人	一层平顶板房	3～4 m	变电站东侧约4 m	N，E，B
	看鱼临时民房	零星分布	约 4 户/约 6 人	一层平顶/尖顶房	3～4 m	变电站西侧57～100 m	N
	看鱼临时民房	零星分布	1 户/1 人	一层尖顶房	3～4 m	变电站南侧约120 m	N

注：N 为噪声，E 为电场强度，B 为磁感应强度（下同）。

表6　姚湖 500 kV 变电站环境保护目标一览

名　称	功　能	分　布	数　量	建筑物楼层	高　度	与工程的位置关系	环境影响因子
新沂市高流镇老范村	果园看护房	零星分布	1 户	一层尖顶民房	3～4 m	变电站西南侧约105 m	N

表7（a）　田湾核电站—姚湖 500 kV 双回路输电线路工程环境保护目标一览

名　称	功　能	分　布	数　量	建筑物楼层	高　度	与工程的位置关系	环境影响因子
连云区宿城乡高庄村 2	储药仓库门卫房	零星分布	1 户	1 层尖顶	3～4 m	线路东侧约25 m	E，B，N
连云区宿城乡高庄村 3	民房	零星分布	约 2 户	1 层尖顶	3～4 m	线路东侧11～50 m	E，B，N

续上表

名　　称	功　能	分　　布	数　　量	建筑物楼层	高　度	与工程的位置关系	环境影响因子
连云区宿城乡（田湾核电站水厂）	海纳水产养殖有限公司民房	零星分布	1 户	1 层尖顶	3～4 m	线路东侧 13～50 m	E, B, N
连云港开发区中云街道东巷村	采石场房屋	零星分布	1 户	1 层平顶	3～4 m	线路东南侧约 20 m	E, B, N
云台农场大岛养殖场 1	看泵房	零星分布	1 户	1 层平顶	3～4 m	线路东南侧 20～50 m	E, B, N
云台农场大岛养殖场 3	看鱼房	零星分布	1 户	1 层尖顶	3～4 m	线路东南侧约 37 m	E, B, N
省级防汛石块储备基地	看护房	零星分布	1 户	1 层平顶	3～4 m	线路东南侧约 6 m	E, B, N
海州区云台街道朱麻村	看鱼房、民房	零星分布	约 2 户	1 层平顶	3～4 m	线路西北侧 18～50 m	E, B, N
	民房	零星分布	1 户	1 层平顶	3～4 m	线路东南侧约 38 m	E, B, N
焦庄隧道中铁项目部	工人宿舍	零星分布	1 户	1 层简易房	3～4 m	线路西北侧约 22 m	E, B, N
海州区云台街道山东村	看护房	零星分布	1 户	1 层尖顶	3～4 m	线路东南侧 15～50 m	E, B, N
海州区云台街道凌州村 1	民房、养殖看护房	零星分布	约 3 户	1 层平顶、1 层尖顶、2 层尖顶	4～12 m	线路西北侧 10～50 m	E, B, N

表7（b） 田湾核电站—姚湖500 kV双回路输电线路工程环境保护目标一览
（220 kV线路升压500 kV输电线路）环境保护目标一览

名　　称	功　能	分布	数　　量	建筑物楼层	高　度	与工程的位置关系	环境影响因子
东海县岗埠农场王窦庄（#75－#76）	民房	零星分布	约3户	1层尖顶	3～4 m	线路南侧10～50 m	E，B，N
东海县平明镇纪荡村（#81－#82）	民房	零星分布	约7户	3层尖顶	12 m	线路东南侧9～50 m	E，B，N
	养猪场	零星分布	1处	1层尖顶	3～4 m	线路西北侧约6 m	E，B，N
	养猪场	零星分布	1处	1层尖顶	3～4 m	线路下	E，B，N
东海县平明镇秦范村（#92－#93、#93－#94）	民房	集中分布	约25户	1层尖顶、3层尖顶	3～12 m	线路南侧16～50 m	E，B，N
	民房	零星分布	1户	1层尖顶	3～4 m	线路北侧约13 m	E，B，N
东海县平明镇库北村8组（#104－#105、#105－#106）	民房、养猪场	集中分布	约35户	1层尖顶、2层平顶、3层尖顶	3～12 m	线路南侧20～50 m	E，B，N
东海县平明镇库北村7组（#107－#108）	民房	集中分布	约30户	1层尖顶、2层平顶、3层尖顶	12 m	线路南侧8～50 m	E，B，N
	养猪场	零星分布	1处	1层尖顶	3～4 m	线路北侧3～5 m	E，B，N
	养猪场	零星分布	1处	1层尖顶	3～4 m	线路下	E，B，N
东平县牛山镇张庄村5组（#117－#118）	公司	零星分布	约15户	1层尖顶、2层平顶及尖顶、3层尖顶	3～12 m	线路东南侧15～50 m	E，B，N
	连云港和巨混凝土公司		1处	厂区		线路跨越	E，B，N

续上表

名　　　称	功　能	分布	数　　量	建筑物楼层	高　度	与工程的位置	因子
东海县曲阳乡尹官庄村（#134 – #135）	民房	集中分布	约 20 户	1 层尖顶、1 层平顶、2 层尖顶、3 层尖顶	3～12 m	线路南侧8～50 m	E，B，N

表 8（a）　本工程新建 500 kV 输电线路经过云台山风景名胜区

名　称	批　准	功　能	级　别	与保护目标位置关系	环境影响因子
云台山风景名胜区	江苏省住房和城乡建设厅	自然与人文景观保护	核心景区	核心景区是指风景区范围内自然景源、人文景源最集中的，最具观赏价值，最需要严格保护的区域。包括孔望山游览区、大栀尖游览区、连岛游览区、前三岛游览区 8 个游览区，总面积 30.40 km²，占风景区总面积的 18.2%	自然植被、景观
			一般景区	一般景区是以风景保护、游览观光、科学研究和文化展示为主要功能，并可开展一定形式的休闲活动，包括桃花涧游览区、石棚山游览区、白虎山游览区、苏文顶游览区、万寿谷游览区、宿城游览区、云门寺游览区、北固山游览区等 12 个游览区，总面积 35.81 km²，占风景区总面积 21.4%	自然植被、景观
			旅游服务区	旅游服务区是从完善风景区内旅游功能和旅游组织开发，本规划依托花果山入口，连岛，石棚山入口，东磊，太白涧，宿城水库等设置 8 处集中的旅游服务区，总面积 2.01 km，占风景区总面积的 1.2%	自然植被、景观
			景观协调区	景观协调区是指风景区除上述三类功能区外的地区，主要为外围的自然山体。景观协调区应加强生态环境保护，成为以上三类区域良好的景观背景，各项活动应符合风景区总体规划要求，总面积 99.16 km²，占风景区总面积的 59.2%本工程路线需要在二级管控区立 25 座基塔，线路穿越风景名胜区景观协调区约 11 km	自然植被、景观

表8（b）　　本工程新建500 kV输电线路经过江苏生态规划红线一览

名　　称	功　能	级　别	与保护目标位置关系	环境影响因子
大圣湖应急饮用水水源保护区	水源水质保护	二级管控区	二级管控区：为周边山脊线以内，一级保护区以外的汇水区域（该区域完全包含云台山风景名胜之内），二级管控区占地面积约为13.1 km²。 本工程路线需要在二级管控区立25座基塔，线路穿越段全场约1.1 km	水质
烧香河洪水调蓄区	水源水质保护	二级管控区	二级管控区：烧香河（盐河—入海口）河道及两侧堤脚内范围，长度31 km。 本工程线路需一档跨越二级管控区，不立塔	水质
通榆河［连云港河（连云港市区）清水通道区］清水通道维护区	水源水质保护	二级管控区	二级管控区：通榆河二级保护区为淮沭新河与通榆河交汇处上溯5000 m及两侧各1000 m范围内；通榆河三级保护区为新沭河（南岸）、鲁兰河、乌龙河、马河、蔷薇河、泊善后河（北岸）域通输河交汇出上溯5000 m及两侧各1000 m范围内。本工程线路需跨越二级管控区，路线跨越段全长约1.9 km	水质

......

2.6　评价重点

根据电磁环境影响评价工作等级、生态环境评价工作等级、声环境影响评价工作等级及地表水环境影响评价等级分析，本工程评价重点为：

（1）通过对施工期、运行期的环境影响分析和评价，分析施工期及运行期对环境的影响程度，并提出减缓或降低不利环境影响的措施。

（2）在施工期及运行期环境影响分析和预测的基础上，针对施工中采取的环境保护措施，对本工程所存在的环境问题进行分析，提出需进一步采取的环境保护措施，以使本工程所产生的不利环境影响减小到最低程度，并提出环境管理与监测计划，作为工程影响区域的环境管理的依据。

（3）本工程预测评价的重点是运行期产生的工频电场、工频磁场和噪声对周围环境的影响。

（4）本工程新建500 kV输电线路经过云台山风景名胜区约11 km，重点评价线路经过该段区域对周围生态环境的影响，主要为工程占地、生态功能、动植物及其栖息地、生态系统多样性、景观等。

（5）新建500 kV输电线路经过通榆河清水通道维护区约5.3 km，重点评价线路经过该段区域对周围水环境的影响。

（6）调查 220 kV 升压 500 kV 线路部分运行期对周围电磁环境、声环境的影响。

（7）对工程周边居民进行公众参与专项调查，并分析相关公众意见和建议，说明采纳和不采纳的理由。

3　工程概况与工程分析

3.1　工程概况

3.1.1　艾塘 500 kV 变电站间隔扩建工程（略）

3.1.2　姚湖 500 kV 变电站间隔扩建工程（略）

3.1.3　田湾核电站—姚湖 500 kV 双回输电线路工程

（1）线路情况。田湾核电站—姚湖 500 kV 双回输电线路工程包括 220 kV 线路升压 500 kV 线路工程［原 220 kV 姚湖—包庄（双湖）线路］及新建 500 kV 输电线路工程。

田湾核电站—姚湖 500 kV 双回输电线路路径长约 115 km，其中新建 500 kV 输电线路路径长约 56.5 km，利用 220 kV 线路升压 500 kV 线路（原 220 kV 姚湖—包庄线路，按照 500 kV 电压等级设计）路径长约 58.5 km，同塔双回架设，采用 4×JL/G1AF2-630/45 中防腐钢芯铝绞线、4×JL/LB20A-630/45 铝包钢芯铝绞线。

本工程 500 kV 输电线路路径位于连云港市连云区、海州区、东海县，徐州新沂市境内。

田湾核电站—姚湖 500 kV 双回输电线路工程建设情况见示意图 3。

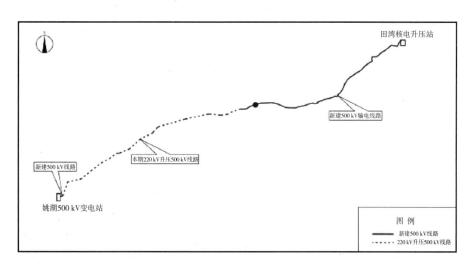

图 3　田湾核电站—姚湖 500 kV 双回输电线路工程建设情况示意图

（2）线路路径比选。本期新建田湾核电站三期 500 kV 送出线路为 500 kV 核电三期—艾塘变单回线（双回架设）、500 kV 核电三期—姚湖变双回线路。

根据连云港地区远景系统接线规划以及连云港市城市规划，经过现场踏勘、征询地方意见，初步拟定"双南""双北""一南一北"三个走线方案。

1）北方案。自田湾核电站三期扩建 500 kV 升压站出线后与 500 kV 核电站三期—

艾塘变线路北方案路径平行走线至双槐村西侧，线路往西跨越已建的 500 kV 艾新、艾伊双回线后，于艾塘变电西侧搭接上 220 kV 艾姚线，利用已建设的 220 kV 艾姚线大号侧线路约 91 km，走线至姚湖 500 kV 变电站。500 kV 线路路径全长约为 142 km，新建 500 kV 线路路径全长约 51 km。

2）南方案。自田湾核电站三期扩建 500 kV 升压站出线后与 500 kV 核电站三期—艾塘变线路南方案路径平行走线至 220 kV 艾姚线 76#塔南侧，利用 220 kV 艾姚线已经建成的大号侧线路约 58.5 km 接至 500 kV 姚湖变电站。500 kV 线路路径全长约 115 km，新建 500 kV 线路路径全长约 56.5 km。

3）方案比选。

"双北"路径方案新建 500 kV 线路最短，但房屋拆迁量较大，障碍物迁移量较多，曲折系数、网损、安全性都居中，规划部门不同意此路径方案。

"双南"路径方案新建 500 kV 线路最长，转角数量最多，障碍物迁移量最少，但曲折系数、网损、安全性最差，规划部门统一路径方案。

"一北一南"路径方案新建线路长度、转角数量居中，民房拆迁量最少，曲折系数、网损、安全性好，但跨越障碍物较多。

"双北""双南"路径方案两个通道平行走线，线路通道宽度约 120 m，局部困难地区需 150 m 左右，对地方规划影响较大，地方政府及规划部门明确表态不同意"双北"路径方案；而"一北一南"方案两个通道分开走线，线路通道宽度约 45 m，对地方规划影响较小，可避免拆除大量民房，经市长办公会研究，同意"一北一南"路径方案。

本工程路径方案比选情况见表 9。

表 9　本工程路径方案比选情况一览

项　目		"双北"方案 （田艾/田姚）	"双南"方案 （田艾/田姚）	"一北一南"方案 （田艾/田姚）
线路长度	新建/km	45/51	57/56.5	45/56.5
	利用/km	0/91	32/58.5	0/58.5
	全长/km	45/142	89/116	45/116
转角次数		84（40/44）	104（51/53）	93（40/53）
曲折系数（全线）		田艾 1.29/田姚 1.38	田艾 2.47/田姚 1.15	田艾 1.29/田姚 1.15
民房拆迁（户）		70/150	400/270	70/270
主要障碍物迁移量		紫菜加工厂迁移 2 处；大型采石场封闭 1 处；加油站拆迁 1 处	紫菜加工厂迁移 2 处；大型采石场封闭 1 处；路政大队全部拆迁 1 处；4S 店拆除 1 处；物流公司拆除 1 处；老云台乡拆迁一半	紫菜加工厂迁移 2 处；大型采石场封闭 1 处；路政大队局部拆迁；4S 店局部拆除 1 处；物流公司拆除 1 处

续上表

项　　目	双北方案（田艾/田姚）	双南方案（田艾/田姚）	一北一南方案 （田艾/田姚）
平行走线的路径 不定因素	经过雁江路段已没有两条 500 kV 双回电力线走廊，且此段路径规划要求于雁江路西侧绿化带走线路，方案唯一	线路过云台乡段需迁移镇区的银行、邮政、超市等障碍物，且增加大片民房拆迁，实施难度很大；线路经宁海立交段路径增加大量的通道清理费用，且实施难度很大	无
安全性	田艾、田姚线四回路全线同通道，通道断面内负荷高，500 kV 电网、核电站安全性级别较低	田艾、田姚线四回路及伊芦至临海线同通道；通道断面内负荷高；500 kV 电网及核电站安全性级别较低	500 kV 地区电网及核电站安全性级别相对较高
交通情况	较好	较好	较好
环保角度分析	对云台山风景区影响较大	对云台山风景区影响较小	对云台山风景区影响较大

　　综合上述比选分析，本工程采用"双北"方案房屋拆迁量较大，障碍物迁移量较多，规划部门不同意此路径方案，线路安全性居中，由于"双北"方案线路通道宽度约 120 m，局部困难地区需 150 m 左右，对地方规划影响较大，该方案对云台山风景区影响较大。采用"双南"方案房屋拆迁量较大，障碍物迁移量较多，规划部门同意此路径方案，线路安全性最差，由于"双南"方案线路通道宽度约 120 m，局部困难地区需 150 m 左右，对地方规划影响较大，但该方案对云台山风景区影响较小。采用"一南一北"方案民房拆迁量最少，线路安全性最好，但跨越障碍物较多，"一北一南"方案两个通道分开走线，线路通道宽度约 45 m，对地方规划影响较小，可避免拆除大量民房，但该方案对云台山风景区影响相对较大。综上所述，江苏田湾核电站三期 500 kV 送出工程采用"一南一北"方案。

　　3.1.4　田湾核电站—艾塘 500 kV 双回输电线路工程

　　3.1.5　本工程 500 kV 输电线路主要设计参数

　　（1）导线、地线选型。

　　1）导线型号。本工程推荐采用 4×JL/G1AF2 - 630/45 中防腐钢芯铝绞线、4×JL/LB20A - 630/45 铝包钢芯铝绞线，每相四分裂，导线分裂间距 500 mm，导线直径 33.8 mm，四根子导线呈正方形布置。

　　本工程新建 500 kV 输电线路为减小走廊宽度、减少房屋拆迁量，直线塔悬垂串采用"V串"布置方式。

2）地线型号。本工程地线采用 JLB30 –150 铝包钢绞线。

（2）杆塔塔型。本工程 500 kV 输电线路采用杆塔塔型见表10 至表11。

（下略）

3.1.6　占地（略）

3.1.7　施工工艺和方法

3.1.7.1　变电站施工组织和施工工艺

变电站工程在施工过程中均采用机械施工和人工施工相结合的方法，主要施工工艺、方法见图4。变电站施工区均布置在站区内进行施工，不另行租地。

根据施工规划，施工用地、用水和用电全部依托现有工程。变电站扩建工程包括施工准备、基础施工、设备安装、施工清理等环节。扩建建设期工艺流程及产污环节见图4。

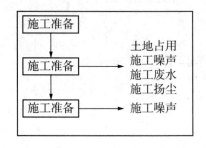

图 4　变电站扩建施工工艺及产污环节

3.1.7.2　新建输电线路施工组织和施工工艺

输电线路工程施工分为：施工准备、基础施工、铁塔组立及架线。输电线路施工工艺流程及产污环节见图5。

3.1.8　主要经济技术指标（略）

3.2　与政策、法规、标准及规划的相符性

……

本工程线路跨越云台山风景名胜区路径协议已取得江苏省住房和城乡建设厅原则同意。

220 kV 线路前期工程建设时已取得了相关部门同意。

……

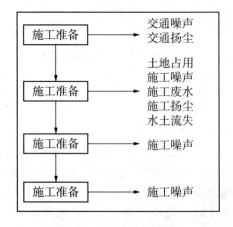

图 5　输电线路施工工艺流程及产污环节

田湾核电站三期扩建 500 kV 送出工程均属于江苏省"十二五"电网发展规划中的建设项目，本工程与江苏省"十二五"电网发展规划相符。

3.3　环境影响因素识别与评价因子筛选

3.3.1　变电站环境影响因素识别

3.3.1.1　施工期

施工期对环境的影响主要有：生态、噪声、扬尘、固体废物、废水和施工人群生活污水的排放等。

3.3.1.2　运行期

运行期对环境的影响主要有工频电场、工频磁场、噪声及生活污水几个方面。

（1）工频电场、工频磁场。变电站内的主变压器、配电装置和输电线端在运行期间会形成一定强度的工频电场、工频磁场。

（2）运行噪声。本期变电站运行期间的可听噪声主要来自低压电抗器和室外配电装置等电器设备所产生的噪声，以中低频为主。

本期 500 kV 变电站间隔扩建工程采用低噪声设备，低压电抗器设备噪声控制在 65 dB（A）（外壳 2.0 m 处）。

（3）生活污水。本期 500 kV 变电站间隔扩建工程在前期工程已建设了污水处理装置，本期变电站间隔扩建工程没有新增运行人员，不增加生活污水排放量。

（4）事故废油。本期变电站间隔扩建工程，新增低压电抗器等含油设备，已有的事故油池均满足本期扩建工程需要。变电站低压电抗器发生故障时，事故油将排入事故油池内，由有资质的单位进行处理，不外排。

3.3.2　输电线路环境影响因素识别

新建 500 kV 输电线路工程对环境影响分为施工期和运行期。施工期和运行期对环境的影响因素和影响程度见表 10 和表 11。

表 10　施工期的环境影响因素和影响程度一览

序　号	项　　目	可能的环境影响
1	土地占用	塔基占地；施工临时占地，对当地土地利用有一定影响
2	矿产	塔基不占用矿产，对矿产开发没有影响
3	水文状态及洪水	塔基不在河道内立塔，塔基对河道及泄洪区没有影响
4	施工扬尘	对周围环境空气有一定影响，施工结束即可恢复
5	施工噪声	对周围声环境有一定影响
6	施工固废	对周围环境有一定影响
7	施工期间的生活污水	对周围地表水环境有一定影响
8	施工期间的废水排放	对周围地表水环境有一定影响，主要线路从清水通道走线，对水环境的影响
9	植被	施工临时占地及永久占地，对地表植被的破坏，对周围生态环境有一定影响
10	景观	对风景名胜区的景观有一定影响
11	农业生产	塔基占用土地，临时占地对农业生产有一定影响
12	水土保持	土石方开挖，植被清除等改变当地的水土流失状况

表 11 运行期的环境影响因素和影响程度一览

序 号	项 目	可能的环境影响
1	土地占用	塔基永久占用；线路走廊土地使用功能受到一些限制
2	工频电场、工频磁场	线路运行产生的工频电场、工频磁场对线路周围的电磁环境的影响满足标准限值
3	噪声	线路运行产生的噪声对周围声环境的影响满足标准限值
4	植被	线路运行对周围植被没有影响
5	景观	建成后对局部区域景观有一定影响
6	农业生产	线路运行对农业生产没有影响

220 kV 线路升压 500 kV 输电线路工程对环境影响为运行期。运行期对环境的影响因素和影响程度见表 12。

表 12 运行期的环境影响因素和影响程度一览

序 号	项 目	可能的环境影响
1	工频电场、工频磁场	线路运行产生的工频电场、工频磁场对周围电磁环境的影响满足标准限值
2	噪声	线路运行产生的噪声对周围声环境的影响满足标准限值
3	景观	建成后对局部区域景观有一定影响
4	农业生产	线路运行对农业生产没有影响

由表 10、表 11 和表 12 可知，经筛选后本次环评的评价因子如下：

（1）施工期。新建 500 kV 输电线路施工噪声、扬尘、废水及固体废物对周围环境的影响，施工对生态环境的影响。

220 kV 线路升压 500 kV 输电线路不存在施工期的环境影响。

（2）运行期。500 kV 输电线路运行产生的工频电场、工频磁场和噪声对周围环境的影响。

3.4 生态环境影响途径分析（略）

3.5 可研环境保护措施

3.5.1 输电线路主要设计指标（略）

3.5.2 采取的主要环境保护措施

（1）设计阶段。

1）变电站新增低压电抗器，设备声源控制在 65 dB（A）及以下。

2）合理选择导线截面和相导线结构，采用大直径导线，以降低可听噪声水平。

3）500 kV 线路经过居民区时在导线最大弧垂处，导线对地高度为 14 m；线路经过非居民区时在导线最大弧垂处，导线对地高度为 11 m。

4）500 kV 线路邻近民房，边导线 5 m 处分布有民房时，可以采用增高导线对地高度措施，以降低民房的拆迁量。

5）充分听取当地规划部门的意见，优化设计；在设计阶段减少线路塔基的占地面积，按照规定给予经济补偿。

6）线路路径位于丘陵地区，塔基设计应根据地形条件要求，采用全方位高低腿塔或高低地形立塔，减少对风景区名胜区生态环境的影响。

7）线路与公路、通讯线、电力线、河流交叉跨越时，严格按照规范要求留有足够净空距离。

（2）运行期。

1）线路经过或邻近居民住宅时，500 kV 输电线路在民房处产生工频电场强度公众暴露控制限值小于 4000 V/m、磁感应强度的公众暴露控制限值小于 100 μT。

500 kV 输电线路在民房处的工频电场强度、工频磁感应强度超过上述限值，则需要进行房屋拆迁。

2）对线路周围的群众进行有关高压输电线路和高压设备方面的环境宣传工作，让其了解工程建设的意义，以取得群众对本工程的理解和支持。

3）加强运行期的环境管理和环境监测工作。

4　环境概况（略）

5　施工期环境影响评价

5.1　生态影响预测评价（略）

5.2　拆除线路对周围环境影响分析

江苏田湾核电站三期 500 kV 送出工程将拆除已建 220 kV 线路约 1.1 km，拆除约 2 基塔。

根据拆除线路每基塔占地面积分析，一基铁塔有 4 个基座，每个基座占地面积 2 m²，1 基塔永久占地面积约为 8 m²。本工程共拆除 2 基铁塔，占地面积约 16 m²，因此，本工程 2 基铁塔拆除后约有 16 m² 的土地面积得到恢复。

根据要求，将对铁塔上导线、地线、铁塔上的钢结构进行拆除，拆除部分由建设单位统一回收处理，同时对基座进行清除，清除地下 1 m 左右的混凝土，然后进行覆土以满足农田耕作要求。

一基铁塔有 4 个基座，需要进行基础开挖，每个基座的挖方量为 3 m³，土石方总量为 0.0048 万 m³，其中挖方量 0.0024 万 m³，填方量 0.0018 m³，弃方量（拆除混凝土量）0.0006 万 m³。

根据现场实际踏勘，需要清除的基塔基本位于非居民区，在基础开挖时，施工动土对水土保持有一定影响，同时对农业生产也将带来一定影响。

在铁塔清除时应将施工时间尽量安排在冬季；少占用耕地及开挖量；对地表土层进行分层管理，对塔基开挖的混凝土运至指定垃圾场进行处理，对其他开挖的土石方进行回填；对清除时产生的混凝土及土石等固体废物集中堆放，运至指定垃圾场进行处理。

在拆除铁塔上的导线、地线、钢结构时，做好施工防护，做好回收，不占用塔基周围的农田；在清除塔基基础时，减少塔基的开挖量，塔基拆除完成后，及时恢复地表植被，不影响周围居民的正常生活和农田耕作。

5.3　施工噪声环境影响分析（略）

5.4　施工扬尘影响分析（略）

5.5　固体废物影响分析（略）

5.6　施工废水排放影响分析（略）

6　运行期环境影响评价

6.1　电磁环境影响预测与评价

6.1.1　预测与评价方法

本次 500 kV 变电站扩建出线间隔及低压电抗器，扩建工程运行产生的工频电场强度、工频磁感应强度对变电站周围电磁环境基本没有影响，本次 500 kV 变电站间隔扩建工程电磁环境预测与评价采用其现状监测结果进行分析。

500 kV 输电线路运行产生的工频电场强度、工频磁感应强度采用理论计算和类比分析相结合的方法。

6.1.2　变电站间隔扩建工程电磁环境预测与评价

（1）根据姚湖 500 kV 变电站工程现状监测结果分析，变电站围墙外 5 m、地面 1.5 m 处的工频电场强度为 0.035～0.620 kV/m；本期变电站间隔扩建处围墙外 5 m、地面 1.5 m 处工频电场强度为 0.055 kV/m。

……

（3）综上分析，本期 500 kV 变电站间隔扩建在变电站场地内进行，是为了将 500 kV 输电线路接入变电站 500 kV 配电装置。从变电站的平面布置图中可以看出，每个间隔之间均有一定的距离，而变电站产生的工频电场强度、工频磁感应强度随距离衰减很快。因此，500 kV 变电站间隔扩建主要增大了变电站扩建端出线间隔处的工频电场强度、工频磁感应强度，对变电站周围的电磁环境影响贡献不大。

因此，本期 500 kV 变电站间隔扩建工程对变电站周围环境保护目标的电磁环境影响小于公众暴露控制限值 4000 V/m、100 μT。

6.1.3　输电线路工程电磁环境预测与评价

6.1.3.1　输电线路类比分析（略）

6.1.3.2　输电线路模式预测与评价

（1）500 kV 同塔双回新建输电线路。本工程 500 kV 同塔双回新建输电线路预测计算选择直线塔型，导线之间间距为 23.4 m，运行电压为 500 kV，运行电流 1500 A。

1）导线采用异相序排列方式。500 kV 双回输电线路导线对地高度 11 m，导线采用异相序排列方式 Ⅰ 回 A（上）—B（中）—C（下）、Ⅱ 回 B（上）—A（中）—C（下），导线之间最大间距为 23.4 m，地面 1.5 m 高度处的工频电场强度最大值为 10.765 kV/m，出现在距线路走廊中心地面投影 9 m（即边相导线内 2.7 m）处，大于线路经过非居民区 10 kV/m 控制限值。需要采取增高导线对地高度措施，以满足非居民区 10 kV/m 控制限值，当导线对地高度 12 m 时，地面 1.5 m 高度处的工频电场强度最大值为 9.631 kV/m，小于线路经过非居民区 10 kV/m 控制限值。

……

2）导线采用逆相序排列方式。500 kV 双回输电线路导线对地高度 11 m，导线采用逆相序排列方式Ⅰ回 A（上）—B（中）—C（下）、Ⅱ回 C（上）—B（中）—A（下），导线之间最大间距为 23.4 m，地面 1.5 m 高度处的工频电场强度最大值为 9.320 kV/m，出现在距线路走廊中心地面投影 10 m（即边相导线内 1.7 m）处，满足线路经过非居民区 10 kV/m 控制限值。

……

通过对线路沿线的调查分析，本工程线路经过地区评价范围内房屋类型有 1～2 层平顶、尖顶房屋，保证新建 500 kV 输电线路边导线 5 m 处民房的工频电场强度小于 4000 V/m，工频磁感应强度均小于 100 μT，本次环评采取提高导线对地高度措施，预测地面上 1.5 m、4.5 m、7.5 m 处的工频电场强度、工频磁感应强度。

（2）220 kV 升压 500 kV 输电线路（现有线路）（略）。

（3）500 kV/110 kV 同塔四回混压输电线路。本期新建 500 kV/110 kV 同塔四回混压线路预测计算采用塔型 5GTSS3‑SZV1，500 kV 线路导线采用垂直挂线、110 kV 线路导线采用倒三角排列方式。

500 kV 线路导线的最大间距为 19.58 m，运行电压为 500 kV，运行电流 1500 A；110 kV 线路导线的最大间距为 21.66 m，运行电压为 110 kV，运行电流 450 A。

1）500 kV 线路导线采用异相序排列方式Ⅰ回 A（上）—B（中）—C（下）、Ⅱ回 B（上）—A（中）—C（下），110 kV 线路采用倒三角排列。

2）导线采用逆相序排列方式Ⅰ回 A（上）—B（中）—C（下）、Ⅱ回 C（上）—B（中）—A（下），110 kV 线路采用倒三角排列。

……

地面 1.5 m 高度处的工频电场强度最大值为 3.468 kV/m，小于 4000 V/m 公众暴露控制限值；地面 1.5 m 高度处的工频磁感应强度最大值为 19.448～20.639 μT，小于 100 μT。

（4）500 kV 同塔双回单侧挂线输电线路。本工程 500 kV 同塔双回单侧挂线输电线路预测计算选择塔直线型，导线之间间距为 23.4 m，运行电压为 500 kV，运行电流 1500 A。

1）500 kV 输电线路经过非居民区、居民区。

2）500 kV 双回输电线路（单边挂线）提高导线对地高度措施。

……

6.1.4　本工程对环境保护目标预测分析

根据表 6‑26 预测结果分析，本工程新建 500 kV 同塔双回输电线路及同塔双回线路（单边挂线）邻近民房时，为使边导线 5 m 处民房的工频电场强度小于 4000 V/m，导线对地高度为 19 m、20 m 及 21.5 m。

本次环评按照比较保守（导线对高度为 21.5 m）预测方法对评价范围内环境保护

目标进行预测评价。

本工程运行后产生的工频电场强度、工频磁感应强度对周围环境保护目标影响基本满足相应标准。

6.1.5　交叉跨越和并行线路环境影响分析（略）

6.1.6　电磁环境影响评价结论

（1）根据现状监测分析，本工程变电站周围及输电线路沿线的工频电场强度和工频磁感应强度均能满足评价标准。

（2）由于本期 2 个变电站间隔扩建工程运行产生的工频电场强度、工频磁感应强度对变电站周围电磁环境没有影响，因此，本期 500 kV 变电站间隔扩建工程采用对变电站现有电磁环境监测结果进行分析。根据监测结果分析，可以预计本期变电站间隔扩建工程投运后，变电站周围电磁环境仍能满足评价标准。

（3）为预测本工程新建 500 kV 输电线路建成后产生的工频电场、工频磁场对周围环境的影响，采用了类比监测和模式预测的方法。通过对与本工程新建 500 kV 线路电压等级、架设方式、导线形式等一致的 500 kV 同塔双回输电线路的类比监测结果，类比的 500 kV 输电线路在边导线 5 m 处产生的工频电场强度有超过 4000 V/m 控制限值，但均低于 10 kV/m 的控制限值。500 kV 输电线路产生的工频磁感应强度均小于 100 μT 控制限值。

（4）根据模式预测结果分析，500 kV 同塔双回输电线路产生的工频磁感应强度均小于 100 μT。

……

6.2　声环境影响预测与评价（略）

6.3　地表水环境影响分析（略）

6.4　固体废物环境影响分析（略）

6.5　环境风险分析（略）

7　环境保护措施及其经济、技术论证（略）

8　环境管理与监测计划

本项目的建设将会不同程度地对变电站及线路沿线的社会环境和自然环境造成一定影响。因此，在施工期加强环境管理的同时，实行环境监测计划，将项目建设前预测产生的环境影响与建成后实际产生的环境影响进行比较，及时发现问题，保证各项环境保护措施的有效实施。

……（下略）。

9　公众参与

9.1　公众参与过程

9.1.1　公众参与原则

本次公众参与严格按照《环境影响评价公众参与暂行办法》（环发〔2006〕28 号）及《关于切实加强建设项目环境保护公众参与的意见》（苏环规〔2012〕4 号）相关规定，以公开、平等、广泛和便利的原则实行。

9.1.2　公众参与的组织形式

（1）实施主体。公众参与工作由建设单位委托国电环境保护研究院（环评单位）实施。

（2）公众参与对象。公众参与调查对象为 500 kV 变电站及 500 kV 输电线路评价范围内居民代表。

（3）公众参与方式。环评单位采取在网站上进行第一次信息公示、第二次信息公示等方式发布本工程环境影响评价信息，并向 500 kV 变电站、500 kV 输电线路评价范围可能受影响的居民代表发放公众参与调查表，征求当地居民代表对本工程建设的意见。

（4）环境影响评价信息公示。

本工程环境影响评价信息公示实施过程见表 13。

表 13　环境信息公示过程一览

序　号	环境影响评价信息公示阶段	公　示　时　间	公　示　载　体
1	第一次信息公示	2015 年 3 月 20 日至 2015 年 4 月 3 日	江苏省环保公众网站（http：//www. jshbgz. cn）
2	第二次信息公示（含环境影响报告书简要本网站上链接）	2015 年 6 月 26 日至 2015 年 7 月 13 日	江苏省环保公众网站（http：//www. jshbgz. cn）

9.2　本工程环境影响评价第一次信息公示

9.3　本工程环境影响评价第二次信息公示

9.4　公众参与调查

……

本期共分发了 200 份公众意见征询表，回收 200 份，回收率为 100%，其中个人意见为 186 份，团体意见为 14 份。

本次调查对象为变电站及输电线路附近居民和企业。本次公众参与对象涉及各类职业，文化程度也不尽相同，基本反映了当地居民的职业和文化构成，切实反映了附近居民对本工程建设的意见。

……

个人代表有 88.7% 的调查对象支持本工程建设，有 11.3% 的调查对象（21 人）不支持本工程建设。

团体代表有 78.6% 的调查对象支持本工程建设，有 21.4% 的调查对象（3 个团体）不支持本工程建设。

9.5　公众参与调查反馈意见

9.5.1　公众所持不支持意见说明

（1）线路离住宅太近，建议远离。本工程田湾核电三期至艾塘 500 kV 线路经过赣榆区墩尚镇刘湾村蛮湾村，线路从蛮湾村南侧经过，该处有 2 户居民代表持反对意见。

从现场实际踏勘，线路经过蛮湾村时可向南偏移，尽量远离居民住宅。根据预测结果分析，该处环境保护目标预测结果均小于公众暴露控制限值 4000 V/m、100 μT。

（2）线路经过鱼塘、在鱼塘立塔影响养鱼。本工程田湾核电三期至艾塘 500 kV 线路经过赣榆区墩尚镇河疃村，该处有 2 户居民代表持反对意见。从现场实际踏勘，线路经过河疃村，该处分布大片水塘养殖区，线路路径无法进行避让养鱼塘。

本工程线路在塔基实际定位时，应与鱼塘养殖户进行协商，尽量将塔基设置在陆地上，采用提高导线对地高度的措施，使线路运行产生的工频电场强度小于 10 kV/m，同时在鱼塘附近给出警示和防护指示标志。如无法避让在鱼塘立塔，应给予养殖户适当的经济补偿。

（3）担心高压线电磁辐射。本工程田湾核电三期至艾塘 500 kV 线路经过赣榆区墩尚镇双槐村，该处有 1 户居民代表持反对意见。从现场实际踏勘，线路经过双槐村时可向南偏移，尽量远离居民住宅。目前线路离该处民房约 20 m，根据预测结果分析，该处环境保护目标预测结果均小于公众暴露控制限值 4000 V/m、100 μT。

根据《环境影响评价技术导则—输变电工程》（HJ 24—2014）的规定，输变电工程环境影响因素主要为电磁环境、声环境，主要污染因子为工频电场、工频磁场及噪声。500 kV 输电线路运行会在线路周围产生感应场，而不会产生电磁辐射。

（4）房屋被高压线包围在中间，无法生存。本工程田湾核电三期至艾塘 500 kV 线路、田湾核电三期至姚湖 500 kV 线路经过连云港开发区云门寺村碎石湾组，该处有 2 户居民代表持反对意见。从现场实际踏勘，本段新建的 500 kV 输电线路沿着现有 500 kV 田伊 5217 线西北侧平行走线，由于 3 条 500 kV 线路中心线之间相距约 50 m，在 3 条线路之间的民房将进行拆除，不会存在包夹民房。由于本段线路向东南方向偏移，已基本远离夏姓居民住宅，可能不涉及该户居民拆迁。本段新建两条 500 kV 线路应尽量靠近现有 500 kV 线路，使线路尽量远离民房或减少民房拆迁，使不愿拆迁民房处工频电场强度、工频磁感应强度均远小于公众暴露控制限值 4000 V/m、100 μT。

对处于拆迁范围民房，如居民不愿拆迁，需向居民做好解释工作，对拆迁的民房进行合理补偿，尽量不影响居民生活。

（5）担心线路建设对身体健康有影响。根据对本工程 500 kV 输电线路周围环境保护目标的工频电场、工频磁场监测结果分析，本工程新建 500 kV 输电线路及 220 kV 升压 500 kV 线路周围环境保护目标处的工频电场强度、工频磁感应强度均远小于公众暴露控制限值 4000 V/m、100 μT。因此，没有必要担心本期新建 500 kV 输电线路及 220 kV 升压线路运行产生的工频电场、工频磁场对身体健康带来影响。

（6）线路离房屋太近。本工程田湾核电三期至艾塘 500 kV 线路经过连云港开发区中云街道办事处金苏村，该处有 3 户居民代表持反对意见。从现场实际踏勘，线路经过金苏村，由于线路路径受到连云港警备区教导队射击靶场的限制，线路路径无法再往西北方向走线，本段线路只有跨越连云港警备区教导队东南角及部分民房上山，然后再往西走线。本段线路在初步设计时，从村西侧走线，减少民房拆迁，尽量远离民房。

（7）对村居的长远发展（经济、社会、居住等）存在很大制约因素。本工程 500

kV 输电线路路径方案是根据连云港市办公会议纪要、连云港市规划委员会办公会议纪要（参加单位市政府、连云区、海州区、开发区）及连云港市规划局进行选线的，线路路径是符合当地规划发展要求的，对当地规划发展影响不大。

本工程为满足江苏田湾核电站三期电力送出需要，对当地经济发展可提供安全的电力保障，对当地经济发展是有益的。

（8）线路跨越厂房影响安全生产。连云港楚源紫菜加工有限公司厂区内有一条已运行的 35 kV 线路跨越厂区，对此意见很大，本期 500 kV 输电线路可能会再次跨越厂区，担心对工厂安全生产产生影响。

根据预测结果分析，本工程 500 kV 输电线路跨越厂区时，线路采用异相序排列，导线对地高度为 29.5 m 时，地面 1.5 m 处工频电场强度小于公众暴露控制限值 4000 V/m、100 μT；线路采用逆相序排列，导线对地高度为 19.5 m 时，地面 1.5 m 处工频电场强度小于公众暴露控制限值 4000 V/m、100 μT。

9.5.2　公众参与回访情况及分析

本次公众参与的回访对象为本工程持不支持意见的居民，采用电话回访方式。

2015 年 8 月 31 日、2015 年 9 月 6 日，环评单位对持不支持意见的居民进行了电话沟通，向他们再次介绍了本工程对周围环境影响的情况，其中有 11 位居民对本工程持支持态度，支持的理由是：线路产生的工频电场、工频磁场满足国家标准，拆迁补偿合理，铁塔最好不要立在鱼塘中。仍有 10 位居民代表持不支持意见，不支持的理由是：线路离房屋太近，对身体有伤害。团体代表意见回访时，3 家单位仍持不支持意见，不支持的理由是：影响村里发展，跨越厂房需要拆迁。

根据预测结果及现场调查分析，线路附近的环境保护目标均在边导线 5 m 以外；根据环境保护目标预测结果分析，本期 500 kV 输电线路运行产生工频电场、工频磁场的预测结果均小于公众暴露控制限值 4000 V/m、100 μT。

因此，本工程公众参与调查中将根据居民意见，在线路塔基终勘时合理进行布局，以降低对周围居民的影响。

经过电话回访后，个人公众参与调查中有 94.6% 的调查对象持支持意见，5.4%（10 人）持不支持意见；团体意见中有 78.6% 的调查对象支持本工程建设，有 21.4%（3 个团体）不支持本工程建设。

9.5.3　对公众反对意见的采纳情况

（1）本工程田湾核电三期至艾塘 500 kV 线路经过赣榆区墩尚镇刘湾村蛮湾村时，线路将可向南方向偏移，尽量远离居民住宅。

（2）本工程田湾核电三期至艾塘 500 kV 线路经过赣榆区墩尚镇河疃村，线路在塔基实际定位时，应与鱼塘养殖户进行协商，尽量将塔基设置在陆地上，采用提高导线对地高度措施。

（3）本工程田湾核电三期至艾塘 500 kV 线路经过赣榆区墩尚镇双槐村，线路将向南偏移，尽量远离居民住宅。

（4）本工程田湾核电三期至艾塘 500 kV 线路、田湾核电三期至姚湖 500 kV 线路经过连云港开发区云门寺村碎石湾组时，在3条线路之间的民房将拆除，将不会存在包夹民房。由于本段线路向东南方向偏移，已基本远离夏姓居民住宅，可能不涉及该户居民拆迁。对处于拆迁范围内的民房，如居民不愿拆迁，需向居民做好解释工作，并对拆迁的民房进行合理补偿，尽量不影响居民生活。

（5）本期新建500 kV输电线路跨越连云港楚源紫菜加工有限公司厂区，采用异相序排列时，导线对地高度为29.5 m；采用逆相序排列时，导线对地高度为19.5 m。

9.6　公众参与的合法性、有效性、代表性和真实性

本次公众参与严格按照《环境影响评价公众参与暂行办法》的要求，采取了网站公示的方式进行了第一次信息公示、第二次信息公示（含环境影响报告书简要本网站链接），向公众告知了本项目的环境影响信息。在环境影响报告书第一次信息公示、第二次信息公示的基础上，采取了向公众发放调查表的方式调查公众对本工程建设的意见。因此，本次公众参与符合合法性的要求。

……

因此，本次公众参与符合合法性、有效性、代表性和真实性的要求，能够切实反映工程所在地公众对本项目建设的意见。建设单位应充分考虑公众调查中群众的意见，并落实在施工建设过程中，从而在保证工程顺利进展的同时，使工程对周围群众的影响降低到最小。

10　评价结论与建议

……

10.1　总结论与建议

10.1.1　总结论

（1）江苏田湾核电站三期500 kV送出工程是国家发展和改革委员会《产业结构调整指导目录（2013年修订版）》中"第一类鼓励类"中的"500 kV及以上交、直流输变电"鼓励类项目，符合国家产业政策。

（2）江苏田湾核电站三期500 kV送出工程选线已得到沿线规划部门、国土部门同意，与所在地的城市规划是相符的，与江苏电网"十二五"发展规划是相符的。新建500 kV输电线路经过云台山风景名胜区已取得江苏省住房和城乡建设厅原则同意。

（3）在采取了设计、环评中提出的环境保护措施后，可将工程建设对环境的影响控制在标准要求的范围内。

（4）通过类比及理论预测分析，江苏田湾核电站三期500 kV送出工程运行在线路沿线环境保护目标处产生工频电场强度、工频磁感应强度均小于控制限值4000 V/m、100 μT。

（5）姚湖500 kV变电站的厂界环境噪声排放昼间均满足《工业企业厂界环境噪声排放标准》（GB 12348—2008）2类标准，夜间除东北侧中部区域外，均满足2类标准，超标量为6.5 dB（A）。根据预测结果，本期扩建的4组低压电抗器对厂界环境噪声排放贡献值影响不大，变电站厂界环境噪声排放超标主要原因是前期扩建#7主变运行噪声所致。

艾塘 500 kV 变电站厂界环境噪声排放预测结果昼间、夜间均满足 2 类标准。

本工程 500 kV 输电线路运行产生噪声对环境保护目标处的声环境影响满足《声环境质量标准》（GB 3096—2008）中声功能区标准。

（6）在项目涉及地区共分发了 200 份公众参与调查表，其中个人意见有 186 份，团体意见有 14 份。经过电话回访后，个人公众参与调查中有 94.6% 持支持意见，5.4%（10 人）持不支持意见；团体意见中有 78.6% 调查对象支持本工程建设，有21.4% 调查对象（3 个团体）不支持本工程建设。

综上所述，江苏田湾核电站三期 500 kV 送出工程在设计和建设过程中采取有效的环保措施后，对环境影响程度符合评价标准，从环境保护角度分析本工程建设是可行的。

10.1.2　建议

为落实本报告书所制定的环境保护措施，提出建议如下：

（1）本工程在初步设计和建设阶段，应切实落实本报告中所确定的各项环保措施。

（2）工程施工过程中除严格执行环保设计要求外，应与当地有关部门配合，做好环境保护措施实施的管理与监督工作，对环境保护措施的实施进度、质量和资金进行监控管理，保证质量。

（3）整个工程的建设运行中应对沿线附近居民加强高压输变电工程的安全、环保意识宣传工作。

10.3　输变电工程建设项目竣工环境保护验收

10.3.1　验收标准和法规

（1）《中华人民共和国环境保护法》2015 年 1 月 1 日起施行。

（2）《中华人民共和国环境影响评价法》中华人民共和国主席令第 48 号，2016 年9 月 1 日起施行。

（3）《建设项目环境保护管理条例》国务院令第 253 号，1998 年 11 月起施行。

（4）《中华人民共和国水污染防治法》2008 年 6 月 1 日起施行。

（5）《中华人民共和国大气污染防治法》2000 年 9 月 1 日起施行。

（6）《中华人民共和国环境噪声污染防治法》1997 年 3 月 1 日起施行。

（7）《电磁环境控制限值》（GB 8702—2014）。

（8）《建设项目竣工环境保护验收技术规范　输变电工程》（HJ 705—2014）。

（9）《建设项目竣工环境保护验收技术规范　生态影响类》（HJ/T 394—2007）。

（10）《工业企业厂界环境噪声排放标准》（GB 12348—2008）。

（11）《声环境质量标准》（GB 3096—2008）。

（12）《建设项目环境影响评价分类管理名录》，环境保护部令第 33 号，2015 年 4 月。

（13）《建设项目竣工环境保护验收管理办法》，国家环境保护总局令第 13 号，2001 年。

10.3.2　验收调查重点

输变电工程在建设期和运行期对环境的影响有所不同。

建设期的环境影响主要来自线路架设和变电站建设过程，将造成地表植被破坏和土壤环境质量下降；工程占地将对土地利用、农业生产产生一定的影响，部分跨河线路段施工也可能对地表水产生影响。

运行期的环境影响主要来自于变电站、换流站和送电线路的工频电场、工频磁场和噪声，变电站的生活污水和事故状况下变压器产生的含油污水、变电站内的生活垃圾。

针对该类工程的特点及其主要影响，以下按环境要素列出竣工环境保护验收调查中需关注的重点。

10.3.2.1　生态影响调查

调查变电站和铁塔等永久占地和临时占地（如线路及施工作业带、施工便道、施工人员临时驻地）的土地类型、面积及临时占地的植被、工程恢复措施和恢复情况；工程防止水土流失的防护工程、绿化工程、排水工程等及其效果，并对已采取的措施进行有效性评估。

对涉及自然保护区等生态敏感目标的项目，重点调查工程对敏感目标的影响及环境保护措施的落实情况。对涉及国家和地方重点保护动植物栖息地成分布区的，重点调查工程对重点保护动植物的影响和保护措施落实情况。

10.3.2.2　电磁环境影响调查

重点调查工程沿线电磁环境敏感目标受工程工频电场、工频磁场的影响程度，分析对比工程建设前后的电磁环境变化，调查环境影响报告书中提出的电磁防治措施的落实情况，对超标的敏感目标提出降低影响的补救措施。

10.3.2.3　声环境影响调查

重点调查工程沿线声环境敏感目标受线路电晕噪声和变电站或换流站噪声的影响程度，调查环境影响报告书中提出的噪声防治措施的落实情况，对超标的敏感点提出防治噪声影响的补救措施。

10.3.2.4　水环境影响调查

工程施工阶段对跨越水体的影响主要调查工程跨越水体功能、工程施工方式、塔基与河流的位置关系等。送电线路在运行期间无废水产生，也不会对水环境产生影响。因此，水环境影响调查仅进行变电站的水污染源调查。需调查变电站工作人员数量，污水处理设施工艺流程、运行情况、排放去向。

10.3.2.5　公众参与

在输变电工程竣工环境保护验收调查中，调查单位应主动征求当地公众的意见，可采用召开座谈会或公示等形式征求公众意见。

应对公众意见进行归类与统计分析，说明公众对工程环境保护工作的主要意见，对公众反映的环境问题提出解决建议。

10.3.2.6　环境风险事故防范及应急措施调查

调查变压器油外泄发生的原因、概率，调查工程是否制定了风险事故应急预案，是否配备了必要的应急设施。

10.3.2.7　调查结论与建议

调查结论是全部调查工作的总结论，编写时需概括和总结全部工作。

总结工程环境影响评价文件及其审批文件要求的落实情况。

重点概括说明工程建成后产生的主要环境问题及现有环境保护措施的有效性，在此基础上提出改进措施和建议。

根据调查、监测和分析的结果，客观、明确地从技术角度论证工程是否符合建设项目竣工环境保护验收条件，包括：

（1）建议通过竣工环境保护验收。

（2）建议限期整改后，进行竣工环境保护验收。

10.3.3　验收调查应注意的问题

10.3.3.1　环境敏感目标调查

环境敏感目标包括环境影响评价文件中确定的环境敏感目标，环境影响评价审批文件中要求的环境敏感目标，工程情况发生变更或环境影响评价文件未能全面反映出的实际影响或新增的环境敏感目标。

环境敏感目标调查内容包括环境敏感目标名称、地理位置、规模、与工程的相对位置关系，环境敏感目标建（构）筑物特征、功能、主要保护内容、导线对地高度、建筑物高度等。

环境敏感目标调查内容见表 10－2，应给出敏感目标与项目的相对位置关系图并附现场照片，分析平行线之间包夹环境敏感点的情况。对各环境要素的环境敏感目标应逐一予以分别说明。

表 10－2　某变电站的环境敏感目标统计

序号	名　　称	相对位置关系	类型/功能	敏感目标概述	人口	影响因子	其　　他
1	××（以户名、楼房号等命名）	距工程的距离、方位	居民、学校、医院、政府机关等	房屋楼层数、高度、结构、房顶形式等	人口数	工频电场、工频磁场、噪声、污水、固体废物、交通影响、生态等	其他需要说明事项

续上表

序号	名　称	相对位置关系	类型/功能	敏感目标概述	人口	影响因子	其　他
2	××（保护区）	距工程的距离、方位	水体、保护区等	水体类型、水质、用途等，保护区类型、范围等	人口数	工频电场、工频磁场、噪声、污水、固体废物、交通影响、生态等	其他需要说明事项

列表对比验收调查阶段和环境影响评价阶段的环境敏感目标变化情况，说明环境敏感目标变化原因。

10.3.3.2　电磁环境影响调查

（1）电磁环境影响源项调查。对于 330 kV 及以上电压等级的输电线路工程出现交叉跨越或并行情况，应考虑其对电磁环境敏感目标的综合影响；交叉或平行线路中心线间距小于 100 m 时，应调查相关输电线路工程名称、电压等级、与拟验收工程相对位置关系（以图、表方式说明）。

（2）电磁环境影响防护措施调查。调查工程环境影响评价文件及其审批文件、设计文件要求的电磁环境影响防护措施落实情况。架空输电线路线下的耕地、园地、畜禽饲养地、养殖水面、道路等场所，应调查警示和防护指示标志设置情况。

10.3.3.3　公众参与

建设项目竣工环境保护验收工作中，应广泛听取公众对建设项目竣工环境保护验收的意见，并实行公示制度。公众意见调查是建设项目环境影响调查的重要内容之一，也是建设项目竣工环境影响保护验收调查的重要内容。

公众意见调查应本着公开、平等、广泛和便利的原则，根据项目所在区域的经济发展状况、乡土民俗、民族文化等方面的实际情况进行。

（1）公众参与范围和形式。竣工环境保护验收的公众范围指所有直接或间接受建设项目影响的单位和个人，但不直接参与建设项目的投资、立项、审批和建设等环节的利益相关方。建设项目竣工环境保护验收应重点围绕主要的利益相关方（即核心公众群）开展公众参与工作，保证他们以可行的方式获取信息和发表意见。

核心公众群包括：

1）受建设项目直接影响的敏感单位和个人。

2）受建设项目间接影响的敏感单位和个人。

3）对于环境敏感项目需考虑咨询有关专家或人大代表和政协委员。

4）关注建设项目的单位和个人。

公众参与的对象应具有广泛性、代表性、区域均衡性和随机性，包括直接受影响的居民、单位、利益相关公众、项目所在地街道办或社区工作站等。

公众参与须采取公告、问卷调查等形式征求公众意见，根据输变电工程的实际需要和具体条件，还可以采取专家意见咨询、座谈会、论证会、听证会等其他形式。

（2）公众参与计划。公众参与计划应明确公众参与过程的相关细节，具体包括如下内容：

1）公众参与的主要目的。

2）执行公众参与计划的人员、资金和其他辅助条件的安排，公众参与工作时间表。

3）核心公众的地域和数量分布情况。

4）公众代表的选取方式、代表数量或代表名单。

5）拟征求意见的事项及其确定依据。

6）拟采用的信息公开方式。

7）拟采用的公众意见调查方式和公众信息反馈的渠道设置。

（3）公众参与调查时段。公众意见调查也是开展工程竣工环境保护验收调查可借助的调查方法之一，因此，其工作时段宜贯穿于整个验收调查过程中。

首先，在进行首次现场调查时，宜根据工程的影响要素和影响范围选择受影响的群体、相关领域的团体、专家或部门进行有目的的走访与咨询，为选择合适的调查方法和制订有针对性的调查问题做好准备。

其次，可结合再次现场调查或监测工作开展深入、细致的公众意见调查。

（4）公众参与调查内容。公众参与调查必须包括对工程实施的态度和不支持工程建设的原因，还可包括如下内容：对工程的了解程度、对当地环境问题的认识与评价、对工程选线选址的态度、对工程主要的环境影响（包括相关特征因子对自然环境、生态环境、土地占用、景观等因素的影响）的认识及态度、对工程采取环境保护措施的建议、对工程拆迁及扰民问题的态度与要求等。

具体的调查内容可从以下五个方面进行设计：

1）工程在施工期是否发生过环境污染事件或扰民事件。

2）公众对工程在施工期和试运行期所产生的环境影响的反应，可按生态、水、气、声等环境要素设计问题。

3）公众对建设项目施工期、试运行期所采取的环保措施效果的满意度。

4）对涉及敏感目标的项目，应针对敏感目标设计调查问题，了解这些保护目标是否受到影响。

5）公众对建设单位的环境保护工作是否满意。

调查问卷中还应包含工程基本情况简介、调查对象的基本资料（如姓名、年龄、性别、文化程度、职业、地址、与工程的距离）、调查人员的联系方式等内容（地址或联系电话必须保证能够成功回访）见表 10－3、表 10－4。

表 10-3　公众参与调查表（示例）

××输变电工程竣工环境保护验收公众参与调查表（个人）

工程描述：

（简介工程基本情况、存在的环境影响、环境影响监测调查简况、环保措施及实施情况）

姓　　名		性　　别		年　　龄	
文化程度		职　　业		联系方式	
家庭住址					
与工程的关系	50 m 范围内居住或工作	50～100 m 居住或工作	100～500 m 居住或工作	500 m 范围外居住或工作	

选择（请在□内打√）

您认为当地有应该特别保护的自然资源、人文古迹、饮用水源保护区吗？	□有 □没有 □不知道（若有，有哪些）
如果对环境状况不满意，您认为本地区目前的环境问题有哪些？	□噪声　□污水　□废气　□固废 □生态破坏　□电磁环境　□其他
本工程在施工期是否有夜间施工现象？	□有 □没有 □不知道
本工程施工期有无乱排废水和乱堆放弃土现象？	□有 □没有 □不知道
本工程在施工过程中是否采取了保护植被、水土保持等环保措施？	□有 □没有 □不知道
本工程运行后您是否感受到噪声的影响？	□经常 □偶尔 □没有 □不知道
本工程运行后您是否经常感受到电击？	□经常 □偶尔 □没有 □阴天感觉更严重 □不知道
您对本工程运行后生态恢复情况是否满意？	□满意 □比较满意 □不满意
您对本输变电工程总的环境保护工作是否满意？	□ 满意 □比较满意 □不满意 □说不清楚

您对本项目在环境保护方面有何意见和建议？

您有意见和建议请联系我们（有效反馈期：　　年　月　日 — 　月　日）

（单位名称、联系人、地址、电话、传真、电子邮箱等信息）

调查人：　　　　　　　　　　　　　　　调查时间：　　年　月　日

××输变电工程竣工环境保护验收公众参与调查表（团体）

1. 建设单位
2. 环评单位
3. 工程描述：

（项目概况、周边环境现状、环境影响监测调查简况、采取的环保措施）

单位名称			联 系 人	
地　　址			联系方式	
与工程的关系	50 m 范围内	50～100 m	100～500 m	500 m 范围外

选择（请在□内打√）

贵单位认为当地有应该特别保护的自然资源、人文古迹、饮用水源保护区吗？	□有 □没有 □不知道（若有，有哪些）
如果对环境状况不满意，贵单位认为本地区目前的环境问题有哪些？	□噪声　□污水　□废气　□固废 □生态破坏　□电磁环境　□其他
本工程在施工期是否有夜间施工现象？	□有 □没有 □不知道
本工程施工期有无乱排废水和乱堆放弃土现象？	□有 □没有 □不知道
本工程在施工过程中是否采取了保护植被、水土保持等环保措施？	□有 □没有 □不知道
本工程运行后您是否感受到噪声的影响？	□经常 □偶尔 □没有 □不知道
本工程运行后是否有员工经常感受到电击？	□经常 □偶尔 □没有 □阴天感觉更严重 □不知道
贵单位对本工程运行后生态恢复情况是否满意？	□满意 □比较满意 □不满意
贵单位对本输变电工程总的环境保护工作是否满意？	□ 满意 □比较满意 □不满意 □说不清楚

贵单位对本项目在环境保护方面有何意见和建议？

贵单位有意见和建议请联系我们（有效反馈期：　　年　月　日 — 　月　日）

（单位名称、联系人、地址、电话、传真、电子邮箱等信息）

应特别注意的是，有关调查表、纪要等必须存档备查。

（5）公众参与结果分析。

公众参与篇章中，应附具征求公众意见活动工作方案和征求公众意见活动情景照片，说明实施过程，详细说明公众参与内容是否符合相关法规、标准中关于公开环境信息，征求公众意见的时间、方式、内容等方面的要求，以及项目投诉说明。

公众意见调查结论是对公众意见调查结果的简要总结。在结论中应简述调查样本数、有效样本数、调查对象的数量、基本资料统计情况、相关团体及基层组织的数量、受调查的单位名称和数量、调查对象与建设项目的利益相关性分析等。按有关单位、咨询专家意见、调查公众意见、公告反馈意见等进行归类与统计分析，应列出公众参与对象的名单及其基本情况，分析调查样本的代表性，并在归类分析的基础上进行综合评述。可用统计表的形式表示，分类可包括：

1）年龄分布及各年龄段关注的问题。

2）性别分布及其所关注的问题。

3）不同文化程度人群比例及其所关注的问题。

4）不同职业人群分布及其所关注的问题。

5）受建设项目不同影响的公众的意见。

6）主要意见的分类统计结果。

对每一类意见，均应进行认真分析。对反馈意见中出现的"非肯定意见"要进一步深入了解意见产生的原因，在调查报告中应针对这些意见，向建设单位提出改进建议或采取补救措施的建议，充分发挥公众意见调查的作用。

10.3.3.4 验收调查、验收监测质量保证和质量控制

验收调查、验收监测应由有相应资质的单位承担。

验收调查技术人员应持有建设项目竣工环境保护验收监测或调查岗位培训合格证书。监测人员需持有相应资质部门颁发的相应监测项目的上岗考核合格证。承担环境保护部审批（包括委托审批）的输变电工程竣工环境保护验收调查单位应至少配备 1 名登记类别为竣工环境保护验收调查的环评工程师。

验收调查、验收监测的质量保证和质量控制，按国家相关法规要求、监测技术规范和有关质量控制手册进行。

监测仪器应符合国家标准、监测技术规范，经计量部门检定或校准合格，并在有效使用期内。

验收监测数据处理和填报应按国家标准、监测技术规范要求和实验室质量手册规定进行；监测报告应进行三级审核。

验收调查单位应对验收调查结论负责。环境监测单位应对其出具的监测结果负责。建设单位应对工程环境保护验收基础资料真实性负责并全面负责工程的环境保护工作。

10.3.4　案例

××500 kV 输变电工程

1　工程概况

××500 kV 输变电工程包括 A～B 线路和 C 变电站。

A～B 线路自 A 市 5000 kV·A 变构架起，经过 E 市、a 县、b 县、c 县、d 县五个市县后接入 B 市 500 kV B 变电站，线路全长 147 km。

C 变电站位于 C 市 a 县 b 乡和 c 乡交界处，距 C 市以南约 16 km。站址距省道约 370 m，北靠十里长山。所址处在农田上，场地开阔，地势起伏较大，所址范围内地坪自然标高 19.2～27.1 m。

工程施工中临时占地 131.6 hm²，主要为线路施工占用的农田、荒地，以及施工便道等，占用的农田基本上已全部复耕，荒地恢复为原始地貌。

工程永久占地 25.8 hm²，主要为变电站和线路工程的塔基，占地类型仍以农田、荒地、空地为主。

2　生态影响调查

工程沿线生态状况（略）。

2.1　自然生态影响分析

2.1.1　野生动物影响调查

Z 省地处暖温带和亚热带的过渡地带，自然条件优越，自然资源丰富。根据生态环境特点，可划分为五大生态类型区域，即 A 平原区、B 丘陵区、沿江 C 区、D 山区和 E 区。在动物区系上，Z 地跨古北界和东洋界，区系复杂，种类较多。皖南山区、D 山区及沿江淮的湿地环境为野生动物主要分布区。工程沿线没有珍稀野生动物分布。

工程占地主要为空间线性方式，对野生动物的影响主要发生在施工期。但一般只会引起野生动物暂时的、局部的迁移，施工结束后随着生态环境的逐步恢复，这种影响亦随之消失。

经现场调查可知，为了减少对野生动物生存的影响，本工程施工中严格控制施工作业带，严禁对周围林、灌木乱砍滥伐，并加强管理；施工结束后及时对临时占地进行了恢复。调查结果表明，工程对野生动物的影响为间断性、暂时性的，并且通过以上动物保护和减缓措施，有效地减轻了工程建设对野生动物的不利影响。

2.1.2　植物影响调查

在植物区系上，Z 省地跨暖温带、北亚热带和中亚热带，属南北植物区系间的汇集带，植物种类丰富，子遗植物和特有属种较多，但项目建设地区未见。

工程建设对植物的影响主要体现在：工程占地不可避免地会使部分土地性质发生改变，会对农业机械化耕作带来一些不利影响；工程沿线经过防护林区，需要砍伐出通道，造成林木数量减少等。

从整个工程沿线来看，工程 C 变电站、塔基等永久占地主要为田地及低山丘陵，原有植被基本为区域广布种，而且本工程在施工结束后采取及时进行生态恢复及绿化等措施予以了一定的补偿，因此对区域内植物物种多样性影响不大。

工程线路敷设等临时占地对植被的影响范围广且呈带状分布，对植被的影响以耕地和丘陵植被为主。在项目建设初期，工程占地会造成占地范围内植物种类和数量的减少，施工结束后可以恢复。为减少对植被的影响和破坏，本工程采取了相应的减缓措施。

由现场调查可知，工程沿线塔基周围自然恢复状况良好，工程未对区域内植物造成明显的不利影响，也不会引起区域内天然植物种类和数量的减少。

2.1.3 自然保护区和风景名胜区影响调查

工程在设计阶段已考虑避让自然保护区和风景名胜区，例如 A～B 线路已经绕过 F 国家级森林公园（距离 1 km 以上），避开 L 国家森林公园、M 山风景区、T 国家森林公园等风景名胜区，与其最近距离均为 5～10 km，因此工程建设对其影响不大。

2.2 农业生态影响分析

工程沿线所经地区的耕地为旱地和水田，主要粮食作物为稻谷、小麦、高粱、山芋、玉米等，油料有油菜和花生。

工程建设对土地的使用主要包括永久性占地和临时性占地两类，其中，永久性占地为塔基占地和 C 变电站占地，临时占地主要包括牵张场地、施工临时道路、施工场地等。

由实际调查可知，工程用于 C 变电站永久占地 6.2 hm^2，线路塔基的永久占地共约 19.6 hm^2，土地类型以大田和水田为主，少量的农田占用使当地农田比工程建设前有所减少，给农业生产带来了一定的负面影响，但建设单位均按有关规定给予了补偿，对农业生产没有造成明显的不利影响。

线路敷设共临时占地 131.6 hm^2，土地类型主要为大田、水田和其他用地，现场调查结果表明，工程对临时占地进行了生态恢复，工程建设基本未对农田生态产生影响。

2.3 水土流失影响调查

施工中由于塔基开挖、回填造成的土体扰动，施工便道的建设及施工机械、车辆和人员践踏会对地表植被和土壤结构造成破坏，产生水土流失隐患。

2.3.1 土方量调查

工程线路经过的区域绝大部分为农田，地势平坦。塔基基坑开挖，土方全部用于回填，经夯实平整后基本上不存在弃土问题。从现场勘察情况看，塔基下方基本无弃土，植被恢复效果良好。

C 变电站工程建设包括场地平整、修建进厂道路等，所需土方就地平衡，无外购或外运；并在 C 变电站围墙内设置临时堆土场，施工结束后用于场地平整，基本不产生弃土。

工程经过低山丘陵地带时，采用铁塔长短腿、全方位高低腿和主柱加高基础等措施，最大限度地适应坡地地形变化的需要，使塔基避免了大开挖，保持了坡地原有的自然地形。

2.3.2 临时占地调查

工程临时占地主要包括牵张场地、施工临时场地等。共占地 131.6 hm²，其中临时堆料场 29.91 hm²，牵张场地占地 5.60 hm²，架线施工用地 95.06 hm²，其他用地 1.00 hm²。

线路工程施工结束后，除少数施工道路被当地居民沿用外，其余均已恢复其原有土地类型，C 变电站及大跨越工程施工营地也已恢复原貌，从现场情况看，基本无施工痕迹。

2.3.3 绿化措施调查

C 变电站主控楼周围及所前区（进场道路）作为重点绿化区，种植观赏及美化效果较好的常绿小乔木树、草坪和低矮花木，沿道路两旁种植常绿低矮的灌木丛。户外非水泥路面、电缆沟道、设备基础区广植草皮，培育天然草坪或人工植草，点缀若干低矮花木，以改善运行环境。站内绿化面积 4495 m²，绿化系数达 8.2%。

从现场调查情况看，目前大部分绿化植物生长良好，取得了较好的防护及景观效果。

2.3.4 防护工程措施调查

工程在丘陵、山地斜坡地地段，C 变电站的建设以及部分塔基的开挖，破坏了原有土体稳定平衡状态，需采取必要的工程防护措施。

根据工程的实际情况，C 变电站采取钢筋混凝土挡石墙、重力式浆砌块石挡土墙、水泥浆砌块石排水沟、钢筋混凝土排水沟等工程防护措施。

通过现场调查，本工程采取的工程防护较好，没有引发明显的水土流失和生态破坏，措施基本有效。

本案例在选址选线时已避开了自然保护区和风景名胜区等重要保护目标，因此生态影响调查以占地影响、生态恢复和水土流失防护措施调查为主，从目前输变电项目的调查现状来看，工程占地的生态恢复与防护措施一般都能满足环境保护要求，但拆迁后的迹地恢复工作尚不能完全到位，在调查时需给予一定的关注，需提出补救措施和建议。

3 电磁环境影响调查

3.1 电磁环境敏感点调查

本次调查主要针对送电线路走廊两侧 50 m 范围内的敏感目标，重点调查村庄、学校等环境保护目标和敏感点受电磁辐射及无线电干扰的情况。

经现场调查确认，工程沿线电磁环境敏感点共有 16 个，距离较近的敏感点有 8 个，其中学校 1 所，敬老院 1 所，村庄 14 个。C 变电站周边村庄敏感点 2 个。具体情况略。

3.2 电磁环境监测

3.2.1 监测点布设、监测内容与频次

根据现场勘察结果，依据监测布点原则以及敏感点实际情况，从目前送电线路周围敏感目标中筛选出 6 个距离线路最近且线路距离地面较低的敏感点设置现状监测点位，监测工频电场、工频磁场和无线电干扰监测。在线路附近空旷平坦地区设置断面监测，监测工频电场、工频磁场和无线电干扰监测。在 C 变电站厂界及周边敏感点进行工频电

场、工频磁场和无线电干扰监测，并选择厂界一侧进行断面监测。具体监测点位见表1至表4。

具体监测方法按国家有关监测方法标准和技术规范要求进行。

表1 500 kVA～B线路敏感点监测点位布设情况

序　号	杆塔号	方位	敏感点名称	最近敏感点与边导线距离/m	线高/m
1	87～88	右	A村	14	16
2		左		26	16
3	300～301	右	F小学	50	23
4	301～302	右	G敬老院	22	21

监测内容：工频电场、工频磁场、无线电干扰（测试频率0.5 mHz）

表2 送电线路断面监测点及因子

监测项目	监测点
工频电场 工频磁场	线路中心为起点，沿垂直于线路方向进行，测点间距5 m、距地面1.5 m高，测至背景值止
噪声	线路中心为起点，沿垂直于线路方向进行，测点间距5 m，测至背景值止

表3 C变电站及周边敏感点监测点位

名　称	C变电站周边敏感点			衰减断面监测	厂界监测内容
	方向	距离/m	敏感点名称		
当涂C变电站	东	300	M村	选择工频电、磁场监测值最大，便于监测方向进行断面监测	工频电、磁场，无线电干扰，噪声
	南	250	N村		

表4 C变电站监测因子及监测内容

名　称	监测因子	监测内容
厂界	工频电场、磁场	C变电站厂界四周各设置1个测点，点位在厂界外5 m、距地面1.5 m高处
断面	工频电场、磁场	根据C变电站厂界工频电场、磁场监测结果，选取测值最大、便于监测方向，以围墙为起点，测点间距5 m、距地面1.5 m高，测至背景值止

3.2.2　监测结果

Z省辐射环境监督站于200×年×月×日对选定的监测点位按监测规范和技术要求进行了监测，敏感点验收监测期间线路运行工况负荷为：最大受入有功功率为545 MW，最小受入有功功率为 397 MW，最高电压 519 kV。监测结果略。

3.3　电磁环境影响分析

3.3.1　送电线路监测敏感点电磁环境影响分析

从监测报告可以看出，线路附近各敏感点监测的工频电场最大值为 0.869 kV/m，所有监测值均低于 4 kV/m 居民区工频电场评价标准。

各测点测得的工频磁场为 0.468～3.592 μT，低于《电磁环境控制限值》（GB 8702—2014）中 100 μT 的磁场标准。

3.3.2　送电线路断面衰减电磁环境影响分析

根据监测结果可知，线路中心点外 5 m 处工频电场度最大，为 3.110 kV/m，低于 4 kV/m 的居民区工频电场评价标准，然后呈递减趋势。监测结果表明本工程线路沿途工频电场环境影响较小，场强值符合国家标准的要求。因此，线路敏感点电磁环境全部达标。

各断面测得的工频磁场综合磁感应强度为 0.67～2.86 μT，低于《电磁环境控制限值》（GB 8702—2014）中 100 μT 的磁场标准。说明本工程沿线工频磁场环境影响较小。

3.3.3　C 变电站电磁环境影响分析

从监测报告可以看出，C 变电站厂界测得的工频电场最大值为 3.349 kV/m，出现在东侧围墙外，监测值均低于 4 kV/m 居民区工频电场评价标准。表明 C 变电站厂界处工频电场环境现状较好。

C 变电站厂界测得的工频磁场综合磁感应强度为 0.028～0.404 μT，低于《电磁环境控制限值》（GB 8702—2014）中 100 μT 的磁场标准。

C 变电站的监测断面 0.5 mHz 频率下测得的无线电干扰测量值为 41.7～52.9 dB·μV·m^{-1}，均低于《高压交流架空送电线无线电干扰限值》（GB 15707—1995）55 dB·μV·m^{-1} 标准。目前输送功率下送电线路无线电干扰全部达标。

C 变电站周围 2 个敏感点监测结果表明：工频电场监测值为 0.009 kV/m 和 0.023 kV/m，低于 4 kV/m 居民区工频电场评价标准；工频磁场综合磁感应强度为 0.16 μT 和 0.43 μT，低于《电磁环境控制限值》（GB 8702—2014）中 0.1 mT 的磁场标准。

3.3.4　线路敏感点电磁环境影响分析

根据线路衰减断面电磁场监测结果对线路其他敏感点电磁环境超达标情况进行评估。根据线路工程断面监测结果，在满足工程设计净空高度的情况下，边相导线外 5 m 外（即工程拆迁范围以外），敏感点目标的工频场强和磁感应强度都能满足《电磁环境控制限值》（GB 8702—2014）标准要求，全线敏感点电磁环境全部达标。

3.3.5　验收工况分析

本次验收调查现状监测期间，500 kV 送电线路的最大输送功率为 545 MW，占设计最大输送功率（导线型号为 4×630，输送功率为 3200 MW）的 17%。

参照《环境影响评价技术导则　输变电工程》（HJ 24—2014）附录 C、D 推荐的计算模式，在线路运行电压恒定，导线截面积、分裂形式、线间距、线高等条件不变的情况下，工频电场强度均不会发生变化，仅工频磁感应强度将随着输送功率的增大，即运行电流的增大而增大，二者基本成正比关系。根据现状监测结果，500 kV 线路工频磁场敏感点监测最大值为 3.592 μT，厂界工频磁场监测最大值为 0.404 μT，推算到设计输送功率情况下，工频磁感应强度约为现条件下的 5.9 倍，即最大值为 0.02 mT，小于 0.1 mT 的执行标准。因此，即使是在设计最大输送功率情况下，线路运行时的工频电场、工频磁感应强度均能满足相应标准限值要求。

3.4 电磁环境保护措施分析与建议

由监测数据及评估结果可知，工程送电线路及变电所周围电磁环境状况良好，工频电场、工频磁场全部达标，工程采取的减缓电磁场的措施起到了很好的效果。

4 声环境影响调查

4.1 声环境敏感点调查

经现场调查确认，工程沿线声环境敏感点同电磁环境敏感点，共有 16 个，距离线路较近的敏感点有 8 个，其中学校 1 所，敬老院 1 所，村庄 14 个。

4.2 声环境验收监测

4.2.1 监测点布设、监测内容与频次

根据现场勘察情况，选择与工频电磁场相同的敏感点和线路断面进行噪声监测，C 变电站厂界噪声监测选择 C 变电站厂界四周进行监测。

敏感点和线路断面监测因子为 LAeq，昼、夜各监测 1 次，监测 1 d。

C 变电站监测在 C 变电站厂界四周外 1 m 各设置 1 个测点，昼、夜各监测 1 次，监测 1 d。

具体监测方法按国家有关监测方法标准和技术规范要求进行。

4.2.2 监测结果

Z 省辐射环境监督站于 200×年×月×日对选定的监测点位按监测规范和技术要求进行了监测。监测结果略。

4.3 声环境影响分析

根据 Z 省辐射环境监督站提供的监测报告结果，工程沿线敏感点环境噪声昼间监测值为 42.2～43.3 dB(A)，噪声夜间监测值为 40.5～41.3 dB(A)，声环境质量可满足《声环境质量标准》(GB 3096—2008) 1 类标准要求。

线路衰减断面监测结果表明，目前输送功率下送电线路周围的噪声昼间监测值为 42.9～43.5 dB(A)，噪声夜间监测值为 41.1～41.3 dB(A)，且衰减规律不明显，监测值相近，说明线路噪声贡献量不大，声环境质量可满足《声环境质量标准》(GB 3096—2008) 1 类标准要求。

C 变电站厂界噪声昼间监测值为 41.5～46.7 dB(A)，噪声夜间监测值为 40.0～43.5 dB(A)，均低于《工业企业厂界环境噪声排放标准》(GB 12348—2008) 1 类标准限值要求。

C 变电站周边敏感点噪声昼间监测值为 44.3 dB(A) 和 43.2 dB(A)，噪声夜间监测值为 40.5 dB(A) 和 41.0 dB(A)，声环境质量可满足《工业企业厂界环境噪声排放

标准》（GB 12348—2008）1 类标准限值要求。

从线路工程断面监测结果可以看出，在满足工程设计净空高度的情况下，边相导线外 5 m 外，敏感点的噪声都能满足《声环境质量标准》（GB 3096—2008）2 类标准要求。根据线路衰减断面噪声监测结果对线路其他敏感点声环境超达标情况进行评估，全线敏感点声环境全部达标，线路沿线声环境质量良好，敏感点受送电线路电晕噪声的影响较小。

4.4　声环境保护措施分析与建议

工程在 C 变电站噪声防治及送电线路噪声防治方面均采取了措施，例如选用低噪声设备，在线路架设中，减少导线表面受到磨损，降低可听噪声等，使线路两侧声环境敏感点监测值全部达标。C 变电站厂界噪声监测结果均达到《工业企业厂界环境噪声排放标准》（GB 12348—2008）中 1 类标准限值要求。因此，工程采取的降噪措施有效，对声环境影响较小。建议建设单位继续加强对设备的检查维护，减缓噪声影响。

电磁环境和声环境影响调查是输变电项目的验收重点，应针对输电线路沿线和变电所周边的环境敏感目标开展工作，选择代表性的监测点位进行环境质量监测，并根据监测结果对不能满足标准要求的敏感目标提出污染防治对策和措施。

5　水环境影响调查（摘录）

工程主要涉及跨越水体的工程为××工程，跨越水体为长江，右岸属 H 市 W 镇，左岸为 J 县 T 庄。左右两岸跨越塔均位于大堤外，距离堤脚 120 m，因此工程施工对长江水体基本不产生影响。

送电线路在运行期间无废水产生，也不会对水环境产生影响。因此，水环境影响调查仅进行 C 变电站的水污染源调查。C 变电站生产设施没有经常性生产排水，站内的废水主要来源于值班人员间断产生的生活污水及雨水。C 变电站内无主变压器，不设置变压器事故油池。站内工作人员 7 人，每班 2 人。主控楼西侧安装有地埋式污水处理装置，处理后的生活污水回用绿化，当水量过大时外排至厂外农灌沟渠。

6　环境风险事故防范及应急措施调查

工程在运行过程中可能引发环境风险事故隐患主要为变压器油外泄。变压器油属危险废物，如不收集处置会对环境产生影响。

变电所在正常运行状态下，无变压器油外排；变压器在进行检修时，变压器油由专用工具收集，存放在事先准备好的容器内，在检修工作完毕后，再将变压器油放回变压器内，无变压器油外排；仅在事故状态下，会有部分变压器油外泄，但可通过设置事故集油池收集，然后由有资质的危废处置单位处理，避免对环境产生影响。

从现场调查情况可知，C 变电所设有变压器事故集油池，并制定了严格的检修操作规程。工程自试运行以来，未发生过重大的环境风险事故。

环境保护措施落实情况调查、大气和固体废物影响调查、环境管理与监测计划落实情况调查、公众意见调查等内容略。

7　调查结论与建议（摘录）

综上所述，本工程在设计、施工和运营初期采取了有效的污染防治措施和生态保护，建议本工程通过竣工环境保护验收。

参考文献：

［1］国电环境保护研究院. 江苏田湾核电站三期 500 kV 送出工程环境影响报告书［R］. 2015.

［2］环境保护部环境影响评价工程师职业资格登记管理办公室. 建设项目竣工环境保护验收调查：生态类［M］. 北京：中国环境科学出版社，2009.

［3］环境保护部环境影响评价工程师职业资格登记管理办公室. 输变电及广电通信类环境影响评价［M］. 北京：中国环境科学出版社，2009.

［4］李红，文湘闽，尹燕，等. 500 kV 高压变电站作业场所工频电场强度评价［J］. 职业卫生与病伤，2003，18（4）：287.

［5］李永卿. 北京地区典型地域电磁辐射环境分析［D］. 北京：北京工业大学，2004.

［6］梁保英，高升宇，尤一安，等. 高压输变电设备电磁辐射环境影响分析［J］. 电力环境保护，2000（3）：57-59.

［7］刘振亚. 特高压交流输电工程电磁环境［M］. 北京：中国电力出版社，2008.

［8］梅贞，陈水明，等. 高压输电线附近室内电磁环境与屏蔽效果［J］. 高电压技术，2008，134（1）：60-63.

［9］邵方殷. 房屋对工频电场屏蔽作用的试验研究［J］. 电网技术，1986（4）：16-21.

［10］王佩华. 环境影响评价工程师职业资格登记培训：输变电及广电通讯之 输电线路部分［M］. 北京：中国环境科学出版社，2007.

［11］邬雄，万宝权. 输变电工程的电磁环境［M］. 北京：中国电力出版社，2009.

［12］肖冬萍. 特高压交流输电线路电磁场三维计算模型与屏蔽措施研究［D］. 重庆：重庆大学，2009.